# 结构分析有限元法的
# 基本原理及工程应用

陈道礼　饶　刚　魏国前　编著

北　京
冶金工业出版社
2013

# 内容简介

本书分上、下篇。上篇介绍结构分析有限元法的基本原理,包括结构分析中应用最普遍的各种单元的形成原理,例如各种典型的平面和空间连续体单元、桁架和刚架单元以及板壳单元形成原理;还介绍了结构振动有限元分析和稳定性分析原理,以及热 - 结构、流体 - 结构耦合分析的原理。下篇介绍当下流行的几种主要有限元分析软件,包括 ANSYS、MSC. Nastran、Algor 和 HyperMesh 等。在介绍上述软件的过程中,以例子的形式详尽地说明了软件的操作方法。

本书可作为高等院校及科研院所结构分析工程人员的参考书,也可作为高等院校机械专业从事工程结构分析方向的师生的教材和参考书。

## 图书在版编目(CIP)数据

结构分析有限元法的基本原理及工程应用/陈道礼,饶刚,魏国前编著. —北京:冶金工业出版社,2012.6(2013.1 重印)
ISBN 978-7-5024-5900-0

Ⅰ.①结…　Ⅱ.①陈…　②饶…　③魏…　Ⅲ.①结构分析—有限元分析　Ⅳ.①O342

中国版本图书馆 CIP 数据核字(2012)第 083979 号

出 版 人　谭学余
地　　址　北京北河沿大街嵩祝院北巷 39 号,邮编 100009
电　　话　(010)64027926　电子信箱　yjcbs@ cnmip. com. cn
责任编辑　尚海霞　美术编辑　彭子赫　版式设计　孙跃红
责任校对　卿文春　责任印制　张祺鑫
ISBN 978-7-5024-5900-0
冶金工业出版社出版发行;各地新华书店经销;北京印刷一厂印刷
2012 年 6 月第 1 版,2013 年 1 月第 2 次印刷
787mm×1092mm　1/16;18 印张;431 千字;274 页
**55.00 元**
冶金工业出版社投稿电话:(010)64027932　投稿信箱:tougao@cnmip. com. cn
冶金工业出版社发行部　电话:(010)64044283　传真:(010)64027893
冶金书店　地址:北京东四西大街 46 号(100010)　电话:(010)65289081(兼传真)
　　　(本书如有印装质量问题,本社发行部负责退换)

# 前　言

　　有限元法用于工程结构分析已有几十年的历史了，作为一门实用技术已达到十分成熟的程度。有限元法的相关软件不仅数量繁多，而且功能日益强大和完善。历年来出版了不少结构分析有限元法的理论和软件介绍方面的专著和教材，但是，本书编者在长期从事结构分析有限元法的应用和教学过程中，深感目前尚没有一本完全针对结构分析工程人员和学生在应用中所关心问题的、较全面而且精简实用的参考书。因此，编写本书力图紧扣工程实际的需要，尽可能全面介绍适用于各种实际工程结构有限元分析的单元的形成原理及其应用方法、工程结构在不同环境或条件下的分析方法，以及当下应用较普遍的几种分析软件的操作要领。

　　本书分上、下两篇。上篇介绍结构分析有限元法的基本原理，包括结构分析中应用最普遍的各种单元的形成原理，例如各种典型的平面和空间连续体单元、桁架和刚架单元以及板壳单元（特别是过去专著和教材中较少涉及而应用很广的四边形板单元）的形成原理的介绍，上篇还包括结构振动有限元分析和稳定性分析原理的介绍，以及过去鲜有介绍的热-结构、流体-结构耦合分析的原理。上篇的目的是让读者在了解有限元基本原理的基础上能够更合理地构建分析模型，更专业地分析有限元技术应用中出现的问题并有效地解决问题，克服盲目性。因为和其他任何技术一样，对有限元技术，只有理解它才能更好地掌握它。为了让读者更好、更快地理解有限元技术，本书的编写尽量做到深入浅出，要言不烦，以尽量易于理解的方式和尽量简明的逻辑来阐述相关原理。各章还给出了实例，以加深读者对有限元法应用的理解。

　　本书下篇介绍当下几种主要流行的有限元分析软件，包括 ANSYS、MSC. Nastran、Algor 和 HyperMesh 等。在介绍上述软件的过程中，以例子的形式详尽地说明了软件的操作方法。这些例子虽然不能涉及软件所有的分析功能，但是能让读者熟悉软件的主要界面、菜单结构和基本操作步骤，使读者触类旁通，容易入门。有此良好开端，就可通过自学逐步掌握其他的功能应用。

　　本书上篇是在参考文献 [1] ~ [13] 的基础上，根据编者在应用和教学中体会到的需要，经过取舍精简，整理改写完成的。本书的下篇立足于目前常用的几个有限元软件在实际应用过程中的心得体会，并参阅了相关参考文献，通过若干工程实例详细讲解了相关软件的具体使用步骤和方法。编者在此向所有参考文献的作者表示深深的感谢！

　　本书上篇由陈道礼、饶刚编写，下篇由饶刚、魏国前编写，陈道礼统稿和主审。本书的编写得到了龙靖宇、杨国华、罗会信、范勤等老师的大力支持。在此，编者对在本书编写过程中给予了大力支持的人员致以诚挚的感谢！

　　因编者水平所限，书中错漏在所难免，诚恳希望读者指正。

编　者

2012 年 2 月

# 目　　录

## 上篇　结构分析有限元法的基本原理

## 下篇 结构分析有限元法软件及其应用

# 结构分析有限元法的基本原理

　　本篇首先以平面问题为例，介绍结构在静态力载荷和热载荷作用下的应力和变形分析的有限元法的基本步骤及其力学和数学原理，然后介绍适用于各种工程结构有限元分析的几种典型单元的刚度矩阵的形成原理和单元等效结点力的计算方法。这些单元包括：用于平面问题的三角形单元和四边形等参数单元、用于空间轴对称问题的三角形单元、用于一般空间问题的四面体单元和六面体等参数单元、用于杆系结构的杆单元和梁单元、用于板壳结构的三角形和四边形板单元和壳单元，并给出了这些单元的应用实例。接着介绍结构动力学分析的有限元法的基本原理，包括求解结构振动固有频率和振型的模态分析以及动力响应分析，并给出了分析实例。同时介绍了杆、板结构的弹性稳定性分析的有限元法的基本原理，以及结构在大位移小应变情况下的几何非线性问题的有限元分析的基本原理。最后在"结构与其他物理场的耦合分析"这一章中，介绍结构在传导热作用下的热－结构耦合分析的有限元法的基本原理，以及结构与流体相互作用下的流体－结构耦合分析的有限元法的基本原理，并分别给出了相应计算实例。

# 1 绪 论

## 1.1 结构分析的目的和任务

结构分析是许多工程设计，包括机械、建筑、船舶、航空、水利等设计必不可少的环节。结构分析的主要目的是保证所设计的机械零件或工程结构能够在强度、刚度、稳定性和动力学性能上满足现场使用要求，不会在各种工作载荷下发生失效。结构分析也用于机械设备和工程结构的故障诊断或失效分析，以找出故障或失效的原因，以便提出整改措施。

结构分析的主要任务包括：结构静力学分析、结构动力学分析、结构稳定性分析、结构的热－应力耦合分析、流－固耦合分析，以及一些非线性分析等。依据机械或工程结构的工作特点和载荷环境的需要，进行上述分析中的一种或几种。

## 1.2 结构分析的主要方法

材料力学是最早采取的，也是最简单的结构分析方法，但是材料力学只能解决单一、简单的杆状结构在拉、压、弯曲、剪切和扭转作用下的应力和应变分析。而对形状更一般的结构，包括杆系、板壳和一般实体，在更广泛的载荷条件下，则需要采用弹性和塑性力学的方法进行分析。

弹性力学研究弹性体在外部因素作用下的应力、应变和位移时，假想把结构体分成无限多个微小六面体，称为微元体，对任一微元体写出一组平衡（或运动）微分方程及边界条件，同时考虑微元体的位移和应变的关系、变形连续条件以及应力与应变的关系，由此得到一组基本方程，以求解结构体在一定边界条件下的应力、应变和位移。弹性力学或者以应力为基本未知量，或者以位移为基本未知量对这些基本方程进行综合简化，导出相应的微分方程组和边界条件进行求解，形成了应力法和位移法两种求解方法。但是，无论是按应力法还是按位移法得到的微分方程，一般都是高阶的偏微分方程组，要在一定的边界条件下得到解析解，在数学上十分困难，乃至于不可能。只是少数简单的问题可以得到精确的解，一般工程问题，特别是结构的几何形状、载荷情况以及材料性质比较复杂的问题是难以或不可能按弹性力学的解析方法得到精确解答的。因此，在工程实际中一般都采用弹性力学的数值方法来求出问题的近似解。

弹性力学采用的数值方法有有限差分法和有限单元法。有限差分法是用一组有限差分方程代替偏微分方程，做数学上的近似。它将方程中函数所在的域分成方形网格，形成 $n$ 个结点，将导数用函数在结点间的差值与结点间坐标差值的比来近似，得到 $n$ 个有限差分方程，即将偏微分方程变换为一组线性代数方程，从而消除数学上解方程的困难，求得函数在域内每一结点的近似值。但对于工程中一些实际结构复杂的边界情况，需要特别导出有限差分方程，或需要找出一些补充方程，进行一些特殊处理。

有限单元法则是将连续体化为有限个单元的集合体，这些单元仅在有限个结点上相连接，即用一个有限个单元的体系代替一个无限个自由度的连续体做物理上的近似。在有限单元法中，连续体的材料特性，如正交异性、非线性、弹塑性等可在单元中保留。复杂的结构形式、边界条件及载荷情况都可以方便地处理。因此，有限单元法相对于有限差分法和其他近似方法有很大优越性，它成为当前结构分析的主流方法。结构分析的有限单元法，按照以结点位移为基本未知量还是以结点力为基本未知量分为有限单元位移法和有限单元力法。普遍采用的是有限单元位移法。有限单元法既可以求解结构的弹性变形问题，也可以求解结构的弹塑性变形问题。

有限元法作为一种数值计算方法，应用范围极为广泛。它不仅能成功处理结构分析中的非均质材料、各向异性材料、非线性应力－应变关系以及复杂边界条件等问题，而且随着其理论和方法的逐步改进和完善，还能成功地用来求解热传导、流体力学及电磁场等问题，因此，在结构分析中，有限元法也用来进行结构的热－应力耦合分析、流－固耦合分析等耦合分析。

## 1.3　结构分析的有限单元法概述

结构分析的有限单元法可以溯源于早期用于杆系结构分析的矩阵分析法。如对桁架结构分析时，在对每个杆件应用材料力学列出铰接点位移和杆端力的关系式后，再由各铰接点各杆端力和外载荷的平衡，并考虑结构的约束，就可得到一个以结点位移为未知量的线性方程组——矩阵方程。解出各结点位移，就可进而求得各杆端力和杆的应力。而有限单元位移法将这一方法用于连续体结构，首先将连续体离散化为一个个单元，通过单元结点互相连接在一起；然后对离散化得到的单元进行近似处理，设定单元内位移函数，应用弹性力学的基本方程和虚位移原理导出单元结点力和结点位移的关系式；再通过整个离散化结构各结点的结点力与外载荷的平衡，以及对边界约束处理，最后也是得到一个以结点位移为未知量的线性方程组。解方程组首先求得结点位移，再由单元位移函数和相关的弹性力学基本方程计算出各单元应力。一般来说，离散化单元的尺度越小或单元密度越大，解的近似程度越高。因此，一个普通结构的有限元分析，就对应一个大型线性方程组。要形成这样一个方程组并求解，人工处理显然是不行的。也正是电子计算机的出现和计算机技术的发展才给有限元方法的应用和发展提供了可能。

有限元方程组的形成和求解计算只有通过计算机才能完成。除此之外，有限元分析实体模型的建立、单元划分、结点坐标的计算、单元和结点的编号、载荷和约束的施加、有限元计算后位移和应力的显示和其他前后处理也需要投入大量的工作。这些工作在有限元法应用的早期都由人工完成，现在则利用 CAD 和其他计算机图形处理技术来完成。

结构分析的有限单元法的实际操作包含以下步骤（以结构静力学分析为例）：

（1）对所分析结构建立几何模型，可用有限元分析软件的前处理程序完成，也可用三维 CAD 建模软件完成，并导入有限元分析软件。

（2）选择合适的单元类型，设定材料参数和必要的几何参数，对结构的几何模型进行单元划分，得到结构的由单元和结点组成的离散化模型，这些用有限元分析软件的前处理程序完成。

（3）对有限元分析模型输入载荷和约束信息，计算单元刚度矩阵，形成总刚度矩阵和载荷向量，进行约束处理，得到以结点位移为未知量的有限元矩阵方程，求解结点位移，计算单元应力和结点应力，这些由有限元分析软件的求解器完成。

（4）显示求解和计算结果，可以用彩色云图显示位移和应力的分布，也可用迹线显示特殊部位的位移或应力的变化情况，或用点击方式查询细部点位的位移或应力值，这些由有限元分析软件的后处理程序完成。

编写本书的目的包括两个方面：一是介绍结构有限元分析的基本原理；二是结合有限元技术的最新进展，介绍结构有限元分析的应用方法。只有首先理解结构有限元分析的基本原理，才能避免盲目性，更好地掌握结构有限元分析的应用方法，解决在应用过程中发生的问题，提高分析的效率和准确性，为工程结构设计提供可靠的分析结果。

# 2 结构静力学的有限元分析

## 2.1 结构静力学有限元分析过程概述

从原理来讲，结构静力学有限元分析包括以下步骤：

（1）结构的离散化。这是有限元分析的第一步。离散化就是根据结构的特点，选取适当的单元形式，将连续的结构体划分为由有限个单元组成的系统。结构分析的单元形状一般为线段、多边形或多面体，单元间通过结点（单元线段的端点、单元多边形或多面体的顶点或单元边的中点）连接在一起。这也意味着单元间通过结点传递内力和载荷。

（2）选择单元位移模式。为了用结点位移表示单元上任一点的位移、应变和应力，必须对单元中的位移分布做出一定的假定，即假定位移是坐标的某种函数，作为对真实位移分布的近似，这种函数被称为位移模式或位移函数。根据设定的位移模式，可以导出用单元结点位移表示单元上任一点位移的关系式：

$$\{f\} = [N]\{\delta\}^e \tag{2-1}$$

式中  $\{f\}$——单元内任一点在各坐标方向的位移分量组成的位移列向量；

$\{\delta\}^e$——由单元的所有结点的位移分量组成的列向量；

$[N]$——形函数矩阵，其元素为单元任一点位置坐标的函数。

（3）通过单元力学特性分析，建立单元刚度方程。位移模式选定后，利用弹性力学几何方程，由关系式（2-1）导出用结点位移表示的单元内任一点应变的关系式：

$$\{\varepsilon\} = [B]\{\delta\}^e \tag{2-2}$$

式中  $\{\varepsilon\}$——单元内任一点所有应变分量组成的应变列向量；

$[B]$——应变矩阵。

利用弹性力学物理方程，由关系式（2-2）导出用结点位移表示的单元内任一点应力的关系式：

$$\{\sigma\} = [D][B]\{\delta\}^e \tag{2-3}$$

式中  $\{\sigma\}$——单元内任一点所有应力分量组成的应力列向量；

$[D]$——与单元材料相关的弹性矩阵。

在式（2-2）和式（2-3）的基础上，利用虚位移原理建立作用于单元的结点力和结点位移之间的关系式，即单元刚度方程：

$$\{R\}^e = [k]\{\delta\}^e \tag{2-4}$$

式中  $\{R\}^e$——单元各结点所有结点力分量构成的结点力列向量；

$[k]$——单元刚度矩阵，在直角坐标系中，其表达式为：

$$[k] = \iiint [B]^T [D][B] \mathrm{d}x\mathrm{d}y\mathrm{d}z \tag{2-5}$$

它是一个对整个单元的积分。

（4）计算等效结点力。如前所述，结构离散化后，单元间是通过结点来传递内力和载荷的。但实际结构载荷往往作用在单元的边界表面、体内或非结点处，这就需要通过虚功等效的原则，计算出与实际载荷等效的结点力，代替实际载荷，组成等效结点力列向量。

（5）建立整个结构的平衡方程。基于整个离散结构各结点的力的平衡，利用各单元刚度方程，组成整个结构的平衡方程，也称为总刚度方程：

$$[K]\{\delta\} = \{R\} \tag{2-6}$$

式中　$[K]$——总刚度矩阵，由各单元刚度矩阵集合而成；

　　　$\{\delta\}$——整个结构所有结点位移分量集合成的结点位移列向量；

　　　$\{R\}$——由各单元等效结点力集合成的总体载荷列向量。

平衡方程式（2-6）在考虑了边界约束条件，进行适当修改后，就成为可以求解的以所有结点位移为未知量的方程组。

（6）求解未知结点位移，计算单元应力。从经过约束处理的位移方程组求出各结点位移后，代入各单元，由式（2-3）即可计算出各单元应力，经过适当整理，输出所要求的结果。

## 2.2　结构的离散化

从本节开始，本章以平面三角形单元分析平面问题为例，具体介绍结构静力学有限元分析的基本原理和方法。

弹性力学平面问题分为平面应力问题和平面应变问题。在平面应力问题中，构件是一个方向（如 $z$ 方向）的尺寸远小于其他两个方向（如 $x$ 方向和 $y$ 方向）的尺寸的等厚薄板，垂直于厚度方向（如 $z$ 方向）的截面处处相同，外力平行于板平面方向，且沿其厚度均匀分布，约束沿板厚无变化。因而板内只有 $x$ 方向和 $y$ 方向两个正应力、$xy$ 平面的一个剪应力这三个应力分量，且沿板厚无变化，仅是坐标 $x$、$y$ 的函数。

在平面应变问题中，构件纵向（如 $z$ 方向）的尺寸远大于其他两个方向（如 $x$ 方向和 $y$ 方向）的尺寸，与纵向垂直的截面处处相同，受到垂直于纵向且不沿纵向变化的外力，且约束条件也不沿纵向变化。这样可以将构件纵向视为无限长，任一横截面都可看做对称面，构件内不存在纵向位移，即沿 $z$ 方向应变为 0，而沿 $x$ 方向和 $y$ 方向的位移、应变和应力也与坐标 $z$ 无关，在所有横截面上相同。

由于平面问题的上述几何和力学特性，只需要从结构中取出一个截面进行分析。

离散化将结构划分成在结点互相连接的单元。对结构进行离散化时，首先考虑选用哪种形状的单元。它取决于结构的几何形状、质点位移自由度的数目和计算精度要求。适合平面问题的有限元分析的最简单的单元就是三角形单元。三角形单元形状简单，也较容易适应曲线边界。另外，平面问题根据需要还可选用六结点的三角形单元、八节点的四边形单元等。

在划分单元时，一般来说，单元越小，网格越密，计算精度越好，但是，所需要的计算机容量就越大，计算所用的机时就越长。因此，实际应用要兼顾精度和计算成本。在保证必要的计算精度前提下，单元应尽量少些。

除了网格疏密影响计算精度外，单元各边的比例相差太大也导致结果误差的增大，必须尽量使各边接近相等。

为了提高离散化的经济性，单元大小在整个结构上可以疏密有致。根据经验对分析对象做出判断，在应力梯度大的部位和重要部位，单元宜取小些，网格划分密些，而在应力变化平缓的部位和不重要的部位，单元宜取大些，网格划分稀些。

划分单元还应考虑结构几何尺寸或材料性质是否有突变之处。如平面问题中，结构的不同厚度或不同材料的交界处，应将突变线作为单元的边界，并适当加密单元网格。在结构上受到分布集度有突变的分布载荷和集中载荷的地方，集度突变处和集中载荷作用点应布置单元结点，同时，这些部位的单元应取小些。

计算精度是否达到要求，可通过逐次加密的网格划分方案的计算结果的比较来确定。当两次方案的计算结果相差还较大时，必须进一步加密或改进划分，直至最后几次方案的计算结果误差在允许范围内，或计算值相对稳定时结束。

为了减少有限元分析的工作量，在离散化之前就应对结构的几何模型和载荷情况进行分析，看是否有对称性，可利用其对称特点，只取其中一部分进行离散化和有限元分析，即可获得整体的分析结果。

图 2-1（a）所示为一个一端固定的悬臂托架，其上侧作用一个集中力和一段分布力。图中表示的托架是一个等厚的连续体（厚度垂直于图示平面），集中力 $Q$ 实际上是一个沿厚度方向均匀分布的线分布力，分布力 $q$ 实际上是沿厚度方向均匀分布的面分布力。这样的问题就可以作为平面问题进行有限元分析。图 2-1（b）所示为用平面三角形单元对此问题离散化的结果。离散化后托架的固定端处理为该端各结点的固定铰支座约束。在集中力 $Q$ 的作用点布置为结点，分布力 $q$ 的起止点也布置在一组单元的两个结点上。分布力用分布区间内若干结点上的等效结点力代替。图 2-2（a）所示为一个左右两端受相等均匀分布力拉伸的中间有矩形孔的板。在作为平面问题处理的时候，根据其形状和载荷的对称性，取其 1/4 进行离散化和有限元分析。离散化模型如图 2-2（b）所示，根据其变形的对称性，在垂直对称轴上各结点采取水平方向链杆约束，在水平对称轴上各结点采取垂直方向链杆约束。在靠近孔的部位，应力梯度较大，单元网格要密些，远离孔处网格逐渐变稀。拉伸力则用相关结点的等效力代替。

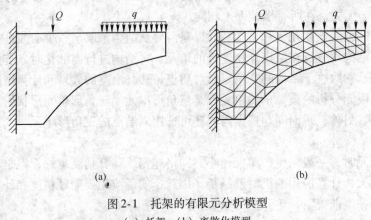

(a)　　　　　　　　　　　(b)

图 2-1　托架的有限元分析模型

(a) 托架；(b) 离散化模型

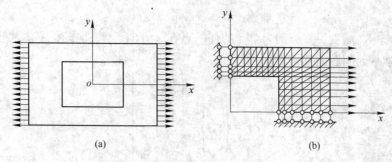

图 2-2　双向受拉板的有限元分析模型

（a）双向受拉板；（b）离散化模型

## 2.3　结构的单元分析

单元分析的内容包括第 2.1 节中有限元分析步骤中的（2）、（3）两步，即选择单元位移模式、推导单元刚度方程，其目的就是建立单元受到的结点力和结点位移之间的关系。

### 2.3.1　单元位移模式的选择

单元位移模式的选择是通过假定单元中位移与坐标的函数关系，去近似单元中实际的位移分布，从而导出单元中任一点的位移与结点位移的关系式。位移模式的选择一般必须满足完备性和协调性的要求。完备性即单元的位移模式中必须包含刚体位移和常应变，协调性即位移模式必须满足单元内位移连续、单元间位移协调的要求。这些要求的意义在于保证由此建立的整体结构有限元方程的求解能够收敛，计算结果合理，能够达到一定的精度要求。

为了导出单元中任一点的位移与结点位移的关系式，首先要建立单元结点位移列向量 $\{\delta\}^e$ 和结点力列向量 $\{R\}^e$。对于平面三角形单元，如图 2-3 所示，按反时针方向，其结点 $i$、$j$、$m$ 坐标分别为 $(x_i, y_i)$、$(x_j, y_j)$、$(x_m, y_m)$。结点位移列向量为：

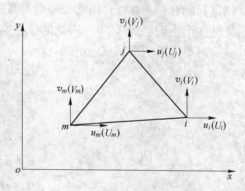

图 2-3　三角形单元的结点位移和结点力

$$\{\delta\}^e = [\delta_i^T \quad \delta_j^T \quad \delta_m^T]^T = [u_i \quad v_i \quad u_j \quad v_j \quad u_m \quad v_m]^T \tag{2-7}$$

$\{\delta_i\} = [u_i \quad v_i]^T$（对 $\{\delta_j\}$ 和 $\{\delta_m\}$，只需将式中等号右端各项的下标 $i$ 分别变为 $j$ 和 $m$）

式中　$u_i$，$v_i$——分别为结点 $i$ 在 $x$ 方向、$y$ 方向的位移。

结点力列向量为：

$$\{R\}^e = [(R_i^e)^T (R_j^e)^T (R_m^e)^T]^T = [U_i^e \quad V_i^e \quad U_j^e \quad V_j^e \quad U_m^e \quad V_m^e]^T \tag{2-8}$$

$\{R_i^e\} = [U_i^e \quad V_i^e]^T$（对$\{R_j^e\}$和$\{R_m^e\}$，只需将式中等号右端各项下标 $i$ 分别变为$j$ 和 $m$）

式中　$U_i^e$，$V_i^e$——分别为结点 $i$ 在 $x$ 方向、$y$ 方向的结点力。

平面三角形单元位移模式取为线性函数：

$$\left.\begin{array}{l} u = \alpha_1 + \alpha_2 x + \alpha_3 y \\ v = \alpha_4 + \alpha_5 x + \alpha_6 y \end{array}\right\} \tag{2-9}$$

式中 $\alpha_1$，$\alpha_2$，$\cdots$，$\alpha_6$——待定常数；

　　　　$u$，$v$——分别为单元的任一点在 $x$ 方向、$y$ 方向的位移。

弹性力学平面问题的几何方程为：

$$\{\varepsilon\} = \left\{\begin{matrix} \varepsilon_x \\ \varepsilon_y \\ \gamma_{xy} \end{matrix}\right\} = \left\{\begin{matrix} \dfrac{\partial u}{\partial x} \\[2mm] \dfrac{\partial v}{\partial y} \\[2mm] \dfrac{\partial u}{\partial y} + \dfrac{\partial v}{\partial x} \end{matrix}\right\} \tag{2-10}$$

式中 $\varepsilon_x$，$\varepsilon_y$——分别为单元内 $x$ 方向、$y$ 方向的线应变；

　　　$\gamma_{xy}$——单元内 $xy$ 平面的剪应变。

式（2-10）代入式（2-9），得：

$$\{\varepsilon\} = \left\{\begin{matrix} \varepsilon_x \\ \varepsilon_y \\ \gamma_{xy} \end{matrix}\right\} = \left\{\begin{matrix} \alpha_2 \\ \alpha_6 \\ \alpha_3 + \alpha_5 \end{matrix}\right\} \tag{2-11}$$

由式（2-11）可见，位移模式中 $\alpha_1$ 和 $\alpha_4$ 与应变无关，$\alpha_1$ 和 $\alpha_4$ 是刚体位移项，$\alpha_2$、$\alpha_6$、$\alpha_3$ 和 $\alpha_5$ 均为常应变项，式（2-9）表达的位移模式符合完备性要求。而且，由于该模式为线性模式，描述的位移在单元内连续，在单元边界上的位移也是线性的。所以单元的边界在变形前是直线，在变形后也是直线，而结点位移是唯一的，相邻单元公共边界两结点只能有一条直线，因此相邻单元间在变形后既不会发生分裂，也不会发生重叠，即单元间变形协调。式（2-9）表达的位移模式也满足协调性要求。

对单元的三个结点应用式（2-9），可得：

$$\left.\begin{matrix} u_i = \alpha_1 + \alpha_2 x_i + \alpha_3 y_i \\ u_j = \alpha_1 + \alpha_2 x_j + \alpha_3 y_j \\ u_m = \alpha_1 + \alpha_2 x_m + \alpha_3 y_m \end{matrix}\right\} \tag{2-12}$$

$$\left.\begin{matrix} v_i = \alpha_4 + \alpha_5 x_i + \alpha_6 y_i \\ v_j = \alpha_4 + \alpha_5 x_j + \alpha_6 y_j \\ v_m = \alpha_4 + \alpha_5 x_m + \alpha_6 y_m \end{matrix}\right\} \tag{2-13}$$

联立求解式（2-12）的三个方程，可得：

$$\left.\begin{matrix} \alpha_1 = \dfrac{1}{2A} \begin{vmatrix} u_i & x_i & y_i \\ u_j & x_j & y_j \\ u_m & x_m & y_m \end{vmatrix} \\[8mm] \alpha_2 = \dfrac{1}{2A} \begin{vmatrix} 1 & u_i & y_i \\ 1 & u_j & y_j \\ 1 & u_m & y_m \end{vmatrix} \\[8mm] \alpha_3 = \dfrac{1}{2A} \begin{vmatrix} 1 & x_i & u_i \\ 1 & x_j & u_j \\ 1 & x_m & u_m \end{vmatrix} \end{matrix}\right\} \tag{2-14}$$

式中 $A$——单元面积，由解析几何，结点 $i$、$j$、$m$ 次序按逆时针方向旋转时：

$$A = \frac{1}{2} \begin{vmatrix} 1 & x_i & y_i \\ 1 & x_j & y_j \\ 1 & x_m & y_m \end{vmatrix} \tag{2-15}$$

将式（2-14）代入式（2-9）的第一式，经整理得：

$$u = \frac{1}{2A} \left[ (a_i + b_i x + c_i y) u_i + (a_j + b_j x + c_j y) u_j + (a_m + b_m x + c_m y) u_m \right] \tag{2-16}$$

式中

$$\left. \begin{aligned} & a_i = x_j y_m - x_m y_j, \ a_j = x_m y_i - x_i y_m, \ a_m = x_i y_j - x_j y_i \\ & b_i = y_j - y_m, \ b_j = y_m - y_i, \ b_m = y_i - y_j \\ & c_i = - (x_j - x_m), \ c_j = - (x_m - x_i), \ c_m = - (x_i - x_j) \end{aligned} \right\} \tag{2-17}$$

同理可得：

$$v = \frac{1}{2A} \left[ (a_i + b_i x + c_i y) v_i + (a_j + b_j x + c_j y) v_j + (a_m + b_m x + c_m y) v_m \right] \tag{2-18}$$

令

$$N_i = \frac{1}{2A} (a_i + b_i x + c_i y) \tag{2-19}$$

对 $N_j$ 和 $N_m$，只需将式（2-19）中等号右端各项下标 $i$ 分别变为 $j$ 和 $m$。

式（2-16）、式（2-18）的位移模式可写成：

$$\left. \begin{aligned} & u = N_i u_i + N_j u_j + N_m u_m \\ & v = N_i v_i + N_j v_j + N_m v_m \end{aligned} \right\} \tag{2-20}$$

式（2-20）中两式合并成矩阵形式为：

$$\{f\} = \begin{Bmatrix} u \\ v \end{Bmatrix} = \begin{bmatrix} N_i \boldsymbol{I} & N_j \boldsymbol{I} & N_m \boldsymbol{I} \end{bmatrix} \{\delta\}^e = [N] \{\delta\}^e \tag{2-21}$$

式中 $\boldsymbol{I}$——二阶单位矩阵。

式（2-21）中，由于 $N_i$、$N_j$、$N_m$ 是坐标的函数，反映了单元的位移形态，因此称为形函数。矩阵 $[N]$ 称为形函数矩阵。

### 2.3.2 建立单元应变与结点位移的关系

将式（2-20）代入式（2-10）中，求导、整理，得式（2-2），即 $\{\varepsilon\} = [B] \{\delta\}^e$，式（2-2）中

$$[B] = \begin{bmatrix} B_i & B_j & B_m \end{bmatrix} \tag{2-22}$$

它称为应变矩阵，其中

$$[B_i] = \frac{1}{2A} \begin{bmatrix} b_i & 0 \\ 0 & c_i \\ c_i & b_i \end{bmatrix} \tag{2-23}$$

对 $[B_j]$ 和 $[B_m]$，只需将式（2-23）中等号右端各项下标 $i$ 分别变为 $j$ 和 $m$。

### 2.3.3 建立单元应力与结点位移的关系

弹性力学平面问题的物理方程为：

$$\{\sigma\} = \begin{Bmatrix} \sigma_x \\ \sigma_y \\ \tau_{xy} \end{Bmatrix} = [D]\{\varepsilon\} \tag{2-24}$$

式中 $\sigma_x, \sigma_y$——分别为单元内 $x$ 方向、$y$ 方向的正应力；

$\tau_{xy}$——单元内 $xy$ 平面的剪应力；

$[D]$——材料的弹性矩阵。

将式(2-2)代入式(2-24)，得式(2-3)，即：

$$\{\sigma\} = [D][B]\{\delta\}^e$$

两类平面问题的弹性矩阵 $[D]$ 是不同的。平面应力问题的弹性矩阵为：

$$[D] = \frac{E}{1-\mu^2}\begin{bmatrix} 1 & \mu & 0 \\ \mu & 1 & 0 \\ 0 & 0 & \dfrac{1-\mu}{2} \end{bmatrix} \tag{2-25}$$

式中 $E$——材料的弹性模量；

$\mu$——泊松比。

平面应变问题的弹性矩阵只需在式 (2-25) 中，以 $\dfrac{E}{1-\mu^2}$ 代替 $E$、以 $\dfrac{\mu}{1-\mu}$ 代替 $\mu$ 即得。

令

$$[S] = [D][B] = [D][B_i \quad B_j \quad B_m] = [S_i \quad S_j \quad S_m] \tag{2-26}$$

则式 (2-3) 可写成：

$$\{\sigma\} = [S]\{\delta\}^e \tag{2-27}$$

式中 $[S]$——应力矩阵。

在式 (2-26) 中，分别代入平面应力问题的弹性矩阵式 (2-25) 和平面应变问题的弹性矩阵，即得平面应力问题中：

$$[S_i] = [D][B_i] = \frac{E}{2(1-\mu^2)A}\begin{bmatrix} b_i & \mu c_i \\ \mu b_i & c_i \\ \dfrac{1-\mu}{2}c_i & \dfrac{1-\mu}{2}b_i \end{bmatrix} \tag{2-28}$$

对 $[S_j]$ 和 $[S_m]$，只需将式 (2-28) 中等号右端各项下标 $i$ 分别变为 $j$ 和 $m$。

平面应变问题中：

$$[S_i] = [D][B_i] = \frac{E(1-\mu)}{2(1+\mu)(1-2\mu)A}\begin{bmatrix} b_i & \dfrac{\mu}{1-\mu}c_i \\ \dfrac{\mu}{1-\mu}b_i & c_i \\ \dfrac{1-2\mu}{2(1-\mu)}c_i & \dfrac{1-2\mu}{2(1-\mu)}b_i \end{bmatrix} \tag{2-29}$$

对 $[S_j]$ 和 $[S_m]$，只需将式 (2-29) 中等号右端各项下标 $i$ 分别变为 $j$ 和 $m$。

### 2.3.4 单元刚度矩阵

下面应用虚位移原理建立单元结点力和结点位移的关系——单元刚度方程。根据虚位移原理：在外力作用下处于平衡状态的弹性体，当发生约束所允许的任意微小虚位移时，外力在虚位移上所做的功等于弹性体内的应力在虚应变上所做的功，三角形单元受到的所有结点力在约束允许的任意微小的结点虚位移上做的虚功之和应该等于单元内所有点上应力在对应虚应变上所做的虚功之和。设结点虚位移列向量为：

$$\{\delta^*\}^e = [\delta u_i \quad \delta v_i \quad \delta u_j \quad \delta v_j \quad \delta u_m \quad \delta v_m]^T \tag{2-30}$$

设单元内各点虚位移模式为：

$$\{f^*\} = [N]\{\delta^*\}^e \tag{2-31}$$

则单元内虚应变为：

$$\{\varepsilon^*\} = [B]\{\delta^*\}^e \tag{2-32}$$

外力的虚功等于应力的虚功，可以表示为：

$$(\{\delta^*\}^e)^T\{R\}^e = \iint\{\varepsilon^*\}^T\{\sigma\}t\mathrm{d}x\mathrm{d}y \tag{2-33}$$

式中　$t$——单元厚度。

式（2-33）等式右边为对整个单元面积分，在式（2-33）等号右端代入式（2-32）和式（2-3），得：

$$(\{\delta^*\}^e)^T\{R\}^e = (\{\delta^*\}^e)^T\iint[B]^T[D][B]\{\delta\}^e t\mathrm{d}x\mathrm{d}y \tag{2-34}$$

因为式（2-34）两边虚位移 $(\{\delta^*\}^e)^T$ 是任意的，所以有：

$$\{R\}^e = \iint[B]^T[D][B]t\mathrm{d}x\mathrm{d}y\{\delta\}^e \tag{2-35}$$

式中，令

$$[k] = \iint[B]^T[D][B]t\mathrm{d}x\mathrm{d}y \tag{2-36}$$

即得单元刚度方程式（2-4），即 $\{R\}^e = [k]\{\delta\}^e$。$[k]$ 即单元刚度矩阵。由式（2-22）、式（2-23）和式（2-25）可见，矩阵 $[B]$、$[D]$ 均为常数矩阵，因此，式（2-36）可表示为：

$$[k] = [B]^T[D][B]tA = \begin{bmatrix} k_{ii} & k_{ij} & k_{im} \\ k_{ji} & k_{jj} & k_{jm} \\ k_{mi} & k_{mj} & k_{mm} \end{bmatrix} \tag{2-37}$$

式中的子矩阵 $\boldsymbol{k}_{rs}$（$r=i, j, m$；$s=i, j, m$）为 $2\times2$ 的子矩阵。平面应力问题 $[k_{rs}]$ 可以表示为：

$$[k_{rs}] = [B_r]^T[D][B_s]tA = \begin{bmatrix} b_rb_s + \frac{1-\mu}{2}c_rc_s & \mu b_rc_s + \frac{1-\mu}{2}c_rb_s \\ \mu c_rb_s + \frac{1-\mu}{2}b_rc_s & c_rc_s + \frac{1-\mu}{2}b_rb_s \end{bmatrix}$$

$$(r = i, j, m; \quad s = i, j, m) \tag{2-38}$$

平面应变问题的 $[k_{rs}]$，只需在式（2-38）中以 $\frac{\mu}{1-\mu}$ 代替 $\mu$ 即得。

## 2.4　等效结点力的计算

结构离散化后，结构的载荷都是通过结点来作用和传递的。因此，原来作用在单元上任意点的集中力、表面力和体积力必须分别移置到结点上，再逐点合成得到等效结点力。等效结点力大小按照它与作用在单元上的上述三种力在任何虚位移所做的功相等来确定。对平面单元，这种等效原理可表示为：

$$(\{\delta^*\}^e)^T\{R\}^e = \{f^*\}^T\{G\} + \int\{f^*\}^T\{q\}t\,ds + \iint\{f^*\}^T\{p\}t\,dxdy \qquad (2\text{-}39)$$

式中 $\{G\},\{q\},\{p\}$——分别代表作用在单元上的集中力、面分布力集度和体分布力集度；

ds——面分布力作用的单元边界的积分元。

$$\left.\begin{array}{l}\{G\} = [\,G_x \quad G_y\,]^T \\ \{q\} = [\,q_x \quad q_y\,]^T \\ \{p\} = [\,p_x \quad p_y\,]^T\end{array}\right\} \qquad (2\text{-}40)$$

式（2-39）等号左边是单元等效结点力在结点虚位移上的虚功，等号右边第一项是集中力在作用点虚位移上的虚功，第二项是面分布力在所作用的单元边界虚位移上的虚功的积分，第三项是体分布力在整个单元体虚位移上的虚功的积分。将式（2-31）代入式（2-39），得：

$$(\{\delta^*\}^e)^T\{R\}^e = (\{\delta^*\}^e)^T([N]^T\{G\} + \int[N]^T\{q\}t\,ds + \iint[N]^T\{p\}t\,dxdy)$$
$$(2\text{-}41)$$

由于 $(\{\delta^*\}^e)^T$ 是任意的，因此有：

$$\{R\}^e = [N]^T\{G\} + \int[N]^T\{q\}t\,ds + \iint[N]^T\{p\}t\,dxdy \qquad (2\text{-}42)$$

根据式（2-42）等号右边第一项，可以导出集中力在三角形单元的一个结点的等效结点力为：

$$\{F_i\}^e = (N_i)_c\{G\} \quad （对[F_j]^e 和 [F_m]^e，只需将式中 N_i 的下标 i 分别变为 j 和 m）$$

式中 $(N_i)_c$——该集中力作用点 c 处的形函数 $N_i$ 的值。

根据式（2-42）等号右边第二项，当面分布力作用于三角形单元的 $ij$ 边，可以导出三个结点的等效结点力为：

$$\{Q_i\}^e = \int_0^l (1 - \frac{s}{l})\{q\}t\,ds$$
$$\{Q_j\}^e = \int_0^l \frac{s}{l}\{q\}t\,ds$$
$$\{Q_m\}^e = 0$$

式中 $l$——$ij$ 边的边长；

$s$——分布力任意作用点与 $i$ 结点的距离。

根据式（2-42）等号右边第三项，当体分布力 $\{p\}$ 是常量时，可以导出三个结点的等效结点力相等，是分布力总和的 1/3。

## 2.5 热载荷的计算

温度变化对单元应力的影响可用式（2-43）考虑：

$$\{\sigma\} = [D](\{\varepsilon\} - \{\varepsilon_0\}) \qquad (2\text{-}43)$$

式中　$\{\varepsilon\}$——外力引起的弹性应变；

　　　$\{\varepsilon_0\}$——温度变化引起的应变。

将式（2-2）代入式（2-43），得：

$$\{\sigma\} = [D]([B]\{\delta\}^e - \{\varepsilon_0\}) \tag{2-44}$$

对平面应力问题：

$$\{\varepsilon_0\} = \alpha T[1\quad 1\quad 0]^T \tag{2-45}$$

式中　$\alpha$——材料的线膨胀系数；

　　　$T$——温度变化值。

对平面应变问题：

$$\{\varepsilon_0\} = (1+\mu)\alpha T[1\quad 1\quad 0]^T \tag{2-46}$$

由虚位移原理，弹性体内应力的虚功为：

$$\iint \{\varepsilon^*\}^T[D]([B]\{\delta\}^e - \{\varepsilon_0\})t\mathrm{d}x\mathrm{d}y$$
$$= (\{\delta^*\}^e)^T \left( \iint [B]^T[D][B]\{\delta\}^e t\mathrm{d}x\mathrm{d}y - \iint [B]^T[D]\{\varepsilon_0\}^e t\mathrm{d}x\mathrm{d}y \right) \tag{2-47}$$

因此

$$\{R\}^e = \iint [B]^T[D][B]\{\delta\}^e t\mathrm{d}x\mathrm{d}y - \iint [B]^T[D]\{\varepsilon_0\}^e t\mathrm{d}x\mathrm{d}y \tag{2-48}$$

即

$$\{R\}^e + \iint [B]^T[D]\{\varepsilon_0\}^e t\mathrm{d}x\mathrm{d}y = [k]\{\delta\}^e \tag{2-49}$$

式（2-49）等号左端第二项相当于考虑温度变化而施加于结点的等效结点力，表示为热载荷：

$$\{H\}^e = \iint [B]^T[D]\{\varepsilon_0\}^e t\mathrm{d}x\mathrm{d}y \tag{2-50}$$

平面应力问题中：

$$\{H\}^e = \iint [B]^T[D]\alpha T[1\quad 1\quad 0]^T t\mathrm{d}x\mathrm{d}y \tag{2-51}$$

代入 $[D]$、$[B]$ 的表达式得：

$$\{H\}^e = \frac{E\alpha t}{2(1-\mu)A}[b_i\quad c_i\quad b_j\quad c_j\quad b_m\quad c_m]^T \iint T\mathrm{d}x\mathrm{d}y \tag{2-52}$$

当温度 $T$ 为线性分布时，设 $T_i$、$T_j$、$T_m$ 分别为 $i$、$j$、$m$ 结点处的温度，则有：

$$\iint T\mathrm{d}x\mathrm{d}y = \frac{1}{3}(T_i + T_j + T_m)A \tag{2-53}$$

则

$$\{H\}^e = \frac{E\alpha(T_i + T_j + T_m)t}{6(1-\mu)}[b_i\quad c_i\quad b_j\quad c_j\quad b_m\quad c_m]^T \tag{2-54}$$

在考虑了热载荷计算出结点位移后，再由式（2-55）计算单元应力：

$$\{\sigma\} = [D][B]\{\delta\}^e - \frac{E\alpha(T_i + T_j + T_m)}{3(1-\mu)}[1\quad 1\quad 0]^T \tag{2-55}$$

对于平面应变问题，在式（2-54）和式（2-55）中，以 $\dfrac{E}{1-\mu^2}$ 代替 $E$、$\dfrac{\mu}{1-\mu}$ 代替 $\mu$，

以及 $(1 + \mu) \alpha$ 代替 $\alpha$ 即可。

## 2.6 结构总刚度方程的建立

假设结构被离散化为 $n_e$ 个单元和 $n$ 个结点，可得形如式（2-4）的 $n_e$ 个单元刚度方程，按每个结点的结点力为共此结点的所有单元在该结点的结点力之和的原理，将这些方程集合起来，就可得到形如式（2-6）的结构总刚度方程。式（2-6）中，整个结构所有结点位移组成的列向量为：

$$\{\delta\} = \begin{bmatrix} \delta_1^{\mathrm{T}} & \delta_2^{\mathrm{T}} & \cdots & \delta_n^{\mathrm{T}} \end{bmatrix}^{\mathrm{T}} \tag{2-56}$$

其中，子矩阵

$$\{\delta_i\} = \begin{bmatrix} u_i & v_i \end{bmatrix}^{\mathrm{T}} \quad (i = 1, 2, \cdots, n) \tag{2-57}$$

整个结构所有结点力组成的列向量，即结构载荷列向量为：

$$\{R\} = \begin{bmatrix} R_1^{\mathrm{T}} & R_2^{\mathrm{T}} & \cdots & R_n^{\mathrm{T}} \end{bmatrix}^{\mathrm{T}} \tag{2-58}$$

其中，子矩阵

$$\{R_i\} = \begin{bmatrix} R_{ix} & R_{iy} \end{bmatrix}^{\mathrm{T}} \quad (i = 1, 2, \cdots, n) \tag{2-59}$$

它代表每个结点受到的结点力，应该是所有共此结点的单元受到的力移置到该结点的等效结点力（包括热载荷）之和，可表示为：

$$\{R_i\} = \sum_{e=1}^{n_e} \{R_i^e\} \quad (i = 1, 2, \cdots, n) \tag{2-60}$$

其中

$$\{R_i^e\} = \begin{bmatrix} U_i^e & V_i^e \end{bmatrix}^{\mathrm{T}} \tag{2-61}$$

对平面三角形单元，将一个单元的结点力列向量扩展成 $2n$ 阶，表示为：

$$\{R\}_{2n}^e = \begin{bmatrix} \cdots & \{R_i^e\}^{\mathrm{T}} & \cdots & \{R_j^e\}^{\mathrm{T}} & \cdots & \{R_m^e\}^{\mathrm{T}} & \cdots \end{bmatrix}^{\mathrm{T}} \tag{2-62}$$

式中 $i, j, m$ ——对整个结构离散化模型统一编制的结点号，一个单元的三个结点力子列向量按结点号顺序在扩展的结点力列向量中排列；

$\cdots$ ——其余的元素为零。

于是，由式（2-58）、式（2-60），载荷列向量可表示为各单元等效结点力在各结点之和的集合，即：

$$\{R\} = \sum_{e=1}^{n_e} \{R\}_{2n}^e \tag{2-63}$$

对应地，将式（2-37）表示的单元刚度矩阵扩展为 $2n \times 2n$ 阶矩阵，即：

$$[k]_{2n \times 2n} = \begin{bmatrix} & \vdots & & \vdots & & \vdots & \\ \cdots & k_{ii} & \cdots & k_{ij} & \cdots & k_{im} & \cdots \\ & \vdots & & \vdots & & \vdots & \\ \cdots & k_{ji} & \cdots & k_{jj} & \cdots & k_{jm} & \cdots \\ & \vdots & & \vdots & & \vdots & \\ \cdots & k_{mi} & \cdots & k_{mj} & \cdots & k_{mm} & \cdots \\ & \vdots & & \vdots & & \vdots & \end{bmatrix} \tag{2-64}$$

式（2-64）表示式（2-37）中的九个子矩阵各自的 4 个元素按其子矩阵下标所示的结

点号在 $2n \times 2n$ 阶的矩阵中占据相应的行、列位置,式(2-64)中的"…"表示零元素。例如,$[k_{ij}]$ 的四个元素占据 $2i-1$、$2i$ 行和 $2j-1$、$2j$ 列,而这个 $2n \times 2n$ 阶的矩阵的其余元素均为零,这样式(2-4)可表示为:

$$\{R\}_{2n}^{e} = [k]_{2n \times 2n}\{\delta\} \tag{2-65}$$

将式(2-65)代入式(2-63),得:

$$\{R\} = \sum_{e=1}^{n_e} [k]_{2n \times 2n}\{\delta\} \tag{2-66}$$

令

$$[K] = \sum_{e=1}^{n_e} [k]_{2n \times 2n} \tag{2-67}$$

将式(2-67)代入式(2-66),得总刚度方程式(2-6),即 $[K]\{\delta\} = \{R\}$,式中

$$[K] = \begin{bmatrix} K_{11} & \cdots & K_{1i} & \cdots & K_{1j} & \cdots & K_{1m} & \cdots & K_{1n} \\ \vdots & & \vdots & & \vdots & & \vdots & & \vdots \\ K_{i1} & \cdots & K_{ii} & \cdots & K_{ij} & \cdots & K_{im} & \cdots & K_{in} \\ \vdots & & \vdots & & \vdots & & \vdots & & \vdots \\ K_{j1} & \cdots & K_{ji} & \cdots & K_{jj} & \cdots & K_{jm} & \cdots & K_{jn} \\ \vdots & & \vdots & & \vdots & & \vdots & & \vdots \\ K_{m1} & \cdots & K_{mi} & \cdots & K_{mj} & \cdots & K_{mm} & \cdots & K_{mn} \\ \vdots & & \vdots & & \vdots & & \vdots & & \vdots \\ K_{n1} & \cdots & K_{ni} & \cdots & K_{nj} & \cdots & K_{nm} & \cdots & K_{nn} \end{bmatrix} \tag{2-68}$$

它称为总刚度矩阵,是各单元刚度矩阵的叠加(矩阵中的"…"表示省略未写的其他元素)。其中每一个子矩阵是相邻单元刚度矩阵含有的子矩阵之和,即:

$$[K_{rs}] = \sum_{e=1}^{n_e} [k_{rs}] \quad (r = 1,2,\cdots,n; \ s = 1,2,\cdots,n) \tag{2-69}$$

实际上,有限元分析中,在计算出各单元刚度矩阵元素后,即按式(2-69)叠加到总刚度矩阵相应的行列中,这种计算总刚度矩阵的方法称为直接刚度法。对于有 $n$ 个结点的平面问题,式(2-68)表示的总刚度矩阵是一个 $2n \times 2n$ 阶矩阵,因为每个结点有两个位移自由度。式(2-68)表示的总刚度方程则包含 $2n$ 个线性方程,展开形式为:

$$\begin{bmatrix} k_{11} & k_{12} & k_{13} & k_{14} & k_{15} & \cdots & k_{1,2n-1} & k_{1,2n} \\ k_{21} & k_{22} & k_{23} & k_{24} & k_{25} & \cdots & k_{2,2n-1} & k_{2,2n} \\ k_{31} & k_{32} & k_{33} & k_{34} & k_{35} & \cdots & k_{3,2n-1} & k_{3,2n} \\ k_{41} & k_{42} & k_{43} & k_{44} & k_{45} & \cdots & k_{4,2n-1} & k_{4,2n} \\ k_{51} & k_{52} & k_{53} & k_{54} & k_{55} & \cdots & k_{5,2n-1} & k_{5,2n} \\ \vdots & \vdots & \vdots & \vdots & \vdots & & \vdots & \vdots \\ k_{2n-1,1} & k_{2n-1,2} & k_{2n-1,3} & k_{2n-1,4} & k_{2n-1,5} & \cdots & k_{2n-1,2n-1} & k_{2n-1,2n} \\ k_{2n,1} & k_{2n,2} & k_{2n,3} & k_{2n,4} & k_{2n,5} & \cdots & k_{2n-1,2n-1} & k_{2n,2n} \end{bmatrix} \begin{Bmatrix} u_1 \\ v_1 \\ u_2 \\ v_2 \\ u_3 \\ \vdots \\ u_n \\ v_n \end{Bmatrix} = \begin{Bmatrix} R_{1x} \\ R_{1y} \\ R_{2x} \\ R_{2y} \\ R_{3x} \\ \vdots \\ R_{nx} \\ R_{ny} \end{Bmatrix}$$

$$\tag{2-70}$$

矩阵中的"…"表示省略未写的其他元素。

总刚度矩阵有如下性质：

（1）总刚度矩阵的每一列元素的值，等于使某一结点在某一坐标轴方向发生单位位移而其他结点位移等于零时，各结点需要施加的结点力。如在式（2-70）中，令结点 2 在 $x$ 方向的位移 $u_2 = 1$，而其他结点位移等于零，便得到：

$$\begin{bmatrix} k_{13} & k_{23} & k_{33} & \cdots & k_{2n-1,3} & k_{2n,3} \end{bmatrix}^{\mathrm{T}} = \begin{bmatrix} R_{1x} & R_{1y} & R_{2x} & \cdots & R_{nx} & R_{ny} \end{bmatrix}^{\mathrm{T}}$$

$$(2\text{-}71)$$

显然刚度矩阵元素的值越大，产生一定结点位移所需要施加的结点力越大，这也是刚度矩阵名称的由来。

（2）总刚度矩阵的主元素（主对角元）总是正的。如式（2-70）中，对应 $u_2 = 1$ 时，$k_{33} = R_{2x}$。由于 $R_{2x}$ 是作用在结点 2 的 $x$ 方向的结点力，它与 $u_2$ 方向相同，因此 $k_{33} > 0$。这一性质也是判断形成的刚度矩阵乃至有限元模型是否正确的标志之一。

（3）总刚度矩阵是对称矩阵。这可由式（2-38）和式（2-69）合并式得证。式（2-38）和式（2-69）合并为：

$$[K_{rs}]^{\mathrm{T}} = \sum_{e=1}^{n_e} [k_{rs}]^{\mathrm{T}} = \sum_{e=1}^{n_e} ([B_r]^{\mathrm{T}}[D][B_s])^{\mathrm{T}} tA = \sum_{e=1}^{n_e} [B_s]^{\mathrm{T}}[D][B_r] tA = \sum_{e=1}^{n_e} [k_{sr}] = [K_{sr}]$$

利用这一性质，在有限元分析过程中，只需要存储刚度矩阵一半的元素，可大大节省计算机存储容量。

（4）总刚度矩阵是一个非零元素集中在主对角元两侧的稀疏矩阵。由式（2-69）可见，总刚度矩阵的子矩阵是由各单元刚度矩阵中下标相同的子矩阵叠加得到的，子矩阵的下标就是相关联的结点号。在式（2-68）中，子矩阵的下标就是它的行列号，即总刚度矩阵中子矩阵的行列号就是相关联的结点号。这些相关联的结点实际上就是共单元的结点。在实际结构有限元离散化的结点编号中，共单元的结点号之差一般不会很大，这就意味着非零的子矩阵行号和列号相差不大，位于主对角元两侧。在行号和列号相差越远处，非零子矩阵就越少。如果在结点编号中使同单元的结点号之差越少，非零元素就越集中于主对角线两侧。在有限元分析中，只需要存储总刚度矩阵的每行从主元素到最后一个非零元素间的元素（称为半带宽），这就进一步节省了存储容量。

（5）总刚度矩阵是一个奇异矩阵，在排除刚体位移后，总刚度方程才能求解。总刚度方程式（2-6）是在结点力平衡的条件下推导出来的，未考虑结构的任何约束。在平衡力的作用下，总刚度方程无确定的位移解，即总刚度矩阵是一个奇异矩阵。只有对方程进行约束处理，消除刚体位移，才能真正解出各结点在外载荷作用下的位移。

## 2.7　结构边界约束条件的处理

问题的边界约束条件处理由实际结构的约束情况经过适当简化，化为有限元模型结点的约束，根据结点的约束情况对总刚度方程进行处理。总刚度方程进行约束处理后，结点未知位移的数目和方程数目应该减少，但是为了方便计算机程序的处理，一般采用以某种方式引入已知位移而保持方程数目不变的方法。常用的有两种方法：置零法和乘大数法。

### 2.7.1 置零法

置零法保持总刚度方程阶数不变，而对总刚度矩阵和载荷列向量进行修正。当已知某结点某坐标轴方向的位移值，则令总刚度矩阵中该结点该方向对应的主元等于1，而该主元所在行和列的其余元素都等于零，同时，令载荷列向量中与主元对应行的元素等于已知位移值，其余元素各自减去主元所在列中对应行的元素乘以已知位移。例如，在总刚度方程式（2-70）中，已知 $u_1 = \alpha$，$v_2 = \beta$，引进这两个已知结点位移后，方程式（2-70）变为：

$$
\begin{bmatrix}
1 & 0 & 0 & 0 & 0 & \cdots & 0 & 0 \\
0 & k_{22} & k_{23} & 0 & k_{25} & \cdots & k_{2,2n-1} & k_{2,2n} \\
0 & k_{32} & k_{33} & 0 & k_{35} & \cdots & k_{3,2n-1} & k_{3,2n} \\
0 & 0 & 0 & 1 & 0 & \cdots & 0 & 0 \\
0 & k_{52} & k_{53} & 0 & k_{55} & \cdots & k_{5,2n-1} & k_{5,2n} \\
\vdots & \vdots & & \vdots & \vdots & & \vdots & \vdots \\
0 & k_{2n-1,2} & k_{2n-1,3} & 0 & k_{2n-1,5} & \cdots & k_{2n-1,2n-1} & k_{2n-1,2n} \\
0 & k_{2n,2} & k_{2n,3} & 0 & k_{2n,5} & \cdots & k_{2n,2n-1} & k_{2n,2n}
\end{bmatrix}
\begin{Bmatrix}
u_1 \\ v_1 \\ u_2 \\ v_2 \\ u_3 \\ \vdots \\ u_n \\ v_n
\end{Bmatrix}
=
\begin{Bmatrix}
\alpha \\
R_{1y} - k_{21}\alpha - k_{24}\beta \\
R_{2x} - k_{31}\alpha - k_{34}\beta \\
\beta \\
R_{3x} - k_{51}\alpha - k_{54}\beta \\
\vdots \\
R_{nx} - k_{2n-1,1}\alpha - k_{2n-1,4}\beta \\
R_{ny} - k_{2n,1}\alpha - k_{2n,4}\beta
\end{Bmatrix}
$$

$$(2\text{-}72)$$

由式（2-72）可见，第一个方程即 $u_1 = \alpha$，第四个方程即 $v_2 = \beta$，其余各方程都是在展开后将方程左端的已知位移乘以对应的刚度元素移项至右端。这种方法可以处理零位移约束，也可处理非零位移约束，对零位移约束的处理尤其方便。

### 2.7.2 乘大数法

乘大数法是将总刚度矩阵中与已知结点位移对应的主元乘以一个大数，例如 $1 \times 10^{15}$，同时将载荷列向量中对应元素换以已知结点位移值与主元及同一个大数的乘积，其实质意义就是使总刚度矩阵中相应行的修正项远大于其余项。例如，用乘大数法对式（2-70）的第四行进行处理，得：

$$k_{41}u_1 + k_{42}v_1 + k_{43}u_2 + k_{44} \times 10^{15}v_2 + k_{45}u_3 + \cdots + k_{4,2n-1}u_n + k_{4,2n}v_n = \beta k_{44} \times 10^{15} \quad (2\text{-}73)$$

由于 $k_{44} \times 10^{15} \gg k_{4j}$（$j = 1$，2，3，5，$\cdots$，$2n$），因此方程式（2-73）相当于 $v_2 = \beta$，反映了位移约束条件。显然，这种方法更适用于非零位移约束。

## 2.8 位移的求解和应力的计算

经过边界约束条件处理消除了结构所有刚体位移后的总刚度方程，是一个有确定解的线性方程组。求解这个方程组解出整个结构的结点位移值，可得到结构在载荷下的变形分布。

在式（2-27）中代入各单元结点位移的求解结果，就可计算出各单元的应力。由式（2-28）和式（2-29）可知，平面三角形单元是常应力单元，在整个单元内应力相等，可将单元应力视为单元形心处的应力。在有限元分析后处理时，可将单元应力转化为结点应力输出。可采用绕结点平均法算出每个结点的应力近似值，即取环绕每个结点的所有单元应力的平均值。只要绕结点的单元大小接近，这种方法算出的结点应力对于结构内结点实际应力拟合较好，但对边界结点可能很差。对于边界结点，需要在算出与该结点组成一条线的三个内结点的应力值后，再用二次插值公式推出边界结点的应力值为：

$$\{\sigma\} = \frac{(x-x_2)(x-x_3)}{(x_1-x_2)(x_1-x_3)}\{\sigma_1\} + \frac{(x-x_1)(x-x_3)}{(x_2-x_1)(x_2-x_3)}\{\sigma_2\} + \frac{(x-x_1)(x-x_2)}{(x_3-x_1)(x_3-x_2)}\{\sigma_3\}$$

$$(2-74)$$

式中　　$\{\sigma_1\}$，$\{\sigma_2\}$，$\{\sigma_3\}$——用绕结点平均法求出的内结点应力；

　　　　　　　　$\{\sigma\}$——待求的边界结点应力；

　　　　　　　　$x$——边界结点坐标；

　　　　$x_1$，$x_2$，$x_3$——分别为三个内结点坐标。

【例2.1】一个长 1800mm、高 300mm、厚 100mm 的梁，其材料的弹性模量 $E = 2 \times 10^5 MPa$，泊松比 $\mu = 0.167$，线膨胀系数 $\alpha = 8 \times 10^{-6}/℃$。求以下两种工况下的变形和应力：（1）两端受到由四个集中力 $F = 10kN$ 组成的两个相反力偶作用（见图2-4）；（2）两端固定，梁的整体温度变化为 $T = 50℃$（见图2-5）。

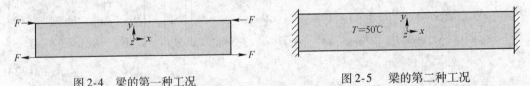

图 2-4　梁的第一种工况　　　　　图 2-5　梁的第二种工况

采用平面三角形单元进行离散化，得到图 2-6 所示的有限元分析模型。对工况（1），在梁的对称中心，即坐标原点处的结点约束全部自由度，将四个集中力加在四个对应位置的结点上。对工况（2），对梁两端边界上的所有结点约束平面内全部自由度，对所有结点输入温度载荷值。

图 2-6　梁的单元划分

按平面应力问题求解，有限元分析程序根据上述输入形成总刚度矩阵，形成载荷列向量，并对总刚度方程进行约束处理，然后解方程，得到全部结点的位移解，再计算所有单元应力，转化为结点应力。通过程序的后处理，可显示结构的位移和应力分布。对工况（1），有限元计算得到的梁的变形如图2-7所示，沿着梁的下缘，各结点的纵向弯曲应力分布如图2-8所示。沿着梁的纵向边缘，大部分弯曲应力相等，显示了等截面梁纯弯曲的应力分布特点，只在两端集中力作用点附近出现应力集中现象。对工况（2），有限元计算得到的梁的变形如图2-9所示，由于梁的两端固定，两端面位移等于零，其余部分都发生了上下对称的横向位移。由于梁的纵向变形受到限制，沿着梁的上、下缘各结点产生了纵向压应力。图2-10所示为上缘的纵向压应力分布，两端由于约束也产生了应力集中。

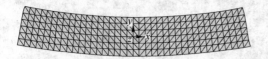

图 2-7 梁的弯曲变形

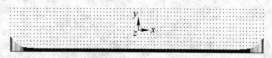

图 2-8 力偶作用引起的梁的下缘的拉应力分布

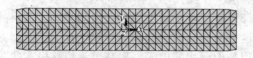

图 2-9 温度变化引起的梁的变形

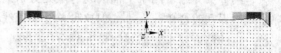

图 2-10 温度变化引起的梁的上缘的压应力分布

# 3  平面问题单元

第 2 章介绍了用于平面问题有限元分析的三角形单元，这种单元形状简单，容易适应曲线边界和改变单元大小。但这种单元采用线性位移模式，其计算精度受到限制。为了满足一定的精度要求，需要将单元划分得很小，这样单元数就会增多，增加计算工作量。为了用较少的单元达到需要的精度，可以考虑采用其他形式的单元，提高单元位移模式的阶次。本章介绍另外两种常用的采用高次位移模式的平面问题单元。

## 3.1  四结点四边形等参数单元

如图 3-1 所示，在结构所在的总体坐标系 $xoy$ 中，这种单元是一个任意四边形，各边一般不平行于坐标轴，不能直接找到一个满足协调性要求的位移插值函数。因此，必须设法通过映射坐标变换，得到一个单元局部坐标下的一个正方形单元，在局部坐标下构造满足位移协调性要求的位移模式，再通过坐标变换，在整体坐标下完成结构的有限元分析。

### 3.1.1  单元位移模式

设图 3-1 中的任意四边形单元 1234 通过映射变换得到图 3-2 所示的在局部坐标系 $\xi o \eta$ 中的正方形单元 1234，单元各结点坐标 $(\xi_i, \eta_i)$ 分别为 ±1。设在局部坐标系下，$\xi$ 方向和 $\eta$ 方向的位移分别为 $u$ 和 $v$，取位移模式：

$$\left.\begin{array}{l} u = \alpha_1 + \alpha_2 \xi + \alpha_3 \eta + \alpha_4 \xi \eta \\ v = \beta_1 + \beta_2 \xi + \beta_3 \eta + \beta_4 \xi \eta \end{array}\right\} \tag{3-1}$$

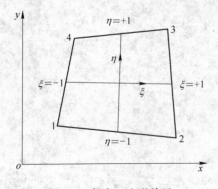

图 3-1  任意四边形单元

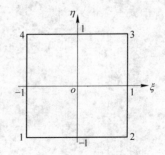

图 3-2  局部坐标单元

式 (3-1) 表明，固定其中一个坐标，位移就是另一个坐标的线性函数，因此，称式 (3-1) 为双线性函数。而且，由于表达式比线性插值多了一个 $\xi \eta$ 项，因此精度可望有一定提高。将式 (3-1) 应用于正方形单元的四个结点，求出 $\alpha_1, \cdots, \alpha_4$ 或 $\beta_1, \cdots, \beta_4$，代入式（3-1），经整理，局部坐标下的位移插值函数为：

$$
\left.
\begin{aligned}
u &= \sum_{i=1}^{4} N_i(\xi,\eta) u_i \\
v &= \sum_{i=1}^{4} N_i(\xi,\eta) v_i
\end{aligned}
\right\}
\tag{3-2}
$$

其中，形函数为：

$$
N_i(\xi,\eta) = \frac{(1+\xi_i\xi)(1+\eta_i\eta)}{4} \qquad (i = 1,2,3,4)
\tag{3-3}
$$

$(\xi_i,\ \eta_i)$ 为结点 $i$ 的局部坐标：

$$(\xi_1,\eta_1) = (-1,-1);\ (\xi_2,\eta_2) = (1,-1);\ (\xi_3,\eta_3) = (1,1);\ (\xi_4,\eta_4) = (-1,1)$$

$$\tag{3-4}$$

将四个结点的局部坐标代入式（3-3）可知，$N_i(\xi,\ \eta)$ 具有在 $i$ 结点等于 1 而在其他结点等于零的性质，还具有式（3-5）的性质：

$$
\sum_{i=1}^{4} N_i(\xi,\eta) = 1
\tag{3-5}
$$

现在对整体坐标下的任意四边形单元的位移模式也采用式（3-3）所示的形函数，设在 $x$ 方向和 $y$ 方向的位移分别为 $u$ 和 $v$，则：

$$
\left.
\begin{aligned}
u &= \sum_{i=1}^{4} N_i u_i \\
v &= \sum_{i=1}^{4} N_i v_i
\end{aligned}
\right\}
\tag{3-6}
$$

由此可导出整体坐标下的单元刚度矩阵。

### 3.1.2  坐标变换

由于单元刚度矩阵的计算要求在整体坐标下完成，因此必须建立在局部坐标 $\xi,\ \eta$ 和整体坐标 $x,\ y$ 之间的坐标变换关系。实际上这个变换并不复杂，利用位移插值函数中的形函数（3-3）就可建立这个坐标变换关系，即：

$$
\left.
\begin{aligned}
x &= \sum_{i=1}^{4} N_i(\xi,\eta) x_i \\
y &= \sum_{i=1}^{4} N_i(\xi,\eta) y_i
\end{aligned}
\right\}
\tag{3-7}
$$

由形函数 $N_i(\xi,\eta)$ 在结点上的取值特点，当 $(\xi,\eta)$ 取为局部坐标下单元的某结点 $i$ 的值时，$N_i(\xi_i,\eta_i) = 1$，而其余结点 $N_i(\xi,\eta)$ 等于零，则式（3-7）中的 $x = x_i$，$y = y_i$，因此，式（3-7）建立了整体坐标下的任意四边形单元与局部坐标下正方形单元的四个结点的一一对应关系。另外，由于式（3-7）和式（3-2）表达形式完全相同，式（3-7）也是 $(\xi,\eta)$ 的双线性函数，这说明整体坐标下四边形与局部坐标下正方形的两个对应结点之间的边也是互相对应的直线。也就是说，式（3-7）反映了两种坐标下的单元中的所有点的一一对应关系。正是由于位移插值函数式（3-6）和坐标变换式（3-7）具有相似的表达形式和相同的形函数，因此这类单元被称为等参数单元。

### 3.1.3 单元刚度矩阵

将位移表达式（3-6）代入平面问题几何方程式（2-10），便得应变列向量的计算公式为：

$$\{\varepsilon\} = [B]\{\delta\}^e = [B_1 \quad B_2 \quad B_3 \quad B_4]\{\delta\}^e \tag{3-8}$$

式中

$$[B_i] = \begin{bmatrix} \dfrac{\partial N_i}{\partial x} & 0 \\[2mm] 0 & \dfrac{\partial N_i}{\partial y} \\[2mm] \dfrac{\partial N_i}{\partial y} & \dfrac{\partial N_i}{\partial x} \end{bmatrix} \qquad (i = 1, 2, 3, 4) \tag{3-9}$$

$$\{\delta\} = [u_1 \quad v_1 \quad u_2 \quad v_2 \quad u_3 \quad v_3 \quad u_4 \quad v_4]^{\mathrm{T}} \tag{3-10}$$

因为 $N_i$ 是 $\xi$，$\eta$ 的函数，它们对 $x$，$y$ 的偏导数必须根据复合函数求导的规则计算。

$$\begin{Bmatrix} \dfrac{\partial N_i}{\partial \xi} \\[2mm] \dfrac{\partial N_i}{\partial \eta} \end{Bmatrix} = \begin{bmatrix} \dfrac{\partial x}{\partial \xi} & \dfrac{\partial y}{\partial \xi} \\[2mm] \dfrac{\partial x}{\partial \eta} & \dfrac{\partial y}{\partial \eta} \end{bmatrix} \begin{Bmatrix} \dfrac{\partial N_i}{\partial x} \\[2mm] \dfrac{\partial N_i}{\partial y} \end{Bmatrix} \tag{3-11}$$

令

$$[J] = \begin{bmatrix} \dfrac{\partial x}{\partial \xi} & \dfrac{\partial y}{\partial \xi} \\[2mm] \dfrac{\partial x}{\partial \eta} & \dfrac{\partial y}{\partial \eta} \end{bmatrix} \tag{3-12}$$

它称为雅可比矩阵，则

$$\begin{Bmatrix} \dfrac{\partial N_i}{\partial x} \\[2mm] \dfrac{\partial N_i}{\partial y} \end{Bmatrix} = [J]^{-1} \begin{Bmatrix} \dfrac{\partial N_i}{\partial \xi} \\[2mm] \dfrac{\partial N_i}{\partial \eta} \end{Bmatrix} \tag{3-13}$$

式中

$$[J]^{-1} = \frac{1}{|J|} \begin{bmatrix} \dfrac{\partial y}{\partial \eta} & -\dfrac{\partial y}{\partial \xi} \\[2mm] -\dfrac{\partial x}{\partial \eta} & \dfrac{\partial x}{\partial \xi} \end{bmatrix} \tag{3-14}$$

$$|J| = \frac{\partial x}{\partial \xi} \cdot \frac{\partial y}{\partial \eta} - \frac{\partial y}{\partial \xi} \cdot \frac{\partial x}{\partial \eta} \tag{3-15}$$

至此，式（3-9）中要计算的导数都可由式（3-3）、式（3-7）和式（3-13）～式（3-15）求得。

和前述平面问题三角形单元一样，单元内的应力也可表示为：

$$\{\sigma\} = [D][B]\{\delta\}^e = [S]\{\delta\}^e \tag{3-16}$$

不过,式中,应力矩阵

$$[S] = [S_1 \quad S_2 \quad S_3 \quad S_4] \tag{3-17}$$

对于平面应力问题，式中

$$[S_i] = [D][B_i] = \frac{E}{1-\mu^2}\begin{bmatrix} \dfrac{\partial N_i}{\partial x} & \mu\dfrac{\partial N_i}{\partial y} \\ \mu\dfrac{\partial N_i}{\partial x} & \dfrac{\partial N_i}{\partial y} \\ \dfrac{1-\mu}{2}\cdot\dfrac{\partial N_i}{\partial y} & \dfrac{1-\mu}{2}\cdot\dfrac{\partial N_i}{\partial x} \end{bmatrix} \quad (i = 1,2,3,4) \tag{3-18}$$

同样，单元刚度矩阵由虚功原理导出：

$$[k] = \iint_A [B]^{\mathrm{T}}[D][B]t\mathrm{d}x\mathrm{d}y = \int_{-1}^{1}\int_{-1}^{1}[B]^{\mathrm{T}}[D][B]t|J|\mathrm{d}\xi\mathrm{d}\eta \tag{3-19}$$

式中，$t$ 也是单元厚度；第一个积分式表示在 $xy$ 坐标系下在四边形单元区域内积分；第二个积分表示按坐标变换换元后在局部坐标正方形单元区域内的积分。四边形单元刚度矩阵以 $2\times2$ 的子矩阵表达为：

$$[k] = \begin{bmatrix} k_{11} & k_{12} & k_{13} & k_{14} \\ k_{21} & k_{22} & k_{23} & k_{24} \\ k_{31} & k_{32} & k_{33} & k_{34} \\ k_{41} & k_{42} & k_{43} & k_{44} \end{bmatrix} \tag{3-20}$$

其中，每个子矩阵的计算公式为：

$$[k_{ij}] = \iint_A [B_i]^{\mathrm{T}}[D][B_j]t\mathrm{d}x\mathrm{d}y = \int_{-1}^{1}\int_{-1}^{1}[B_i]^{\mathrm{T}}[D][B_j]t|J|\mathrm{d}\xi\mathrm{d}\eta$$

$$(i = 1, 2, 3, 4; j = 1, 2, 3, 4) \tag{3-21}$$

对于平面应力问题：

$$[B_i][D][B_j] = \frac{E}{1-\mu^2}\begin{bmatrix} \dfrac{\partial N_i}{\partial x}\cdot\dfrac{\partial N_j}{\partial x}+\dfrac{1-\mu}{2}\cdot\dfrac{\partial N_i}{\partial y}\cdot\dfrac{\partial N_j}{\partial y} & \mu\dfrac{\partial N_i}{\partial x}\cdot\dfrac{\partial N_j}{\partial y}+\dfrac{1-\mu}{2}\cdot\dfrac{\partial N_i}{\partial y}\cdot\dfrac{\partial N_j}{\partial x} \\ \mu\dfrac{\partial N_i}{\partial y}\cdot\dfrac{\partial N_j}{\partial x}+\dfrac{1-\mu}{2}\cdot\dfrac{\partial N_i}{\partial x}\cdot\dfrac{\partial N_j}{\partial y} & \dfrac{\partial N_i}{\partial y}\cdot\dfrac{\partial N_j}{\partial y}+\dfrac{1-\mu}{2}\cdot\dfrac{\partial N_i}{\partial x}\cdot\dfrac{\partial N_j}{\partial x} \end{bmatrix}$$

$$(i = 1,2,3,4; j = 1,2,3,4) \tag{3-22}$$

### 3.1.4　等效结点力计算

#### 3.1.4.1　集中力

设单元上任意点受到集中载荷 $\{G\} = [G_x \quad G_y]^{\mathrm{T}}$，则移置到单元各个结点上的等效结点力为：

$$\{F_i\}^{\mathrm{e}} = \begin{Bmatrix} F_{ix} \\ F_{iy} \end{Bmatrix}^{\mathrm{e}} = (N_i)_c\{G\} \quad (i = 1,2,3,4) \tag{3-23}$$

式中　　$(N_i)_c$——形函数在载荷作用点 $c$ 的值。

#### 3.1.4.2　体积力

设单元的单位体积力是 $\{p\} = [p_x \quad p_y]^{\mathrm{T}}$，则移置到单元各个结点上的等效结点力为：

$$\{P_i\}^e = \left\{\begin{matrix} P_{ix} \\ P_{iy} \end{matrix}\right\}^e = \int_{-1}^{1}\int_{-1}^{1} N_i \left\{\begin{matrix} p_x \\ p_y \end{matrix}\right\} t\,|J|\,\mathrm{d}\xi\mathrm{d}\eta \quad (i=1,2,3,4) \tag{3-24}$$

### 3.1.4.3　表面力

设单元的某边上承受的单位表面力是 $\{q\}=[q_x\quad q_y]^{\mathrm{T}}$，则移置到该边上两个结点上的等效结点力为：

$$\{Q_i\}^e = \left\{\begin{matrix} Q_{ix} \\ Q_{iy} \end{matrix}\right\}^e = \int_{\Gamma} N_i \left\{\begin{matrix} q_x \\ q_y \end{matrix}\right\} t\,\mathrm{d}s \quad (i=1,2,3,4) \tag{3-25}$$

式中　$\Gamma$——承受表面力的单元边界；

　　　$s$——边长。

具体积分时，可根据边界对应的局部坐标下正方形单元的边界直接换元成 $\mathrm{d}\xi$ 或 $\mathrm{d}\eta$，在 $-1\sim1$ 的积分限内积分。

## 3.1.5　热载荷计算

如果要考虑温度改变引起的初应变，则需要添加如式（2-50）所示的因温度改变产生的等效结点力，为：

$$\{H\}^e = \iint [B]^{\mathrm{T}}[D]\{\varepsilon_0\}^e t\,\mathrm{d}x\mathrm{d}y$$

对于四边形单元，$[B]=[B_1\quad B_2\quad B_3\quad B_4]$，单元上 $i$ 结点的等效结点力为：

$$\{H_i\}^e = \left\{\begin{matrix} H_{ix} \\ H_{iy} \end{matrix}\right\}^e = \iint [B_i]^{\mathrm{T}}[D]\{\varepsilon_0\}^e t\,\mathrm{d}x\mathrm{d}y \quad (i=1,2,3,4) \tag{3-26}$$

式（3-26）中代入式（2-45）、式（3-9）和平面应力问题的弹性矩阵，可得平面应力问题的等效结点力为：

$$\{H_i\}^e = \left\{\begin{matrix} H_{ix} \\ H_{iy} \end{matrix}\right\}^e = \frac{E\alpha}{1-\mu}\iint \left\{\begin{matrix} \frac{\partial N_i}{\partial x} \\ \frac{\partial N_i}{\partial y} \end{matrix}\right\} tT\,\mathrm{d}x\mathrm{d}y = \frac{E\alpha}{1-\mu}\int_{-1}^{1}\int_{-1}^{1} \left\{\begin{matrix} \frac{\partial N_i}{\partial x} \\ \frac{\partial N_i}{\partial y} \end{matrix}\right\} tT\,|J|\,\mathrm{d}\xi\mathrm{d}\eta \tag{3-27}$$

而应力计算变为：

$$\{\sigma\} = [D][B]\{\delta\}^e - [D]\{\varepsilon_0\} = [DB_1\quad DB_2\quad DB_3\quad DB_4]\{\delta\}^e - \frac{E\alpha T}{1-\mu}[1\quad 1\quad 0]^{\mathrm{T}} \tag{3-28}$$

有了单元的载荷列阵和刚度矩阵，就可按前述直接刚度法组集总刚度矩阵，建立总刚度方程，通过约束处理，得到求解结点位移的平衡方程组，解出结点位移，然后由式（3-16）或式（3-28）求出单元应力。在这里要注意的是，前述平面三角形单元因为是常应变单元，只能计算单元应力，结点应力是通过处理与结点有关单元的单元应力求得的近似值，而在四边形单元中，可以直接计算单元中某点的应力值，特别是结点应力计算较方便，只需将结点的局部坐标代入应变矩阵即可求得，这也说明了四边形单元相对三角形单元在精度上的优越性。

### 3.1.6 单元的完备性和协调性

由式（3-6）和局部坐标中单元各边的取值特点，相邻单元公共边上各点的位移由边上的两个结点位移唯一确定，而同一结点位移对所在的任何单元都是唯一的，因此，单元的协调性得到满足。

另外，如果能够证明单元位移插值函数满足线性位移分布的情况，则单元的完备性如平面三角形单元位移模式那样自然得到满足。对应于刚体位移和常应变状态的位移可写成如下形式：

$$\left.\begin{array}{l} u = a_1 + a_2x + a_3y \\ v = b_1 + b_2x + b_3y \end{array}\right\} \tag{3-29}$$

假定四边形单元的四个结点的位移由式（3-29）所表示的位移确定，即：

$$\left.\begin{array}{l} u_i = a_1 + a_2x_i + a_3y_i \\ v_i = b_1 + b_2x_i + b_3y_i \end{array}\right\} \tag{3-30}$$

单元内的位移根据式（3-6）由结点位移插值得到。将式（3-30）代入式（3-6），可得：

$$\left.\begin{array}{l} u = \sum_{i=1}^{4} N_iu_i = \sum_{i=1}^{4} N_i(a_1 + a_2x_i + a_3y_i) = a_1\sum_{i=1}^{4} N_i + a_2\sum_{i=1}^{4} N_ix_i + a_3\sum_{i=1}^{4} N_iy_i \\ v = \sum_{i=1}^{4} N_iv_i = \sum_{i=1}^{4} N_i(b_1 + b_2x_i + b_3y_i) = b_1\sum_{i=1}^{4} N_i + b_2\sum_{i=1}^{4} N_ix_i + b_3\sum_{i=1}^{4} N_iy_i \end{array}\right\} \tag{3-31}$$

将式（3-5）和式（3-7）代入式（3-31），则式（3-31）就成为式（3-29），这说明这时单元内的位移是刚体位移或对应于常应变的位移。单元的完备性得到满足。

## 3.2 八结点四边形等参数单元

上面介绍的四结点任意四边形单元的解的精度相对于三角形单元解的精度得到一定改善，但是在一些具有曲线边界的问题中，采用直线边界的单元，存在用折线代替曲线带来的误差。因此，有必要构造曲边的、位移模式的阶次更高的单元，以进一步提高单元的拟合精度，以便在给定精度下用数目较少的单元去求解实际问题。本节再介绍一种常用的平面八结点曲边四边形单元，还是采用上述四结点四边形等参数单元的方法，先用一个局部坐标系中的八结点正方形单元（见图3-3），选取位移模式，再映射为整体坐标系中的八结点曲边四边形单元（见图3-4），进行单元分析，建立单元刚度矩阵。

首先研究图3-3中边长等于2的八结点正方形单元，在其形心处建立局部坐标系 $\xi o \eta$，单元各结点坐标 $(\xi_i, \eta_i)$ 分别为 ±1 或 0。在局部坐标系下取位移模式：

$$\left.\begin{array}{l} u = \alpha_1 + \alpha_2\xi + \alpha_3\eta + \alpha_4\xi^2 + \alpha_5\eta\xi + \alpha_6\eta^2 + \alpha_7\xi^2\eta + \alpha_8\xi\eta^2 \\ v = \beta_1 + \beta_2\xi + \beta_3\eta + \beta_4\xi^2 + \beta_5\eta\xi + \beta_6\eta^2 + \beta_7\xi^2\eta + \beta_8\xi\eta^2 \end{array}\right\} \tag{3-32}$$

将式（3-32）应用于八个结点解出常数 $\alpha_i$ 和 $\beta_i$，用八个结点的位移 $u_i$、$v_i$ 表示，写成位移插值公式为：

$$u = \sum_{i=1}^{8} N_i(\xi, \eta) u_i \\ v = \sum_{i=1}^{8} N_i(\xi, \eta) v_i \Bigg\} \tag{3-33}$$

其中，形函数为：

$$N_i(\xi, \eta) = (1 + \xi_0)(1 + \eta_0)(\xi_0 + \eta_0 - 1)\xi_i^2 \eta_i^2 / 4 + (1 - \xi^2)(1 + \eta_0)(1 - \xi_i^2)\eta_i^2 / 2 +$$
$$(1 - \eta^2)(1 + \xi_0)(1 - \eta_i^2)\xi_i^2 / 2 \tag{3-34}$$

其中

$$\xi_0 = \xi_i \xi; \quad \eta_0 = \eta_i \eta \qquad (i = 1, 2, \cdots, 8) \tag{3-35}$$

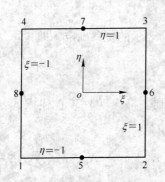

图 3-3　八结点正方形单元

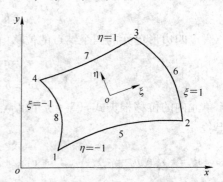

图 3-4　八结点曲边四边形单元

和四结点四边形单元一样，$N_i(\xi, \eta)$ 同样具有在 $i$ 结点等于 1、在其他结点等于零的性质，并且具有式（3-36）的性质：

$$\sum_{i=1}^{8} N_i(\xi, \eta) = 1 \tag{3-36}$$

因此，当整体坐标下采用与式（3-33）相同的位移模式时，如前述四结点四边形单元，坐标变换式也具有完全相同的形式和形函数。因此，其他单元特性和单元刚度矩阵的计算公式完全可仿照前述四结点四边形单元的步骤推导，得到的结果除结点数外，形式上与前述四结点四边形单元的结果类似，这里不再赘述。

【例 3.1】 如图 3-5 所示，边长为 16cm、厚度为 1cm 的正方形板的中心有一个半径为 0.5cm 的圆孔，在左右两边受到 $\sigma_x = 1$MPa 的拉应力，已知板的材料弹性模量 $E = 1$MPa，泊松比 $\mu = 0.1$，求板中沿 $y$ 轴（$x = 0$）的应力 $\sigma_x$ 的分布。

图 3-5　中心有圆孔的方板

由于方板形状和载荷的对称特点，取板的 1/4 作有限元分析模型，用八结点四边形平面单元离散化，考虑到圆孔周围应力梯度会较大，越靠近圆孔单元越密集，如图 3-6 所示，部分单元因边界的限制蜕化为三角形。由于模型中 $x=0$ 和 $y=0$ 的两个边界位于板的两个对称轴上，根据变形规律，分别加以 $x$ 方向和 $y$ 方向位移等于 0 的约束，载荷拉应力作为面分布力移置为边界结点上的等效结点力。按平面应力问题求解。

求解后得到的板的结点位移如图 3-7 所示。沿方板 $x=0$ 处的应力 $\sigma_x$ 的大小分布如图 3-8 所示，其具体数值见表 3-1。

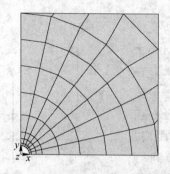

图 3-6 方板的有限元分析模型

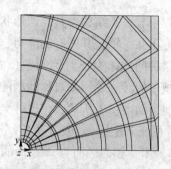

图 3-7 方板受力前后的结点位置的比较

图 3-8 沿方板 $x=0$ 处 $x$ 方向应力分布

表 3-1 沿方板 $x=0$ 处各结点的应力 $\sigma_x$ 的有限元计算值

| $y$ 坐标/cm | 0.50 | 0.56 | 0.87 | 1.25 | 2.25 | 3.50 | 5.00 | 6.50 | 8.00 |
|---|---|---|---|---|---|---|---|---|---|
| 有限元计算值/MPa | 2.981 | 1.877 | 1.285 | 1.104 | 1.028 | 1.014 | 1.006 | 0.998 | 0.986 |

# 4　轴对称问题单元

## 4.1　轴对称问题

　　工程中有一类结构，其几何形状、约束条件以及所受外力都对称于某一轴，其所有的应力、应变及位移也都对称于此轴。这种问题称为轴对称问题，如化工行业中的压力容器、机械中的转子等。轴对称问题的结构分析采用圆柱坐标比较方便，如图 4-1 所示。在这种坐标系中，结构上任一点 $S$ 的位置用三个坐标 $r$、$\theta$、$z$ 决定。$r$ 是 $S$ 点到 $z$ 轴的距离，$\theta$ 是过 $S$ 点和 $z$ 轴的平面与 $xz$ 平面的夹角，而 $z$ 是 $S$ 点到 $xy$ 平面的距离。如果轴对称问题结构弹性体以 $z$ 轴作为对称轴，则所有应力、应变和位移都与坐标 $\theta$ 无关，只是坐标 $r$ 和 $z$ 的函数。

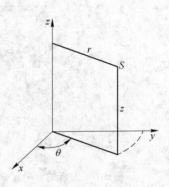

图 4-1　圆柱坐标

　　由于变形的轴对称特性，弹性体中只有两个位移分量，即沿 $r$ 轴的径向位移 $u$ 和沿 $z$ 轴的轴向位移 $w$，而沿 $\theta$ 方向的环向位移 $v$ 等于零。同时，剪应变分量 $\tau_{r\theta}$ 和 $\tau_{z\theta}$ 也应等于零，否则弹性体变形后会发生歪扭。由此可定义轴对称问题弹性体应力、应变和位移列向量为：

$$\{\sigma\} = [\sigma_r \quad \sigma_\theta \quad \sigma_z \quad \tau_{rz}]^T, \{\varepsilon\} = [\varepsilon_r \quad \varepsilon_\theta \quad \varepsilon_z \quad \gamma_{rz}]^T, \{f\} = [u \quad w]^T \qquad (4-1)$$

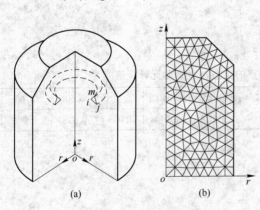

图 4-2　圆环体单元及其网格划分

　　用有限元法分析轴对称问题，通常采用环形单元，将连续体离散成有限个圆环体单元。圆环体单元之间用环形铰链相连接。作用在单元上的载荷也按照等效原则移置到环形铰上。如图 4-2（a）所示，圆环体单元与 $rz$ 平面正交的截面形成三角形或其他多边形网格，类似于平面问题在 $xy$ 平面上形成的网格，其结点就是环形铰在 $rz$ 面的交点。由于轴对称，分析对象的位移，应变和应力都与 $\theta$ 坐标无关，轴对称问题进行有限元分析只需取一个截面进行平面单元分析，如图 4-2（b）所示。但要注意它和真正的平面问题的区别：在轴对称问题中，单元是圆环体，所有结点力和等效载荷都是均布地加在环形铰的整圈上，环形单元的边界实际上是一回转面。

　　根据轴对称问题的变形特点，其几何方程为：

$$\{\varepsilon\} = \begin{Bmatrix} \varepsilon_r \\ \varepsilon_\theta \\ \varepsilon_z \\ \gamma_{rz} \end{Bmatrix} = \begin{Bmatrix} \dfrac{\partial u}{\partial r} \\ \dfrac{u}{r} \\ \dfrac{\partial w}{\partial z} \\ \dfrac{\partial w}{\partial r} + \dfrac{\partial u}{\partial z} \end{Bmatrix} \tag{4-2}$$

其物理方程中的弹性矩阵为:

$$[D] = \frac{E(1-\mu)}{(1+\mu)(1-2\mu)} \begin{bmatrix} 1 & \dfrac{\mu}{1-\mu} & \dfrac{\mu}{1-\mu} & 0 \\ \dfrac{\mu}{1-\mu} & 1 & \dfrac{\mu}{1-\mu} & 0 \\ \dfrac{\mu}{1-\mu} & \dfrac{\mu}{1-\mu} & 1 & 0 \\ 0 & 0 & 0 & \dfrac{1-2\mu}{2(1-\mu)} \end{bmatrix} \tag{4-3}$$

## 4.2　三角形截面环单元

### 4.2.1　单元位移模式

如图4-2（a）所示，三角形截面环单元在 $rz$ 平面形成三角形网格和三个结点 $i$、$j$、$m$。单元结点位移列向量可表示为:

$$\{\delta\}^e = \{\delta_i^T \quad \delta_j^T \quad \delta_m^T\}^T = [u_i \quad w_i \quad u_j \quad w_j \quad u_m \quad w_m]^T \tag{4-4}$$

取单元位移模式为线性位移模式，即:

$$u = \alpha_1 + \alpha_2 r + \alpha_3 z, \quad w = \alpha_4 + \alpha_5 r + \alpha_6 z \tag{4-5}$$

于是得到与平面三角形单元相似的结果，即:

$$u = N_i u_i + N_j u_j + N_m u_m, \quad w = N_i w_i + N_j w_j + N_m w_m \tag{4-6}$$

式中

$$N_i = \frac{1}{2\Delta}(a_i + b_i r + c_i z) \tag{4-7}$$

对 $N_j$ 和 $N_m$，只需将式（4-7）中等号右端各项的下标 $i$ 分别变为 $j$ 和 $m$。其中:

$$\left. \begin{array}{lll} a_i = r_j z_m - r_m z_j, & a_j = r_m z_i - r_i z_m, & a_m = r_i z_j - r_j z_i \\ b_i = z_j - z_m, & b_j = z_m - z_i, & b_m = z_i - z_j \\ c_i = r_m - r_j, & c_j = r_i - r_m, & c_m = r_j - r_i \end{array} \right\} \tag{4-8}$$

$$\Delta = \frac{1}{2} \begin{vmatrix} 1 & r_i & z_i \\ 1 & r_j & z_j \\ 1 & r_m & z_m \end{vmatrix} \tag{4-9}$$

则单元上任一点的位移可表示为:

$$\{f\} = \begin{Bmatrix} u \\ w \end{Bmatrix} = [N_i \boldsymbol{I} \quad N_j \boldsymbol{I} \quad N_m \boldsymbol{I}] \{\delta\}^e = [N] \{\delta\}^e \tag{4-10}$$

式中 $I$——二阶单位矩阵。

## 4.2.2 单元刚度矩阵

将式(4-6)代入式(4-2),得应变列向量为:

$$\{\varepsilon\} = \begin{Bmatrix} \varepsilon_r \\ \varepsilon_\theta \\ \varepsilon_z \\ \gamma_{rz} \end{Bmatrix} = \frac{1}{2\Delta} \begin{bmatrix} b_i & 0 & b_j & 0 & b_m & 0 \\ f_i & 0 & f_j & 0 & f_m & 0 \\ 0 & c_i & 0 & c_j & 0 & c_m \\ c_i & b_i & c_j & b_j & c_m & b_m \end{bmatrix} \begin{Bmatrix} u_i \\ w_i \\ u_j \\ w_j \\ u_m \\ w_m \end{Bmatrix} \tag{4-11}$$

其中

$$f_i = \frac{a_i}{r} + b_i + \frac{c_i z}{r} \tag{4-12}$$

对 $f_j$ 和 $f_m$,只需将式 (4-12) 中等号右端各项的下标 $i$ 分别变为 $j$ 和 $m$。

式 (4-11) 也可写成:

$$\{\varepsilon\} = [B]\{\delta\}^e = [B_i \quad B_j \quad B_m]\{\delta\}^e \tag{4-13}$$

式中

$$[B_i] = \frac{1}{2\Delta} \begin{bmatrix} b_i & 0 \\ f_i & 0 \\ 0 & c_i \\ c_i & b_i \end{bmatrix} \tag{4-14}$$

对 $[B_j]$ 和 $[B_m]$,只需将式(4-14)中等号右端各项的下标 $i$ 分别变为 $j$ 和 $m$。

单元应力列向量也可表示为:

$$\{\sigma\} = \begin{Bmatrix} \sigma_r \\ \sigma_\theta \\ \sigma_z \\ \tau_{rz} \end{Bmatrix} = [D]\{\varepsilon\} = [D][B]\{\delta\}^e = [S_i \quad S_j \quad S_m]\{\delta\}^e$$

式中

$$[S_i] = \frac{2A_3}{\Delta} \begin{bmatrix} b_i + A_1 f_i & A_1 c_i \\ A_1 b_i + f_i & A_1 c_i \\ A_1(b_i + f_i) & c_i \\ A_2 c_i & A_2 b_i \end{bmatrix} \tag{4-15}$$

对 $[S_j]$ 和 $[S_m]$,只需将式(4-15)中等号右端各项的下标 $i$ 分别变为 $j$ 和 $m$。其中

$$A_1 = \frac{\mu}{1-\mu}, \ A_2 = \frac{1-2\mu}{2(1-\mu)}, A_3 = \frac{(1-\mu)E}{4(1+\mu)(1-2\mu)} \tag{4-16}$$

为简化计算,并消除对称轴上 $r = 0$ 引起的麻烦,令

$$r \approx \bar{r} = \frac{1}{3}(r_i + r_j + r_m)$$

$$z \approx \bar{z} = \frac{1}{3}(z_i + z_j + z_m) \tag{4-17}$$

则

$$f_i \approx \bar{f}_i = \frac{a_i}{\bar{r}} + b_i + \frac{c_i \bar{z}}{\bar{r}} \tag{4-18}$$

对 $f_j$ 和 $f_m$，只需将式（4-18）中等号右端各项的下标 $i$ 分别变为 $j$ 和 $m$。

这里实际上将单元近似当做了常应变单元。

在轴对称情况下应用虚功方程：

$$(\{\delta^*\}^e)^T \{R\}^e = \iiint \{\varepsilon^*\}^T \{\sigma\} r \mathrm{d}r \mathrm{d}\theta \mathrm{d}z \tag{4-19}$$

式中　　$\{R\}^e$——单元的结点力列向量。

这里仍假设单元的虚位移为：

$$\{f^*\} = [N]\{\delta^*\}^e \tag{4-20}$$

则单元的虚应变为：

$$\{\varepsilon^*\} = [B]\{\delta^*\}^e \tag{4-21}$$

将式（4-21）代入式（4-19），则得：

$$(\{\delta^*\}^e)^T \{R\}^e = (\{\delta^*\}^e)^T 2\pi \iint [B]^T [D] [B] r \mathrm{d}r \mathrm{d}z \{\delta\}^e$$

因为虚位移是任意的，所以有：

$$\{R\}^e = 2\pi \iint [B]^T [D] [B] r \mathrm{d}r \mathrm{d}z \{\delta\}^e \tag{4-22}$$

这就是环单元的单元刚度方程，由此得单元刚度矩阵为：

$$[k] = 2\pi \iint [B]^T [D] [B] r \mathrm{d}r \mathrm{d}z = \begin{bmatrix} k_{ii} & k_{ij} & k_{im} \\ k_{ji} & k_{jj} & k_{jm} \\ k_{mi} & k_{mj} & k_{mm} \end{bmatrix} \tag{4-23}$$

其中，子矩阵

$$[k_{st}] = 2\pi \iint [B_s]^T [D] [B_t] r \mathrm{d}r \mathrm{d}z \quad (s = i,j,m; t = i,j,m) \tag{4-24}$$

仍令 $r \approx \bar{r}$、$z \approx \bar{z}$，则

$$[k_{st}] = 2\pi [B_s]^T [D] [B_t] \bar{r} \Delta \tag{4-25}$$

展开后为：

$$[k_{st}] = \frac{2\pi \bar{r} A_3}{\Delta} \begin{bmatrix} b_s(b_t + A_1 \bar{f}_t) + \bar{f}_s(\bar{f}_t + A_1 b_t) + A_2 c_s c_t & A_1 c_t(b_s + \bar{f}_s) + A_2 b_t c_s \\ A_1 c_s(b_t + \bar{f}_t) + A_2 b_s c_t & c_s c_t + A_2 b_s b_t \end{bmatrix}$$

$$(s = i,j,m; \ t = i,j,m) \tag{4-26}$$

### 4.2.3 单元等效结点力的计算

设单元受到集中力 $\{g\}$、表面力 $\{q\}$ 和体积力 $\{p\}$ 的作用,由虚位移原理有：

$$(\{\delta^*\}^e)^T \{R\}^e = \{f^*\}^T 2\pi r_c \{g\} + \int \{f^*\}^T \{q\} r \mathrm{d}\theta \mathrm{d}s + \iint \{f^*\}^T \{p\} r \mathrm{d}\theta \mathrm{d}r \mathrm{d}z \tag{4-27}$$

式中 $r_c$——集中力作用点的径向坐标。

式(4-27)可以转化为：

$$\{R\}^e = 2\pi r_c [N]^T \{g\} + 2\pi \int [N]^T \{q\} r\mathrm{d}s + 2\pi \iint [N]^T \{p\} r\mathrm{d}r\mathrm{d}z = \{F\}^e + \{Q\}^e + \{P\}^e$$

$$(4-28)$$

其中：

（1）集中力的等效结点力列向量为：

$$\{F\}^e = 2\pi r_c [N]^T \{g\}$$

$$(4-29)$$

其中，分配到三个结点上的等效结点力为：

$$\{F_i\}^e = \begin{Bmatrix} F_{ir} \\ F_{iz} \end{Bmatrix}^e = 2\pi r_c (N_i)_c \begin{Bmatrix} g_r \\ g_z \end{Bmatrix}$$

$$(4-30)$$

对 $\{F_j\}^e$ 和 $\{F_m\}^e$，只需将式（4-30）中等号右端各项的下标 $i$ 分别变为 $j$ 和 $m$。

（2）表面力的等效结点力列向量为：

$$\{Q\}^e = 2\pi \int [N]^T \{q\} r\mathrm{d}s$$

$$(4-31)$$

如图4-3所示，单元 $ijm$ 的 $ij$ 边上受到分布的表面力 $\{q\}$，分配到作用边界的结点 $i$ 上的等效结点力为：

$$\{Q_i\}^e = \begin{Bmatrix} Q_{ir} \\ Q_{iz} \end{Bmatrix}^e = 2\pi \int N_i \begin{Bmatrix} q_r \\ q_z \end{Bmatrix} r\mathrm{d}s \quad (4-32)$$

对分配到作用边界的结点 $j$ 上的等效结点力 $\{Q_j\}^e$，只需将式（4-32）中等号右端各项的下标 $i$ 变为 $j$。而 $\{Q_m\}^e = \{0\}$。

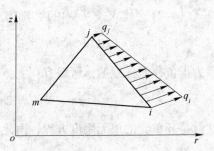

图4-3 受到表面力的单元

对特殊情况，比如线性分布的表面径向力，则可得：

$$\{Q_i\}^e = \begin{Bmatrix} Q_{ir} \\ Q_{iz} \end{Bmatrix}^e = \frac{\pi l}{6} \begin{Bmatrix} q_i(3r_i + r_j) + q_j(r_i + r_j) \\ 0 \end{Bmatrix}$$

$$(4-33)$$

$$\{Q_j\}^e = \begin{Bmatrix} Q_{jr} \\ Q_{jz} \end{Bmatrix}^e = \frac{\pi l}{6} \begin{Bmatrix} q_i(r_i + r_j) + q_j(r_i + 3r_j) \\ 0 \end{Bmatrix}$$

$$(4-34)$$

$$\{Q_m\}^e = \begin{Bmatrix} Q_{mr} \\ Q_{mz} \end{Bmatrix}^e = \begin{Bmatrix} 0 \\ 0 \end{Bmatrix}$$

$$(4-35)$$

式中 $l$——$ij$ 边的长度。

（3）体积力的等效结点力为：

$$\{P\}^e = 2\pi \iint [N]^T \begin{Bmatrix} p_r \\ p_z \end{Bmatrix} r\mathrm{d}r\mathrm{d}z$$

$$(4-36)$$

分配到各个结点上的等效结点力为：

$$\{P_i\}^e = 2\pi \iint N_i \begin{Bmatrix} p_r \\ p_z \end{Bmatrix} r\mathrm{d}r\mathrm{d}z$$

$$(4-37)$$

对 $\{P_j\}^e$ 和 $\{P_m\}^e$，只需将式（4-37）中等号右端 $N_i$ 的下标 $i$ 分别变为 $j$ 和 $m$。

下面介绍两种典型体积力的等效结点力。

（1）自重的等效结点力。设 $\gamma = \rho g$，$\rho$ 为材料密度，$g$ 为重力加速度，则自重的等效结点力为：

$$\{P_i\}^e = \begin{Bmatrix} P_{ir} \\ P_{iz} \end{Bmatrix}^e = 2\pi \iint N_i \begin{Bmatrix} 0 \\ -\gamma \end{Bmatrix} r\mathrm{d}r\mathrm{d}z = \begin{Bmatrix} 0 \\ -\dfrac{\pi\gamma\Delta}{6}(3\bar{r} + r_i) \end{Bmatrix} \tag{4-38}$$

对 $\{P_j\}^e$ 和 $\{P_m\}^e$，只需将式（4-38）中等号右端各项的下标 $i$ 分别变为 $j$ 和 $m$。

（2）离心力的等效结点力。设角速度为 $\omega$、材料密度为 $\rho$，则离心力的等效结点力为：

$$\{P_i\}^e = \begin{Bmatrix} P_{ir} \\ P_{iz} \end{Bmatrix}^e = 2\pi \iint N_i \begin{Bmatrix} \rho\omega^2 r \\ 0 \end{Bmatrix} r\mathrm{d}r\mathrm{d}z = \begin{Bmatrix} \dfrac{\pi\rho\omega^2\Delta(9r\bar{r}^2 + 2r_i^2 - r_j r_m)}{15} \\ 0 \end{Bmatrix} \tag{4-39}$$

对 $\{P_j\}^e$ 和 $\{P_m\}^e$，只需将式（4-39）中等号右端 $N_i$ 的下标 $i$ 分别变为 $j$ 和 $m$，$r_i^2$ 变为 $r_j^2$ 和 $r_m^2$，$r_j r_m$ 换成 $r_i r_m$ 和 $r_j r_i$。

### 4.2.4 热载荷

考虑温度改变的影响，单元 e 的结点 $i$ 上，因温度改变引起的等效结点力为：

$$\{H_i\}^e = 2\pi \iint [B_i]^T [D] \{\varepsilon_0\} r\mathrm{d}r\mathrm{d}z \tag{4-40}$$

对 $\{H_j\}^e$ 和 $\{H_m\}^e$，只需将式（4-40）中等号右端 $B_i$ 的下标 $i$ 分别变为 $j$ 和 $m$。

式（4-40）中，初应变

$$\{\varepsilon_0\} = \alpha T \begin{bmatrix} 1 & 1 & 1 & 0 \end{bmatrix}^T \tag{4-41}$$

代入 $[B_i]$ 和 $[D]$ 的表达式（4-14）和式（4-3），得温度变化引起的等效结点力为：

$$\{H_i\}^e = \begin{Bmatrix} H_{ir} \\ H_{iz} \end{Bmatrix}^e = \frac{4\pi A_3(1 + 2A_1)\alpha}{\Delta} \begin{Bmatrix} \iint (b_i + f_i)T r\mathrm{d}r\mathrm{d}z \\ \iint c_i T r\mathrm{d}r\mathrm{d}z \end{Bmatrix} \tag{4-42}$$

对 $\{H_j\}^e$ 和 $\{H_m\}^e$，只需将式（4-42）中等号右端各项的下标 $i$ 分别变为 $j$ 和 $m$。

式（4-42）中

$$\iint (b_i + f_i)T r\mathrm{d}r\mathrm{d}z \approx (b_i + \bar{f_i})\bar{r}(T_i + T_j + T_m)\Delta/3$$

$$\iint c_i T r\mathrm{d}r\mathrm{d}z \approx c_i \bar{r}(T_i + T_j + T_m)\Delta/3$$

因此

$$\{H_i\}^e = \begin{Bmatrix} H_{ir} \\ H_{iz} \end{Bmatrix}^e \approx \frac{\pi E\alpha\bar{r}(T_i + T_j + T_m)}{3(1 - 2\mu)} \begin{Bmatrix} b_i + \bar{f_i} \\ c_i \end{Bmatrix} \tag{4-43}$$

**【例4.1】** 图4-4所示为锅炉集箱平端盖，外半径为 162.5 mm，径向壁厚为 35 mm，端盖高度为 226 mm，顶厚为 48mm，内圆角半径为 32 mm。材料弹性模量为 $2 \times 10^5$ MPa，泊松比为 0.3。平端盖受内压力为 21.6MPa，求端盖内外表面应力。

根据分析对象的形状、载荷的特点，可以按轴对称问题进行分析。采用三角形轴对称单元，取端盖的一个径向截面建立分析模型，如图4-5所示。对模型通过轴心的边界施加$x$方向约束，对模型底部水平边界施加$y$方向约束。内压力以均布载荷加在内表面轮廓上，转化为相应单元的等效结点力。图4-6所示为计算得到的端盖径向截面的变形图，图4-7和图4-8所示分别为端盖顶部表面从中心向外和外圆表面从下向上的应力变化。图4-7和图4-8中，$SX$代表径向应力，$SY$代表轴向应力，$SZ$代表圆周方向应力。

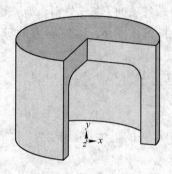

图4-4 平端盖剖切图

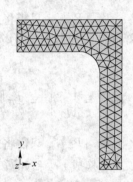

图4-5 轴对称分析模型

图4-6 端盖截面变形

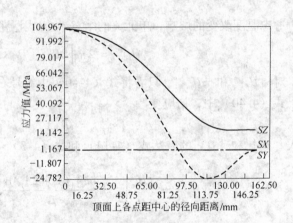

图4-7 端盖顶面应力分布

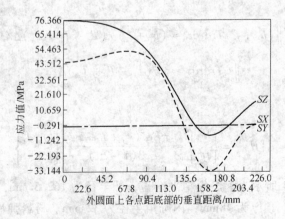

图4-8 端盖外圆面应力分布

# 5　空间问题单元

## 5.1　四面体常应变单元

一般空间实体的有限元分析的离散化采用三维实体单元，四面体常应变单元是最简单的三维实体单元。如图 5-1 所示，这种单元有四个结点，按右手螺旋法则的顺序编号 $i$、$j$、$m$、$p$。单元中点的位移沿 $x$、$y$、$z$ 方向有三个分量 $u$、$v$、$w$。单元结点位移列向量表示为：

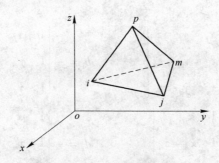

图 5-1　四面体单元

$$\{\delta\}^e = \{\delta_i^T \quad \delta_j^T \quad \delta_m^T \quad \delta_p^T\}^T \tag{5-1}$$

其中，每个结点位移列向量为：

$$\{\delta_i\} = [u_i \quad v_i \quad w_i]^T \tag{5-2}$$

对 $\{\delta_j\}$、$\{\delta_m\}$ 和 $\{\delta_p\}$，只需将式（5-2）中等号右端各项下标 $i$ 分别变为 $j$、$m$ 和 $p$ 即可。

下面仍然通过建立位移模式、单元的力学特性分析和虚位移原理的应用，导出单元刚度矩阵和单元等效结点力的计算公式。

### 5.1.1　位移模式

该单元采用线性位移模式，即：

$$u = \alpha_1 + \alpha_2 x + \alpha_3 y + \alpha_4 z \tag{5-3}$$

$$v = \alpha_5 + \alpha_6 x + \alpha_7 y + \alpha_8 z \tag{5-4}$$

$$w = \alpha_9 + \alpha_{10} x + \alpha_{11} y + \alpha_{12} z \tag{5-5}$$

将式（5-3）应用于四个结点 $i$、$j$、$m$、$p$，在 $x$ 方向位移为：

$$u_i = \alpha_1 + \alpha_2 x_i + \alpha_3 y_i + \alpha_4 z_i \tag{5-6}$$

$$u_j = \alpha_1 + \alpha_2 x_j + \alpha_3 y_j + \alpha_4 z_j \tag{5-7}$$

$$u_m = \alpha_1 + \alpha_2 x_m + \alpha_3 y_m + \alpha_4 z_m \tag{5-8}$$

$$u_p = \alpha_1 + \alpha_2 x_p + \alpha_3 y_p + \alpha_4 z_p \tag{5-9}$$

求得 $\alpha_1$、$\alpha_2$、$\alpha_3$、$\alpha_4$，代入式（5-3）得：

$$u = N_i u_i + N_j u_j + N_m u_m + N_p u_p \tag{5-10}$$

式中，形函数为：

$$\left. \begin{aligned} N_i &= \frac{1}{6V}(a_i + b_i x + c_i y + d_i z) \\[2mm] N_j &= \frac{-1}{6V}(a_j + b_j x + c_j y + d_j z) \\[2mm] N_m &= \frac{1}{6V}(a_m + b_m x + c_m y + d_m z) \\[2mm] N_p &= \frac{-1}{6V}(a_p + b_p x + c_p y + d_p z) \end{aligned} \right\} \tag{5-11}$$

其中

$$a_i = \begin{vmatrix} x_j & y_j & z_j \\ x_m & y_m & z_m \\ x_p & y_p & z_p \end{vmatrix} \qquad b_i = - \begin{vmatrix} 1 & y_j & z_j \\ 1 & y_m & z_m \\ 1 & y_p & z_p \end{vmatrix}$$

$$c_i = \begin{vmatrix} 1 & x_j & z_j \\ 1 & x_m & z_m \\ 1 & x_p & z_p \end{vmatrix} \qquad d_i = - \begin{vmatrix} 1 & x_j & y_j \\ 1 & x_m & y_m \\ 1 & x_p & y_p \end{vmatrix} \tag{5-12}$$

对于 $a_j$、$b_j$、$c_j$、$d_j$，$a_m$、$b_m$、$c_m$、$d_m$ 和 $a_p$、$b_p$、$c_p$、$d_p$，只需对式（5-12）中各行列式分别去掉元素下标为 $j$、$m$ 和 $p$ 的行，并都加上元素下标为 $i$ 的相应行作为第一行，即可得到相应的表达式。如

$$a_j = \begin{vmatrix} x_i & y_i & z_i \\ x_m & y_m & z_m \\ x_p & y_p & z_p \end{vmatrix}, \quad b_m = - \begin{vmatrix} 1 & y_i & z_i \\ 1 & y_j & z_j \\ 1 & y_p & z_p \end{vmatrix}$$

$$6V = \begin{vmatrix} 1 & x_i & y_i & z_i \\ 1 & x_j & y_j & z_j \\ 1 & x_m & y_m & z_m \\ 1 & x_p & y_p & z_p \end{vmatrix} \tag{5-13}$$

由于结点号 $i-j-m-p$ 采用了右手螺旋法则的顺序编号，式（5-13）中的 $V$ 为正值，是四面体 $ijmp$ 的体积。

同理可得：

$$v = N_i v_i + N_j v_j + N_m v_m + N_p v_p \tag{5-14}$$

$$w = N_i w_i + N_j w_j + N_m w_m + N_p w_p \tag{5-15}$$

综合式(5-10)、式(5-14)和式(5-15)，可以写成矩阵方程：

$$\{f\} = \begin{Bmatrix} u \\ v \\ w \end{Bmatrix} = \begin{bmatrix} N_i\mathbf{I} & N_j\mathbf{I} & N_m\mathbf{I} & N_p\mathbf{I} \end{bmatrix}\{\delta\}^e = [N]\{\delta\}^e \tag{5-16}$$

式中 $\mathbf{I}$——3 阶单位矩阵。

### 5.1.2 单元刚度矩阵和等效结点力

将以上位移插值公式（5-10）~式（5-15）代入弹性力学一般空间问题几何方程

$$\{\varepsilon\} = \begin{bmatrix} \varepsilon_x & \varepsilon_y & \varepsilon_z & \gamma_{xy} & \gamma_{yz} & \gamma_{zx} \end{bmatrix}^{\mathrm{T}}$$
$$= \begin{bmatrix} \partial u/\partial x & \partial v/\partial y & \partial w/\partial z & \partial u/\partial y + \partial v/\partial x & \partial v/\partial z + \partial w/\partial y & \partial u/\partial z + \partial w/\partial x \end{bmatrix} \tag{5-17}$$

可得：

$$\{\varepsilon\} = [B]\{\delta\}^e = \begin{bmatrix} B_i & -B_j & B_m & -B_p \end{bmatrix}\{\delta\}^e \tag{5-18}$$

其中

$$[B_i] = \frac{1}{6V}\begin{bmatrix} b_i & 0 & 0 \\ 0 & c_i & 0 \\ 0 & 0 & d_i \\ c_i & b_i & 0 \\ 0 & d_i & c_i \\ d_i & 0 & b_i \end{bmatrix} \tag{5-19}$$

对 $[B_j]$、$[B_m]$ 和 $[B_p]$，只需将式（5-19）中等号右端各项的下标 $i$ 分别变为 $j$、$m$ 和 $p$。

将式(5-18)代入弹性力学物理方程，得应力列向量为：

$$\{\sigma\} = \begin{bmatrix} \sigma_x & \sigma_x & \sigma_x & \tau_{xy} & \tau_{xy} & \tau_{xy} \end{bmatrix}$$
$$= [D]\{\varepsilon\} = [D][B]\{\delta\}^e = [S]\{\delta\}^e = \begin{bmatrix} S_i & -S_j & S_m & -S_p \end{bmatrix}\{\delta\}^e \tag{5-20}$$

式中，一般空间问题弹性矩阵为：

$$[D] = \frac{E(1-\mu)}{(1+\mu)(1-2\mu)}\begin{bmatrix} 1 & \dfrac{\mu}{1-\mu} & \dfrac{\mu}{1-\mu} & 0 & 0 & 0 \\ \dfrac{\mu}{1-\mu} & 1 & \dfrac{\mu}{1-\mu} & 0 & 0 & 0 \\ \dfrac{\mu}{1-\mu} & \dfrac{\mu}{1-\mu} & 1 & 0 & 0 & 0 \\ 0 & 0 & 0 & \dfrac{1-2\mu}{2(1-\mu)} & 0 & 0 \\ 0 & 0 & 0 & 0 & \dfrac{1-2\mu}{2(1-\mu)} & 0 \\ 0 & 0 & 0 & 0 & 0 & \dfrac{1-2\mu}{2(1-\mu)} \end{bmatrix}$$

$$\tag{5-21}$$

应力子矩阵为:

$$[S_i] = [D][B_i] = \frac{6A_3}{V} \begin{bmatrix} b_i & A_1c_i & A_1d_i \\ A_1b_i & c_i & A_1d_i \\ A_1b_i & A_1c_i & d_i \\ A_2c_i & A_2b_i & 0 \\ 0 & A_2d_i & A_2c_i \\ A_2d_i & 0 & A_2b_i \end{bmatrix} \tag{5-22}$$

其中

$$A_1 = \frac{\mu}{1-\mu}, \quad A_2 = \frac{1-2\mu}{2(1-\mu)}, \quad A_3 = \frac{(1-\mu)E}{36(1+\mu)(1-2\mu)} \tag{5-23}$$

对四面体单元, 应用虚位移原理可以得到:

$$\iiint [N]^{\mathrm{T}} \{p\} \mathrm{d}x\mathrm{d}y\mathrm{d}z + \iint [N]^{\mathrm{T}} \{q\} \mathrm{d}A + \{F\}^{\mathrm{e}} = [k]\{\delta\}^{\mathrm{e}} \tag{5-24}$$

式 (5-24) 等号左端为体积分布力、表面分布力和集中力的等效结点力, 等号右端

$$[k] = \iiint [B]^{\mathrm{T}}[D][B]\mathrm{d}x\mathrm{d}y\mathrm{d}z = [B]^{\mathrm{T}}[D][B]V \tag{5-25}$$

写成分块矩阵形式为:

$$[k] = \begin{bmatrix} k_{ii} & -k_{ij} & k_{im} & -k_{ip} \\ -k_{ji} & k_{jj} & -k_{im} & k_{jp} \\ k_{mi} & -k_{mj} & k_{mm} & -k_{mp} \\ -k_{pi} & k_{pj} & -k_{pm} & k_{pp} \end{bmatrix} \tag{5-26}$$

其中, 分块子矩阵

$$[k_{rs}] = [B_r]^{\mathrm{T}}[D][B_s]V$$

$$= \frac{A_3}{V} \begin{bmatrix} b_rb_s + A_2(c_rc_s + d_rd_s) & A_1b_rc_s + A_2c_rb_s & A_1b_rd_s + A_2d_rb_s \\ A_1c_rb_s + A_2b_rc_s & c_rc_s + A_2(d_rd_s + b_rb_s) & A_1c_rd_s + A_2d_rc_s \\ A_1d_rb_s + A_2b_rd_s & A_1d_rc_s + A_2c_rd_s & d_rd_s + A_2(b_rb_s + c_rc_s) \end{bmatrix}$$

$$(r = i, j, m, p; s = i, j, m, p) \tag{5-27}$$

对式 (5-24) 等号左端等效结点力的具体计算如下。

(1) 单元上集中力的等效载荷列向量为:

$$\{F\}^{\mathrm{e}} = [(F_i^{\mathrm{e}})^{\mathrm{T}} \quad (F_j^{\mathrm{e}})^{\mathrm{T}} \quad (F_m^{\mathrm{e}})^{\mathrm{T}} \quad (F_p^{\mathrm{e}})^{\mathrm{T}}]^{\mathrm{T}} \tag{5-28}$$

其中, 每个结点 $i$ 上的等效结点力为:

$$\{F_i\}^{\mathrm{e}} = [F_{ix}^{\mathrm{e}} \quad F_{iy}^{\mathrm{e}} \quad F_{iz}^{\mathrm{e}}]^{\mathrm{T}} = (N_i)_c \{G\} \tag{5-29}$$

式中 $\{G\}$——集中力, $\{G\} = [G_x \quad G_y \quad G_z]^{\mathrm{T}}$;

$(N_i)_c$——集中力的作用点 $c$ 处的形函数值。

对 $\{F_j\}^{\mathrm{e}}$、$\{F_m\}^{\mathrm{e}}$ 和 $\{F_p\}^{\mathrm{e}}$, 只需将式(5-29)中等号右端各项的下标 $i$ 分别变为 $j$、$m$ 和 $p$。

(2) 单元上表面分布力的等效载荷列向量为:

$$\{Q\}^{\mathrm{e}} = \iint [N]^{\mathrm{T}} \{q\} \mathrm{d}A = [(Q_i^{\mathrm{e}})^{\mathrm{T}} \quad (Q_j^{\mathrm{e}})^{\mathrm{T}} \quad (Q_m^{\mathrm{e}})^{\mathrm{T}} \quad (Q_p^{\mathrm{e}})^{\mathrm{T}}]^{\mathrm{T}} \tag{5-30}$$

其中，每个结点 $i$ 上的等效结点力为：

$$\{Q_i\}^e = \iint N_i\{q\}\,\mathrm{d}A \tag{5-31}$$

式中 $\{q\}$——单元表面分布力集度，$\{q\} = [\,q_x \quad q_y \quad q_z\,]^T$；

　　$\mathrm{d}A$——沿四面体边界表面的积分元。

对 $\{Q_j\}^e$、$\{Q_m\}^e$ 和 $\{Q_p\}^e$，只需将式 (5-31) 中等号右端各项的下标 $i$ 分别变为 $j$、$m$ 和 $p$。

某边界表面(如 $ijm$ 面)的线性分布力应用式(5-31)计算的数值为：

$$Q_i = \frac{1}{6}\left(q_i + \frac{1}{2}q_j + \frac{1}{2}q_m\right)\Delta_{ijm} \tag{5-32}$$

式中 $q_i$，$q_j$，$q_m$——分别为 $i$、$j$ 和 $m$ 点上的分布集度；

　　　$\Delta_{ijm}$——三角形 $ijm$ 的面积。

对于 $Q_j$ 和 $Q_m$，只需分别将式 (5-32) 中的 $q_j$ 和 $q_m$ 与 $q_i$ 的位置对调，即得对应的表达式。

(3) 单元上体积分布力的等效载荷列向量为：

$$\{P\}^e = \iiint [N]^T\{p\}\,\mathrm{d}x\mathrm{d}y\mathrm{d}z = [\,(P_i^e)^T \quad (P_j^e)^T \quad (P_m^e)^T \quad (P_p^e)^T\,]^T \tag{5-33}$$

其中，每个结点 $i$ 上的等效结点力为：

$$\{P_i\}^e = \iiint N_i\{p\}\,\mathrm{d}V \tag{5-34}$$

式中 $\{p\}$——单元体积分布力集度，$\{p\} = [\,p_x \quad p_y \quad p_z\,]^T$；

　　$\mathrm{d}V$——沿四面体体积的积分元。

对 $\{P_j\}^e$、$\{P_m\}^e$ 和 $\{P_p\}^e$，只需将式 (5-34) 中等号右端 $N_i$ 的下标 $i$ 分别变为 $j$、$m$ 和 $p$。

应用式 (5-34) 计算，均质单元的自重的等效结点力是自重的1/4。

此外，温度改变引起的单元等效结点力仍按前述原理：

$$\{H\}^e = \iiint [B]^T[D]\{\varepsilon_0\}^e\,\mathrm{d}x\mathrm{d}y\mathrm{d}z \tag{5-35}$$

式中，$\{\varepsilon_0\} = \alpha T[\,1 \quad 1 \quad 1 \quad 0 \quad 0 \quad 0\,]^T$，代入式 (5-35)，得：

$$\{H\}^e = [B]^T[D]\alpha[\,1 \quad 1 \quad 1 \quad 0 \quad 0 \quad 0\,]^T\iiint T\,\mathrm{d}x\mathrm{d}y\mathrm{d}z \tag{5-36}$$

若温度分布为线性模式，即：

$$\iiint T\,\mathrm{d}x\mathrm{d}y\mathrm{d}z = \frac{1}{4}(T_i + T_j + T_m + T_p)V \tag{5-37}$$

式中 $T_i$，$T_j$，$T_m$，$T_p$——分别为 $i$、$j$、$m$、$p$ 结点的温度变化值。

则

$$\{H\}^e = \frac{E\alpha(T_i + T_j + T_m + T_p)}{24(1-2\mu)}[\,b_i \quad c_i \quad d_i \quad -b_j \quad -c_j \quad -d_j \quad b_m \quad c_m \quad d_m \quad -b_p \quad -c_p \quad -d_p\,]^T$$

$$\tag{5-38}$$

## 5.2　八结点六面体等参数单元

上述四面体单元，类似平面三角形单元，具有精度低、不能很好拟合弯曲边界的缺点。除此之外，用四面体单元对一个复杂的空间实体进行离散化也较麻烦，效果也差。而用六面体单元进行空间实体的离散化要简单得多，而且其位移模式阶次高，计算精度也就高。下面讨论一种用于空间问题的八结点六面体单元。

类似平面四边形单元，在结构所在的总体坐标系 $oxyz$ 中，这种单元是一个任意六面体，各边一般不平行于坐标轴，如图 5-2 所示，不能直接找到一个满足协调性要求的位移插值函数。因此必须设法通过映射坐标变换，得到一个单元局部坐标下的正六面体单元，在局部坐标下构造满足位移协调性要求的位移模式，再通过坐标变换，在整体坐标下完成结构的有限元分析。

### 5.2.1　单元位移模式

设图 5-2 中的任意六面体单元 12345678 通过映射变换得到图 5-3 所示的在局部坐标系 $o\xi\eta\zeta$ 中的正方形单元 12345678，单元各结点坐标 $(\xi_i, \eta_i, \zeta_i)$ 分别为 ±1。设在局部坐标系下在 $\xi$、$\eta$ 和 $\zeta$ 方向的位移分别为 $u$、$v$ 和 $w$，取位移模式：

$$u = \alpha_1 + \alpha_2\xi + \alpha_3\eta + \alpha_4\zeta + \alpha_5\xi\eta + \alpha_6\eta\zeta + \alpha_7\xi\zeta + \alpha_8\xi\eta\zeta \tag{5-39}$$

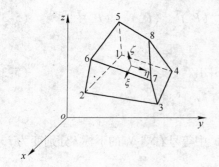

图 5-2　任意六面体单元

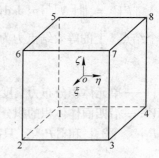

图 5-3　局部坐标单元

将式（5-39）应用于正六面体单元的八个结点，求出 $\alpha_1$，$\cdots$，$\alpha_8$，代入式（5-39），经整理，局部坐标下的位移插值函数为：

$$u = \sum_{i=1}^{8} N_i(\xi,\eta,\zeta)u_i \tag{5-40}$$

其中，形函数为：

$$N_i(\xi,\eta,\zeta) = \frac{(1+\xi_i\xi)(1+\eta_i\eta)(1+\zeta_i\zeta)}{8} \quad (i = 1,2,\cdots,8) \tag{5-41}$$

式中　$(\xi_i, \eta_i, \zeta_i)$——结点 $i$ 的局部坐标。

同理：

$$v = \sum_{i=1}^{8} N_i(\xi,\eta,\zeta)v_i \tag{5-42}$$

$$w = \sum_{i=1}^{8} N_i(\xi,\eta,\zeta)w_i \tag{5-43}$$

这里，$N_i(\xi, \eta, \zeta)$ 也具有在 $i$ 结点等于 1、在其他结点等于零的性质，以及具有式（5-44）的性质：

$$\sum_{i=1}^{8} N_i(\xi,\eta,\zeta) = 1 \tag{5-44}$$

现在对整体坐标下的任意六面体单元的位移模式也采用式（5-41）所示的形函数，设在 $x$、$y$、$z$ 方向的位移分别为 $u$、$v$、$w$，则

$$u = \sum_{i=1}^{8} N_i u_i, \ v = \sum_{i=1}^{8} N_i v_i, w = \sum_{i=1}^{8} N_i w_i \qquad (5-45)$$

由此导出整体坐标下的单元刚度矩阵。

### 5.2.2 坐标变换

由于单元刚度矩阵的计算要求在整体坐标下完成，因此，必须建立局部坐标 $\xi$、$\eta$、$\zeta$ 和整体坐标 $x$、$y$、$z$ 之间的坐标变换关系。实际上，利用位移插值公式（5-45）中的形函数也可建立这个坐标变换关系，即：

$$x = \sum_{i=1}^{8} N_i x_i, y = \sum_{i=1}^{8} N_i y_i, z = \sum_{i=1}^{8} N_i z_i \qquad (5-46)$$

由形函数 $N_i$（$\xi$，$\eta$，$\zeta$）在结点上的取值特点，当（$\xi$，$\eta$，$\zeta$）取为局部坐标下单元的某结点 $i$ 的值时，$N_i$（$\xi_i$，$\eta_i$，$\zeta_i$）$= 1$，而其余结点 $N_i$（$\xi$，$\eta$，$\zeta$）等于零，则式（5-46）中的 $x = x_i$，$y = y_i$，$z = z_i$，因此，式（5-46）建立了整体坐标下的任意六面体单元与局部坐标下正六面体单元的八个结点的一一对应关系。另外，关于棱边的对应，以图 5-3 中的 37 边为例，它在局部坐标下的方程是 $\xi = 1$，$\eta = 1$，由式（5-46），沿此棱边，$x$、$y$、$z$ 都是 $\zeta$ 的线性函数，因而它在整体坐标下表示一条直线，说明经过变换式（5-46），局部坐标下的棱边对应于整体坐标下相应结点间的直线，即整体坐标系下的单元也是直的棱边。也就是式（5-46）反映了两种坐标下的单元的映射关系。正是由于位移插值函数式（5-45）和坐标变换式（5-46）的相似的表达形式和相同的形函数，这类单元也被称为等参数单元。上述形函数的性质也保证了位移模式的协调性和完备性。

### 5.2.3 单元刚度矩阵

将位移表达式（5-45）代入空间问题几何方程式（5-17），便得应变列向量的计算公式为：

$$\{\varepsilon\} = [B]\{\delta\}^e = [B_1 \quad B_2 \quad \cdots \quad B_8]\{\delta\}^e \qquad (5-47)$$

式中

$$[B_i] = \begin{bmatrix} \dfrac{\partial N_i}{\partial x} & 0 & 0 \\ 0 & \dfrac{\partial N_i}{\partial y} & 0 \\ 0 & 0 & \dfrac{\partial N_i}{\partial z} \\ \dfrac{\partial N_i}{\partial y} & \dfrac{\partial N_i}{\partial x} & 0 \\ 0 & \dfrac{\partial N_i}{\partial z} & \dfrac{\partial N_i}{\partial y} \\ \dfrac{\partial N_i}{\partial z} & 0 & \dfrac{\partial N_i}{\partial x} \end{bmatrix} \qquad (i = 1, 2, \cdots, 8) \qquad (5-48)$$

$$\{\delta\}^e = \begin{bmatrix} \delta_1 & \delta_2 & \delta_3 & \delta_4 & \delta_5 & \delta_6 & \delta_7 & \delta_8 \end{bmatrix}^T \tag{5-49}$$

$$\{\delta_i\} = \begin{bmatrix} u_i & v_i & w_i \end{bmatrix}^T \quad (i = 1,2,3,\cdots,8) \tag{5-50}$$

因为 $N_i$ 是 $\xi$、$\eta$、$\zeta$ 的函数，它们对 $x$、$y$、$z$ 的偏导数必须根据复合函数求导的法则计算，即：

$$\begin{Bmatrix} \dfrac{\partial N_i}{\partial \xi} \\[2mm] \dfrac{\partial N_i}{\partial \eta} \\[2mm] \dfrac{\partial N_i}{\partial \zeta} \end{Bmatrix} = \begin{bmatrix} \dfrac{\partial x}{\partial \xi} & \dfrac{\partial y}{\partial \xi} & \dfrac{\partial z}{\partial \xi} \\[2mm] \dfrac{\partial x}{\partial \eta} & \dfrac{\partial y}{\partial \eta} & \dfrac{\partial z}{\partial \eta} \\[2mm] \dfrac{\partial x}{\partial \zeta} & \dfrac{\partial y}{\partial \zeta} & \dfrac{\partial z}{\partial \zeta} \end{bmatrix} \begin{Bmatrix} \dfrac{\partial N_i}{\partial x} \\[2mm] \dfrac{\partial N_i}{\partial y} \\[2mm] \dfrac{\partial N_i}{\partial z} \end{Bmatrix} \tag{5-51}$$

令

$$[J] = \begin{bmatrix} \dfrac{\partial x}{\partial \xi} & \dfrac{\partial y}{\partial \xi} & \dfrac{\partial z}{\partial \xi} \\[2mm] \dfrac{\partial x}{\partial \eta} & \dfrac{\partial y}{\partial \eta} & \dfrac{\partial z}{\partial \eta} \\[2mm] \dfrac{\partial x}{\partial \zeta} & \dfrac{\partial y}{\partial \zeta} & \dfrac{\partial z}{\partial \zeta} \end{bmatrix} \tag{5-52}$$

它称为雅可比矩阵,则

$$\begin{Bmatrix} \dfrac{\partial N_i}{\partial x} \\[2mm] \dfrac{\partial N_i}{\partial y} \\[2mm] \dfrac{\partial N_i}{\partial z} \end{Bmatrix} = [J]^{-1} \begin{Bmatrix} \dfrac{\partial N_i}{\partial \xi} \\[2mm] \dfrac{\partial N_i}{\partial \eta} \\[2mm] \dfrac{\partial N_i}{\partial \zeta} \end{Bmatrix} \tag{5-53}$$

式中

$$[J]^{-1} = \frac{1}{|J|}[J]^* \tag{5-54}$$

式中  $|J|$——雅可比矩阵的行列式；

$[J]^*$——雅可比矩阵的伴随矩阵。

至此，式 (5-48) 中要计算的导数都可由式 (5-41)、式 (5-46)、式 (5-52) ~式 (5-54) 求得。

和四面体单元一样，单元内的应力也可表示为：

$$\{\sigma\} = [D][B]\{\delta\}^e = [S]\{\delta\}^e \tag{5-55}$$

不过，式 (5-55) 中，应力矩阵

$$[S] = \begin{bmatrix} S_1 & S_2 & \cdots & S_8 \end{bmatrix} \tag{5-56}$$

其中

$$[S_i] = [D][B_i] = \frac{E(1-\mu)}{(1+\mu)(1-2\mu)} \begin{bmatrix} \frac{\partial N_i}{\partial x} & \frac{\mu}{1-\mu}\cdot\frac{\partial N_i}{\partial y} & \frac{\mu}{1-\mu}\cdot\frac{\partial N_i}{\partial z} \\ \frac{\mu}{1-\mu}\cdot\frac{\partial N_i}{\partial x} & \frac{\partial N_i}{\partial y} & \frac{\mu}{1-\mu}\cdot\frac{\partial N_i}{\partial z} \\ \frac{\mu}{1-\mu}\cdot\frac{\partial N_i}{\partial x} & \frac{\mu}{1-\mu}\cdot\frac{\partial N_i}{\partial y} & \frac{\partial N_i}{\partial z} \\ \frac{1-2\mu}{2(1-\mu)}\cdot\frac{\partial N_i}{\partial y} & \frac{1-2\mu}{2(1-\mu)}\cdot\frac{\partial N_i}{\partial x} & 0 \\ 0 & \frac{1-2\mu}{2(1-\mu)}\cdot\frac{\partial N_i}{\partial z} & \frac{1-2\mu}{2(1-\mu)}\cdot\frac{\partial N_i}{\partial y} \\ \frac{1-2\mu}{2(1-\mu)}\cdot\frac{\partial N_i}{\partial z} & 0 & \frac{1-2\mu}{2(1-\mu)}\cdot\frac{\partial N_i}{\partial x} \end{bmatrix}$$
$$(i=1,2,\cdots,8) \tag{5-57}$$

同样，单元刚度矩阵由虚功原理导出，为：

$$[k] = \iiint [B]^T[D][B]\mathrm{d}x\mathrm{d}y\mathrm{d}z = \begin{bmatrix} k_{11} & k_{12} & \cdots & k_{18} \\ k_{21} & k_{22} & \cdots & k_{28} \\ \vdots & \vdots & & \vdots \\ k_{81} & k_{82} & \cdots & k_{88} \end{bmatrix} \tag{5-58}$$

其中，每个子矩阵的计算公式为：

$$[k_{ij}] = \iiint [B_i]^T[D][B_j]\mathrm{d}x\mathrm{d}y\mathrm{d}z = \int_{-1}^{1}\int_{-1}^{1}\int_{-1}^{1}[B_i]^T[D][B_j]|J|\mathrm{d}\xi\mathrm{d}\eta\mathrm{d}\zeta$$
$$(i=1,2,\cdots,8; j=1,2,\cdots,8) \tag{5-59}$$

### 5.2.4 等效结点力计算

#### 5.2.4.1 集中力

单元上某点的集中力 $\{G\}$ 在每个结点 $i$ 上的等效结点力为：
$$\{F_i\}^e = [F_{ix}^e \quad F_{iy}^e \quad F_{iz}^e]^T = (N_i)_c\{G\} \qquad (i=1,2,\cdots,8) \tag{5-60}$$
式中 $\{G\}$——集中力，$\{G\} = [G_x \quad G_y \quad G_z]^T$；

$(N_i)_c$——集中力的作用点 $c$ 处的形函数值。

#### 5.2.4.2 表面力

设单元某边界面分布力 $\{q\} = [q_x \quad q_y \quad q_z]^T$，则每个结点 $i$ 上的等效结点力为：
$$\{Q_i\}^e = [Q_{ix} \quad Q_{iy} \quad Q_{iz}]^T = \iint N_i\{q\}\mathrm{d}s \tag{5-61}$$
式中，积分在作用有分布力 $\{q\}$ 的边界面上进行。例如，在对应于 $\zeta=1$ 的面上进行积分，积分元

$$\mathrm{d}s = \left|\left(\frac{\partial x}{\partial \xi}\mathbf{i} + \frac{\partial y}{\partial \xi}\mathbf{j} + \frac{\partial z}{\partial \xi}\mathbf{k}\right) \times \left(\frac{\partial x}{\partial \eta}\mathbf{i} + \frac{\partial y}{\partial \eta}\mathbf{j} + \frac{\partial z}{\partial \eta}\mathbf{k}\right)\right|_{\zeta=1}\mathrm{d}\xi\mathrm{d}\eta \tag{5-62}$$
式中 $\mathbf{i}, \mathbf{j}, \mathbf{k}$——分别为 $x$、$y$、$z$ 坐标轴的单位矢量。

式（5-62）代入式（5-61），得：

$$\{Q_i\}^e = \int_{-1}^{1}\int_{-1}^{1} N_i\{q\} \left| \left(\frac{\partial x}{\partial \xi}\boldsymbol{i} + \frac{\partial y}{\partial \xi}\boldsymbol{j} + \frac{\partial z}{\partial \xi}\boldsymbol{k}\right) \times \left(\frac{\partial x}{\partial \eta}\boldsymbol{j} + \frac{\partial y}{\partial \eta}\boldsymbol{j} + \frac{\partial z}{\partial \eta}\boldsymbol{k}\right) \right|_{\zeta=1} \mathrm{d}\xi\mathrm{d}\eta$$

$$(i = 1, 2, \cdots, 8) \tag{5-63}$$

#### 5.2.4.3 体积力

体积分布力 $\{p\}$ 在每个结点 $i$ 上的等效结点力为：

$$\{P_i\}^e = \iiint N_i\{p\}\mathrm{d}V = \int_{-1}^{1}\int_{-1}^{1}\int_{-1}^{1} N_i \begin{Bmatrix} p_x \\ p_y \\ p_z \end{Bmatrix} |J|\mathrm{d}\xi\mathrm{d}\eta\mathrm{d}\zeta \quad (i = 1, 2, \cdots, 8) \tag{5-64}$$

此外，温度改变引起的单元等效结点力仍按前述原理计算，即：

$$\{H_i\}^e = \begin{Bmatrix} H_{ix} \\ H_{iy} \\ H_{iz} \end{Bmatrix} = \iiint [B_i]^{\mathrm{T}}[D]\{\varepsilon_0\}\mathrm{d}x\mathrm{d}y\mathrm{d}z = \frac{E\alpha}{1-2\mu}\int_{-1}^{1}\int_{-1}^{1}\int_{-1}^{1} T \begin{Bmatrix} \dfrac{\partial N_i}{\partial x} \\ \dfrac{\partial N_i}{\partial y} \\ \dfrac{\partial N_i}{\partial z} \end{Bmatrix} |J|\mathrm{d}\xi\mathrm{d}\eta\mathrm{d}\zeta$$

$$(i = 1, 2, \cdots, 8) \tag{5-65}$$

## 5.3 二十结点六面体等参数单元

相对于四面体单元，上面介绍的八结点六面体单元解的精度得到一定改善，但是在一些具有曲面边界的问题中，采用平面边界的单元，在拟合曲面边界时仍有较大误差。这里再介绍一种二十结点曲面六面体等参数单元（见图5-4）。还是采用映射变换的方法，先用一个局部坐标系中的二十结点正六面体单元（见图5-5）构造位移模式，再映射为整体坐标系中的二十结点曲面六面体单元，进行单元分析，建立单元刚度矩阵。

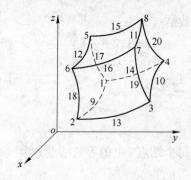

图5-4 二十结点曲面六面体单元

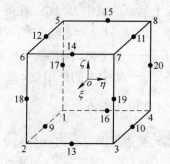

图5-5 二十结点正六面体单元

图5-5中边长等于2的二十结点正六面体单元，在其形心处建立局部坐标系 $o\xi\eta\zeta$，单元各结点坐标（$\xi_i$，$\eta_i$，$\zeta_i$）分别为 $\pm 1$ 或 0。局部坐标系下取位移模式

$$u = \alpha_1 + \alpha_2\xi + \alpha_3\eta + \alpha_4\zeta + \alpha_5\xi^2 + \alpha_6\eta^2 + \alpha_7\zeta^2 + \alpha_8\xi\eta + \alpha_9\eta\zeta +$$

$$\alpha_{10}\xi\zeta + \alpha_{11}\xi^2\eta + \alpha_{12}\xi^2\zeta + \alpha_{13}\eta^2\xi + \alpha_{14}\eta^2\zeta + \alpha_{15}\zeta^2\xi + \alpha_{16}\zeta^2\eta +$$

$$\alpha_{17}\xi\eta\zeta + \alpha_{18}\xi^2\eta\zeta + \alpha_{19}\eta^2\xi\zeta + \alpha_{20}\zeta^2\xi\eta \qquad (5\text{-}66)$$

将式（5-66）应用于二十个结点，解出常数 $\alpha_i$，用二十个结点的位移 $u_i$ 表示，再代入式（5-66），写成位移插值公式为：

$$u = \sum_{i=1}^{20} N_i(\xi,\eta)u_i \qquad (5\text{-}67)$$

式中，形函数为：

$$N_i = (1+\xi_0)(1+\eta_0)(1+\zeta_0)(\xi_0+\eta_0+\zeta_0-2)\xi_i^2\eta_i^2\zeta_i^2/8 +$$
$$(1-\xi^2)(1+\eta_0)(1+\zeta_0)(1-\xi_i^2)\eta_i^2\zeta_i^2/4 +$$
$$(1-\eta^2)(1+\zeta_0)(1+\xi_0)(1-\eta_i^2)\xi_i^2\zeta_i^2/4 +$$
$$(1-\zeta^2)(1+\xi_0)(1+\eta_0)(1-\zeta_i^2)\xi_i^2\eta_i^2/4 \qquad (5\text{-}68)$$

其中

$$\xi_0 = \xi_i\xi, \quad \eta_0 = \eta_i\eta, \quad \zeta_0 = \zeta_i\zeta \qquad (5\text{-}69)$$

同理可得：

$$v = \sum_{i=1}^{20} N_i(\xi,\eta)v_i, \quad w = \sum_{i=1}^{20} N_i(\xi,\eta)w_i \qquad (5\text{-}70)$$

这里的 $N_i(\xi,\eta,\zeta)$ 也具有在 $i$ 结点等于1、在其他结点等于零的性质，以及具有式（5-71）的性质：

$$\sum_{i=1}^{20} N_i(\xi,\eta,\zeta) = 1 \qquad (5\text{-}71)$$

则图5-5中正六面体单元与图5-4中曲面六面体单元间的坐标变换式为：

$$x = \sum_{i=1}^{20} N_i x_i, \quad y = \sum_{i=1}^{20} N_i y_i, \quad z = \sum_{i=1}^{20} N_i z_i \qquad (5\text{-}72)$$

取整体坐标 $oxyz$ 下的位移模式为：

$$u = \sum_{i=1}^{20} N_i u_i, \quad v = \sum_{i=1}^{20} N_i v_i, \quad w = \sum_{i=1}^{20} N_i w_i \qquad (5\text{-}73)$$

上述形函数的性质也保证了位移模式的协调性和完备性。

其他单元特性和单元刚度矩阵的计算公式完全可仿照前述八结点六面体单元的步骤推导，得到的结果除结点数外，形式上与前述八结点六面体单元的结果类似，不再赘述。

【例5.1】 厚壁圆筒内半径为 25.4mm，外半径为 50.8mm，圆筒材料弹性模量为 $2.07 \times 10^5$MPa，泊松比为 0.3，密度为 7.916g/cm³。分别求：（1）圆筒内表面受 20.69MPa 的压力所产生的径向应力和周向应力；（2）圆筒绕自身轴线以 100rad/s 角速度旋转时的离心力所产生的径向应力和周向应力。

如图5-6所示，通过圆筒两径向截面和两横截面取出一段扇形块作为分析模型，用二十结点六面体单元沿径向等分为5个单元。假设圆筒为无限长，则横截面沿 z 方向位移为 0，模型上下两表面在 z 方向约束。由于圆筒形状和载荷的轴对称特点，在模型两径向截面也加法向约束。圆筒内表面压力等效移置为模型左端表面四个结点上结点力，圆筒离心力移置为模型所有结点上的结点力。

图5-7所示为有限元计算所得的在内表面压力下圆筒沿径向的径向应力分布和周向应力分布，图5-8所示为在离心力作用下圆筒沿径向的径向应力分布和周向应力分布（模型

上 $x$ 坐标为 0 的那一侧的结点，其 $y$ 方向应力即
径向应力，其 $x$ 方向应力即周向应力）。图中曲
线的走向反映了应力大小的变化趋势，图中灰度
的变化原为彩色，可与计算软件提供的色谱对照
查看应力的数值。两种载荷情况下，沿径向不同

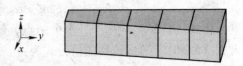

图 5-6 厚壁圆筒有限元分析模型

半径的结点的径向应力和周向应力的有限元计算值和按参考文献［4］的理论计算值见表
5-1。

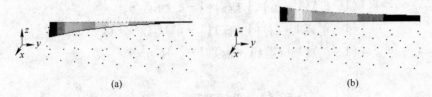

(a)

(b)

图 5-7 厚壁圆筒内表面压力产生的应力分布
（a）沿径向的径向应力分布；（b）沿径向的周向应力分布

(a)

(b)

图 5-8 厚壁圆筒离心力产生的应力分布
（a）沿径向的 $y$ 方向应力分布；（b）沿径向的 $x$ 方向应力分布

表 5-1 厚壁圆筒沿径向分布应力的理论值和有限元计算值的比较

| 半径 $r$ /mm | 受内表面压力的径向应力/MPa | | 受内表面压力的周向应力/MPa | | 受离心力的径向应力/MPa | | 受离心力的周向应力/MPa | |
|---|---|---|---|---|---|---|---|---|
| | 理论值 | 有限元值 | 理论值 | 有限元值 | 理论值 | 有限元值 | 理论值 | 有限元值 |
| 27.94 | -15.90 | -16.18 | 29.70 | 30.29 | 0.0102 | 0.0096 | 0.1604 | 0.1661 |
| 33.02 | -9.43 | -9.55 | 23.22 | 23.54 | 0.0199 | 0.0201 | 0.1348 | 0.1376 |
| 38.10 | -5.36 | -5.46 | 19.16 | 19.36 | 0.0205 | 0.0209 | 0.1156 | 0.1162 |
| 43.18 | -2.65 | -2.72 | 16.44 | 16.58 | 0.0153 | 0.0155 | 0.0995 | 0.0980 |
| 48.26 | -0.75 | -0.81 | 14.54 | 14.63 | 0.0059 | 0.0058 | 0.0849 | 0.0814 |

# 6  杆系结构单元

## 6.1  杆单元

　　杆单元用于桁架结构的有限元分析。桁架结构由直的杆件组成，杆件在端点通过螺栓、铆钉或焊接连接在一起。杆件可能由钢管、角钢、槽钢等型钢或其他金属杆制成。桁架结构多用于输电塔、桥梁或建筑物的屋顶等。杆件常被认为是二力杆，即桁架内力沿杆的直线方向作用，大小相等，方向相反，这是因为在桁架结构分析中，一般不计杆的自重，或者将杆的自重的一半加在每端的连接点上，而且载荷在设计时就是加在连接点上。在桁架分析中，都假设杆与杆在端点由光滑的销或球铰连接在一起，如图6-1所示，实际工程中是将杆的中心线交于一点，然后通过螺栓或焊接连接。但在分析中将杆的中心线的交点看做光滑的、没有弯矩的铰点，并称为结点。

### 6.1.1  局部坐标下的单元刚度矩阵

　　根据桁架杆的结构和受力特点，可以直接按材料力学拉压杆的虎克定律导出杆单元结点位移和结点力的关系。首先建立单元的局部坐标。如图6-2所示，将杆单元结点 $i$ 到结点 $j$ 的方向设为局部坐标 $x'$ 轴，过结点 $i$ 垂直于 $x'$ 轴的方向设为 $y'$ 轴和 $z'$ 轴，$i$ 点为原点 $o'$。对平面桁架问题，所有单元纵向中心线、力和位移都在 $o'x'y'$ 平面内。设局部坐标下，单元结点位移列向量为：

$$\{\delta'\}^e = \begin{bmatrix} u'_i & v'_i & u'_j & v'_j \end{bmatrix}^T \tag{6-1}$$

式中　$u'_i$，$v'_i$，$u'_j$，$v'_j$——分别为结点 $i$ 和 $j$ 在 $x'$ 方向和 $y'$ 方向的位移（见图6-2）。

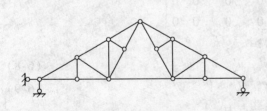

图6-1　桁架

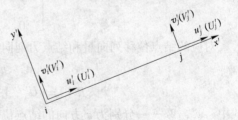

图6-2　杆单元

　　设单元结点力列向量为：

$$\{R'\}^e = \begin{bmatrix} U'_i & V'_i & U'_j & V'_j \end{bmatrix}^T \tag{6-2}$$

式中　$U'_i$，$V'_i$，$U'_j$，$V'_j$——分别为结点 $i$ 和 $j$ 在 $x'$ 方向和 $y'$ 方向的结点力（见图6-2）。

　　根据虎克定律：

$$U'_i = \frac{EA(u'_i - u'_j)}{l}, \quad U'_j = \frac{EA(u'_j - u'_i)}{l} \tag{6-3}$$

式中　$E$——单元的材料弹性模量；

　　　$A$——单元的横截面积；

　　　$l$——单元的长度。

将式（6-3）写成矩阵方程为：

$$\begin{Bmatrix} U'_i \\ V'_i \\ U'_j \\ V'_j \end{Bmatrix} = \begin{bmatrix} \dfrac{EA}{l} & 0 & -\dfrac{EA}{l} & 0 \\ 0 & 0 & 0 & 0 \\ -\dfrac{EA}{l} & 0 & \dfrac{EA}{l} & 0 \\ 0 & 0 & 0 & 0 \end{bmatrix} \begin{Bmatrix} u'_i \\ v'_i \\ u'_j \\ v'_j \end{Bmatrix} \tag{6-4}$$

这就是平面桁架在局部坐标下的单元刚度方程，可简化表达为：

$$\{R'\}^e = [k']\{\delta'\}^e \tag{6-5}$$

式中

$$[k'] = \begin{bmatrix} \dfrac{EA}{l} & 0 & -\dfrac{EA}{l} & 0 \\ 0 & 0 & 0 & 0 \\ -\dfrac{EA}{l} & 0 & \dfrac{EA}{l} & 0 \\ 0 & 0 & 0 & 0 \end{bmatrix} \tag{6-6}$$

式（6-6）对应的杆单元称为二维杆单元。

同理，可导出空间桁架在局部坐标下的单元刚度矩阵为：

$$[k'] = \begin{bmatrix} \dfrac{EA}{l} & 0 & 0 & -\dfrac{EA}{l} & 0 & 0 \\ 0 & 0 & 0 & 0 & 0 & 0 \\ 0 & 0 & 0 & 0 & 0 & 0 \\ -\dfrac{EA}{l} & 0 & 0 & \dfrac{EA}{l} & 0 & 0 \\ 0 & 0 & 0 & 0 & 0 & 0 \\ 0 & 0 & 0 & 0 & 0 & 0 \end{bmatrix} \tag{6-7}$$

对应的结点位移列向量和结点力列向量为：

$$\{\delta'\}^e = [u'_i \quad v'_i \quad w'_i \quad u'_j \quad v'_j \quad w'_j]^T \tag{6-8}$$

$$\{R'\}^e = [U'_i \quad V'_i \quad W'_i \quad U'_j \quad V'_j \quad W'_j]^T \tag{6-9}$$

式中　$w'$，$W'$——分别为 $z'$ 方向的结点位移和结点力。

式（6-7）对应的杆单元称为三维杆单元。

### 6.1.2　整体坐标下的单元刚度矩阵

上面导出了单元局部坐标下的刚度矩阵，但是由不同方向单元组成的结构，其整体刚度矩阵不能由局部坐标下的单元刚度矩阵简单地叠加，所以必须将单元上的结点力和结点位移转换到整体坐标系，单元刚度矩阵也做相应坐标变换后，才可按叠加规则直接叠加组集成整体刚度矩阵。设 $\{R\}^e$、$\{\delta\}^e$ 和 $\{k\}$ 分别表示单元在整体坐标系 $oxyz$ 中的结点力、结点位移和刚度矩阵，于是有：

$$\{R\}^e = [k]\{\delta\}^e \qquad (6\text{-}10)$$

设 $[T]$ 为结点力和结点位移在局部坐标系与整体坐标系之间的变换矩阵，则：

$$\{R\}^e = [T]\{R'\}^e \qquad (6\text{-}11)$$
$$\{\delta\}^e = [T]\{\delta'\}^e \qquad (6\text{-}12)$$

即

$$\{R'\}^e = [T]^{-1}\{R\}^e \qquad (6\text{-}13)$$
$$\{\delta'\}^e = [T]^{-1}\{\delta\}^e \qquad (6\text{-}14)$$

将式（6-13）和式（6-14）代入式（6-5）得：

$$[T]^{-1}\{R\}^e = [k'][T]^{-1}\{\delta\}^e \qquad (6\text{-}15)$$

式（6-15）两边同乘以 $[T]$，再与式（6-10）比较，可知：

$$[k] = [T][k'][T]^{-1} \qquad (6\text{-}16)$$

可见，只要求得变换矩阵 $[T]$，就可从局部坐标的单元刚度矩阵得到整体坐标单元刚度矩阵。

#### 6.1.2.1　二维杆单元的坐标变换矩阵

在平面桁架问题中，将桁架置于 $oxy$ 平面中。如图 6-3 所示，设局部坐标 $x'$ 轴与 $x$ 轴夹角为 $\alpha$，整体坐标下结点 $i$ 和 $j$ 的位移分别为 $[u_i \; v_i]^T$ 和 $[u_j \; v_j]^T$，则可用式（6-17）表示结点 $i$ 的位移在两个坐标系间的变换关系：

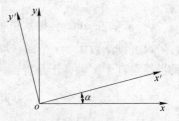

图 6-3　二维整体坐标和局部坐标间的位置关系

$$\begin{Bmatrix} u_i \\ v_i \end{Bmatrix} = \begin{bmatrix} \cos\alpha & -\sin\alpha \\ \sin\alpha & \cos\alpha \end{bmatrix} \begin{Bmatrix} u'_i \\ v'_i \end{Bmatrix} \qquad (6\text{-}17)$$

令

$$[t] = \begin{bmatrix} \cos\alpha & -\sin\alpha \\ \sin\alpha & \cos\alpha \end{bmatrix} \qquad (6\text{-}18)$$

则全部结点位移的变换可表示为：

$$\begin{Bmatrix} \delta_i \\ \delta_j \end{Bmatrix} = \begin{bmatrix} t & 0 \\ 0 & t \end{bmatrix} \begin{Bmatrix} \delta'_i \\ \delta'_j \end{Bmatrix} \qquad (6\text{-}19)$$

式中

$$\{\delta_i\} = \begin{Bmatrix} u_i \\ v_i \end{Bmatrix}, \; \{\delta_j\} = \begin{Bmatrix} u_j \\ v_j \end{Bmatrix}, \; \{\delta'_i\} = \begin{Bmatrix} u'_i \\ v'_i \end{Bmatrix}, \; \{\delta'_j\} = \begin{Bmatrix} u'_j \\ v'_j \end{Bmatrix} \qquad (6\text{-}20)$$

即转换矩阵

$$[T] = \begin{bmatrix} t & 0 \\ 0 & t \end{bmatrix} \qquad (6\text{-}21)$$

#### 6.1.2.2　三维杆单元的坐标变换矩阵

如图 6-4 所示，三维杆单元位于整体坐标系 $oxyz$ 中，以 $i$ 结点为例，其结点位移的坐标变换可以表示为：

$$\begin{Bmatrix} u_i \\ v_i \\ w_i \end{Bmatrix} = \begin{bmatrix} l_1 & l_2 & l_3 \\ m_1 & m_2 & m_3 \\ n_1 & n_2 & n_3 \end{bmatrix} \begin{Bmatrix} u'_i \\ v'_i \\ w'_i \end{Bmatrix} \tag{6-22}$$

式中　$\begin{bmatrix} u_i & v_i & w_i \end{bmatrix}^{\mathrm{T}}$——整体坐标下 $i$ 结点的位移向量；

$l_k$，$m_k$，$n_k$——分别为某个局部坐标对整体坐标系的方向余弦，下标 $k = 1$，2，3，$k = 1$ 是 $x'$ 轴的，$k = 2$ 是 $y'$ 轴的，$k = 3$ 是 $z'$ 轴的，因此，只要求得三个局部坐标对整体坐标系的三个方向余弦，就可得到坐标变换矩阵。

A　$x'$ 轴在 $oxyz$ 坐标系中的方向余弦

设 $(x_i, y_i, z_i)$ 和 $(x_j, y_j, z_j)$ 为结点 $i$ 和 $j$ 在 $oxyz$ 坐标系中的坐标，则：

$$l_1 = \frac{x_j - x_i}{l}, m_1 = \frac{y_j - y_i}{l}, n_1 = \frac{z_j - z_i}{l} \tag{6-23}$$

式中

$$l = \sqrt{(x_j - x_i)^2 + (y_j - y_i)^2 + (z_j - z_i)^2} \tag{6-24}$$

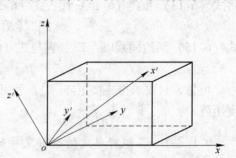

图 6-4　三维局部坐标和整体坐标间的位置关系

B　$y'$ 轴在 $oxyz$ 坐标系中的方向余弦

设 $y'$ 轴平行于 $oxy$ 平面，即垂直于 $z$ 轴，它又当然垂直于 $x'$ 轴，于是有：

$$\mathbf{y}' = \frac{\mathbf{z} \times \mathbf{x}'}{|\mathbf{z} \times \mathbf{x}'|} = l_2 \mathbf{e}_1 + m_2 \mathbf{e}_2 + n_2 \mathbf{e}_3 \tag{6-25}$$

式中　$\mathbf{y}'$，$\mathbf{z}$，$\mathbf{x}'$——分别为 $y'$ 方向、$z$ 方向和 $x'$ 方向的单位矢量；

$\mathbf{e}_1$，$\mathbf{e}_2$，$\mathbf{e}_3$——分别为 $x$、$y$、$z$ 轴的单位矢量。

$$\mathbf{z} = 0 \cdot \mathbf{e}_1 + 0 \cdot \mathbf{e}_2 + 1 \cdot \mathbf{e}_3 \tag{6-26}$$

$$\mathbf{x}' = l_1 \cdot \mathbf{e}_1 + m_1 \cdot \mathbf{e}_2 + n_1 \cdot \mathbf{e}_3 \tag{6-27}$$

将式（6-26）和式（6-27）代入式（6-25），可得 $y'$ 轴在 $oxyz$ 坐标系中的方向余弦为：

$$l_2 = -\frac{m_1}{\sqrt{l_1^2 + m_1^2}}, \ m_2 = \frac{l_1}{\sqrt{l_1^2 + m_1^2}}, \ n_2 = 0 \tag{6-28}$$

C　$z'$ 轴在 $oxyz$ 坐标系中的方向余弦

$$\mathbf{z}' = \mathbf{x}' \times \mathbf{y}' = l_3 \mathbf{e}_1 + m_3 \mathbf{e}_2 + n_3 \mathbf{e}_3 \tag{6-29}$$

将式（6-29）代入上面导出的 $\mathbf{x}'$、$\mathbf{y}'$ 的矢量表达式，可得：

$$l_3 = -\frac{l_1 n_1}{\sqrt{l_1^2 + m_1^2}}, \ m_3 = -\frac{m_1 n_1}{\sqrt{l_1^2 + m_1^2}}, \ n_3 = \sqrt{l_1^2 + m_1^2} \tag{6-30}$$

求出三个局部坐标对整体坐标系的三个方向余弦后，令

$$[r] = \begin{bmatrix} l_1 & l_2 & l_3 \\ m_1 & m_2 & m_3 \\ n_1 & n_2 & n_3 \end{bmatrix} \tag{6-31}$$

则得空间杆单元的坐标变换矩阵：

$$[T] = \begin{bmatrix} r & 0 \\ 0 & r \end{bmatrix} \qquad (6\text{-}32)$$

上述公式不能适用于 $x' /\!/ z$ 的特殊情况，因为如图 6-5 所示，这时 $m_1$ 和 $l_1$ 均等于 0。这种情况下，可以定义 $\theta = (y', y)$，用以下公式计算 $[r]$：

$$[r] = \begin{bmatrix} 0 & \sin\theta & -n_1\cos\theta \\ 0 & \cos\theta & n_1\sin\theta \\ n_1 & 0 & 0 \end{bmatrix} \qquad (6\text{-}33)$$

按 $x'$ 轴和 $z$ 轴是否方向一致，取 $n$ 为 1 或 $-1$。或为简化计算，在这种情况下规定 $y /\!/ y'$，即 $\theta = 0$。

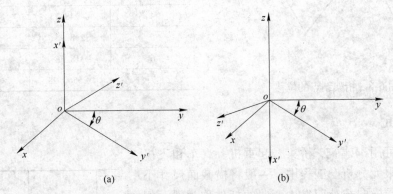

图 6-5  坐标变换的特殊情况

(a) $n = 1$；(b) $n = -1$

求得杆单元坐标变换矩阵后，代入式 (6-16)，得到整体坐标单元刚度矩阵，就可直接组集成总刚度矩阵，其余的有限元计算步骤和其他各种单元的计算是一样的。另外，可以证明，无论是式 (6-21) 还是式 (6-32) 表示的变换矩阵，$[T]^{-1} = [T]^{\mathrm{T}}$，这样在式 (6-16) 的计算中就可直接用变换矩阵的转置矩阵代替其逆矩阵了。

【例 6.1】图 6-6 所示的 7 杆桁架结构，其有限元分析模型如图 6-7 所示。尺寸 $a = 1220\mathrm{mm}$，$b = 915\mathrm{mm}$，$h = 1220\mathrm{mm}$。后面四个结点三个自由度全约束，右前一个结点作用向下的集中力 $P$。每个杆截面积相同，等于 $645.16\mathrm{mm}^2$，材料弹性模量等于 $2.07 \times 10^5$ MPa，集中力 $P = 4448.22\mathrm{N}$。求桁架的变形和应力。

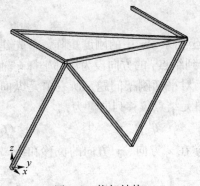

图 6-6  桁架结构

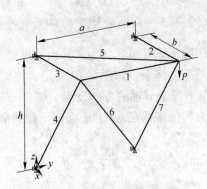

图 6-7  桁架结构分析模型

　　将每个杆作为一个杆单元，单元编号如图6-7所示。桁架结构有限元分析可直接求得整体坐标下各结点位移和各单元结点力。单元实际上是二力杆，由各单元结点力可合成为单元轴力，单元轴力除以单元截面积就可得单元应力。图6-8所示为各结点相对原位置的位移情况，各单元的轴力和应力（负号为压力和压应力）见表6-1。

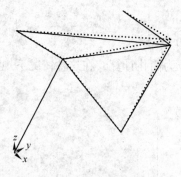

图 6-8　桁架结点的位移

表 6-1　单元轴力和应力

| 单元编号 | 单元轴力/N | 单元应力/MPa |
| --- | --- | --- |
| 1 | -199 | -0.31 |
| 2 | 3186.9 | 4.94 |
| 3 | 0 | 0 |
| 4 | -248.75 | -0.39 |
| 5 | 248.75 | 0.39 |
| 6 | 318.56 | 0.49 |
| 7 | -5560.28 | -8.62 |

## 6.2　梁单元

　　梁单元可用于建筑、桥梁、起重机、汽车和飞机等结构的有限元分析。工程中，一般将横截面尺寸小于其长度且受横向载荷而发生弯曲的杆件称为梁。相对于二力杆组成的结构称为桁架，有的文献将梁组成的结构称为刚架。这是因为刚架构件内力既有纵向力，也包含横向力和力矩。图6-9所示为一个分析刚架结构的简化模型的例子，它由线条组成。因而，用于这种模型的有限元分析的梁单元就是一种线型单元。刚架分为平面刚架和空间刚架，平面刚架放在二维坐标系中分析，空间刚架放在三维坐标系中分析。相应地，梁单元有二维梁单元和三维梁单元两种。

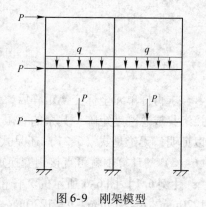

图 6-9　刚架模型

### 6.2.1　二维梁单元

#### 6.2.1.1　局部坐标下的单元刚度矩阵

　　仿照上述杆单元，为了导出二维梁单元在整体坐标系 $oxy$ 中的刚度矩阵，首先建立单元的局部坐标系。如图6-10所示，将梁单元结点 $i$ 到结点 $j$ 的方向设为局部坐标 $x'$ 轴，过结点 $i$ 垂直于 $x'$ 轴的方向设为 $y'$ 轴，$i$ 点为原点 $o'$。对平面刚架问题，所有单元纵向中心线、力和位移都在 $o'x'y'$ 平面内，设局部坐标下，单元结点位移列向量为：

$$\{\delta'\}^e = \begin{bmatrix} u'_i & v'_i & \theta'_i & u'_j & v'_j & \theta'_j \end{bmatrix}^T \tag{6-34}$$

式中　$u'_i$, $v'_i$, $\theta'_i$, $u'_j$, $v'_j$, $\theta'_j$——分别为结点 $i$ 和 $j$ 在 $x'$ 方向、$y'$ 方向的位移和绕 $z'$ 轴的转角（见图6-10）。

　　设单元位移模式为：

$$u' = a_0 + a_1 x' \qquad (6\text{-}35)$$

$$v' = b_0 + b_1 x' + b_2 x'^2 + b_3 x'^3 \qquad (6\text{-}36)$$

式中 $u'$，$v'$——分别为单元中任一点在 $x'$ 和 $y'$ 方向的位移。

由材料力学，梁的转角位移为：

$$\theta' = \frac{\mathrm{d}v'}{\mathrm{d}x'} = b_1 + 2b_2 x' + 3b_3 x'^2 \qquad (6\text{-}37)$$

将式（6-35）应用于结点 $i$、$j$，结点 $i$ 和 $j$ 在 $x'$ 轴上的坐标分别等于 0 和单元长度 $l$，解出 $a_0$ 和 $a_1$，代入式（6-35），用结点位移表示，可得：

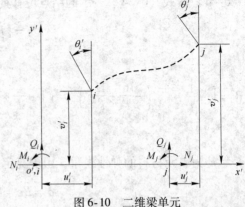

图 6-10 二维梁单元

$$u' = \left[ 1 - \frac{x'}{l} \quad \frac{1}{l} \right] \begin{Bmatrix} u'_i \\ u'_j \end{Bmatrix} \qquad (6\text{-}38)$$

令

$$[\widetilde{N}_u] = \left[ 1 - \frac{x'}{l} \quad \frac{1}{l} \right], \{\delta_u\} = \begin{Bmatrix} u'_i \\ u'_j \end{Bmatrix} \qquad (6\text{-}39)$$

将式（6-39）代入式（6-38），得：

$$u' = [\widetilde{N}_u]\{\delta_u\} \qquad (6\text{-}40)$$

将式（6-36）和式（6-37）应用于结点 $i$、$j$，解出 $b_0$、$b_1$、$b_2$、$b_3$，代入式（6-36），用结点位移表示，得：

$$v' = \left[ 1 - \frac{3x'^2}{l^2} + \frac{2x'^3}{l^3} \quad x' - \frac{2x'^2}{l} + \frac{x'^3}{l^2} \quad \frac{3x'^2}{l^2} - \frac{2x'^3}{l^3} \quad -\frac{x'^2}{l} + \frac{x'^3}{l^2} \right] \begin{Bmatrix} v'_i \\ \theta'_i \\ v'_j \\ \theta'_j \end{Bmatrix} \qquad (6\text{-}41)$$

令

$$[\widetilde{N}_v] = \left[ 1 - \frac{3x'^2}{l^2} + \frac{2x'^3}{l^3} \quad x' - \frac{2x'^2}{l} + \frac{x'^3}{l^2} \quad \frac{3x'^2}{l^2} - \frac{2x'^3}{l^3} \quad -\frac{x'^2}{l} + \frac{x'^3}{l^2} \right] \qquad (6\text{-}42)$$

$$\{\delta_v\} = \begin{bmatrix} v'_i & \theta'_i & v'_j & \theta'_j \end{bmatrix}^{\mathrm{T}}$$

将式（6-42）代入式（6-41），得：

$$v' = [\widetilde{N}_v]\{\delta_v\} \qquad (6\text{-}43)$$

梁单元受到拉压和弯曲变形后，其线应变分成拉压应变 $\varepsilon_a$ 和弯曲应变 $\varepsilon_b$ 两部分。如果略去剪切应变，单元应变可表示为：

$$\varepsilon = \varepsilon_a + \varepsilon_b = \frac{\mathrm{d}u'}{\mathrm{d}x'} - y\frac{\mathrm{d}^2 v'}{\mathrm{d}x'^2} = \widetilde{N}_u{}'(x')\{\delta_u\} - y\widetilde{N}_v{}''(x')\{\delta_v\} \qquad (6\text{-}44)$$

式（6-44）按式（6-34）表示的结点位移列向量中位移分量的顺序改写成矩阵形式为：

$$\varepsilon = [B]\{\delta'\}^e \qquad (6\text{-}45)$$

式中

$$[B] = \left[ -\frac{1}{l} \quad -y'\left(-\frac{6}{l^2}+\frac{12}{l^3}x'\right) \quad -y'\left(-\frac{4}{l}+\frac{6}{l^2}x'\right) \quad \frac{1}{l} \quad -y'\left(\frac{6}{l^2}-\frac{12}{l^3}x'\right) \quad -y'\left(-\frac{2}{l}+\frac{6}{l^2}x'\right) \right] \qquad (6\text{-}46)$$

令 $E$ 为单元材料的弹性模量，由虎克定律，用结点位移表达的单元应力为：

$$\sigma = E\varepsilon = E[B]\{\delta'\}^e \qquad (6\text{-}47)$$

接下来就可用虚位移原理导出单元刚度矩阵。由式（6-40）和式（6-43）整理可得：

$$\{f\} = \begin{Bmatrix} u' \\ v' \end{Bmatrix} = [N]\{\delta'\}^e \qquad (6\text{-}48)$$

式中

$$[N] = \begin{bmatrix} 1-\dfrac{x'}{l} & 0 & 0 & \dfrac{1}{l} & 0 & 0 \\[2mm] 0 & 1-\dfrac{3x'^2}{l^2}+\dfrac{2x'^3}{l^3} & x'-\dfrac{2x'^2}{l}+\dfrac{x'^3}{l^2} & 0 & \dfrac{3x'^2}{l^2}-\dfrac{2x'^3}{l^3} & -\dfrac{x'^2}{l}+\dfrac{x'^3}{l^2} \end{bmatrix}$$

$$= \begin{bmatrix} N_u \\ N_v \end{bmatrix} \qquad (6\text{-}49)$$

单元的虚位移也可表示为：

$$\{f^*\} = \begin{Bmatrix} u'^* \\ v'^* \end{Bmatrix} = [N]\{\delta'^*\}^e \qquad (6\text{-}50)$$

单元内虚应变为：

$$\varepsilon^* = [B]\{\delta'^*\}^e \qquad (6\text{-}51)$$

则单元内应力的虚功为：

$$\delta U^e = \iiint \{\varepsilon^*\}^T\{\sigma\}\mathrm{d}V = E\left(\{\delta'^*\}\right)^T \iiint [B]^T[B]\mathrm{d}V\{\delta'\}^e \qquad (6\text{-}52)$$

设单元结点力列向量为：

$$\{F\}^e = [N_i \quad Q_i \quad M_i \quad N_j \quad Q_j \quad M_j]^T \qquad (6\text{-}53)$$

式中　$N_i$，$Q_i$，$M_i$，$N_j$，$Q_j$，$M_j$——分别为结点 $i$ 和 $j$ 在 $x'$ 方向轴力、$y'$ 方向的剪力和绕 $z'$ 轴的弯矩（见图 6-10）。

则单元结点力 $\{F\}^e$ 及沿单元轴向分布载荷 $\{q\}$ 的虚功为：

$$\delta W^e = \int \{f^*\}^T \{q\} \mathrm{d}x' + (\{\delta^*\}^e)^T \{F\}^e = (\{\delta^*\}^e)^T (\int [N]^T \{q\} \mathrm{d}x' + \{F\}^e)$$

$$(6-54)$$

由

$$\delta U^e = \delta W^e \tag{6-55}$$

$$\int [N]^T \{q\} \mathrm{d}x' + \{F\}^e = E \iiint [B]^T [B] \mathrm{d}V \{\delta\}^e \tag{6-56}$$

令

$$\{R'\}^e = \int [N]^T \{q\} \mathrm{d}x' + \{F\}^e = \{Q\}^e + \{F\}^e \tag{6-57}$$

$$[k'] = E \iiint [B]^T [B] \mathrm{d}V \tag{6-58}$$

将式（6-57）和式（6-58）代入式（6-56），则可得局部坐标下单元刚度方程的标准形式为：

$$\{R'\}^e = [k'] \{\delta'\}^e \tag{6-59}$$

式中，局部坐标下的单元刚度矩阵为：

$$[k'] = \begin{bmatrix} \dfrac{EA}{l} & 0 & 0 & -\dfrac{EA}{l} & 0 & 0 \\ 0 & \dfrac{12EI}{l^3} & \dfrac{6EI}{l^2} & 0 & -\dfrac{12EI}{l^3} & \dfrac{6EI}{l^2} \\ 0 & \dfrac{6EI}{l^2} & \dfrac{4EI}{l} & 0 & -\dfrac{6EI}{l^2} & \dfrac{2EI}{l} \\ -\dfrac{EA}{l} & 0 & 0 & \dfrac{EA}{l} & 0 & 0 \\ 0 & -\dfrac{12EI}{l^3} & -\dfrac{6EI}{l^2} & 0 & \dfrac{12EI}{l^3} & -\dfrac{6EI}{l^2} \\ 0 & \dfrac{6EI}{l^2} & \dfrac{2EI}{l} & 0 & -\dfrac{6EI}{l^2} & \dfrac{4EI}{l} \end{bmatrix} \tag{6-60}$$

$$I = \iint y'^2 \mathrm{d}A$$

式中　$A$——单元截面积。

### 6.2.1.2　坐标变换

同杆单元一样，只有将局部坐标下的二维梁单元刚度矩阵转化到整体坐标系 $oxy$ 中，才能组集成总刚度矩阵求解。设整体坐标下结点 $i$ 和 $j$ 的位移分别为 $[u_i \ \ v_i \ \ \theta_i]^T$ 和 $[u_j \ \ v_j \ \ \theta_j]^T$，整体坐标与局部坐标轴的夹角仍如图 6-3 所示，则可用下式表示结点 $i$ 的位移在两个坐标系间的变换关系：

$$\begin{Bmatrix} u_i \\ v_i \\ \theta_i \end{Bmatrix} = \begin{bmatrix} \cos\alpha & -\sin\alpha & 0 \\ \sin\alpha & \cos\alpha & 0 \\ 0 & 0 & 1 \end{bmatrix} \begin{Bmatrix} u'_i \\ v'_i \\ \theta'_i \end{Bmatrix} \tag{6-61}$$

令

$$[t] = \begin{bmatrix} \cos\alpha & -\sin\alpha & 0 \\ \sin\alpha & \cos\alpha & 0 \\ 0 & 0 & 1 \end{bmatrix} \tag{6-62}$$

则全部结点位移的变换可表示为：

$$\begin{Bmatrix} \delta_i \\ \delta_j \end{Bmatrix} = \begin{bmatrix} t & 0 \\ 0 & t \end{bmatrix} \begin{Bmatrix} \delta'_i \\ \delta'_j \end{Bmatrix} \tag{6-63}$$

式中

$$\{\delta_i\} = \begin{Bmatrix} u_i \\ v_i \\ \theta_i \end{Bmatrix}, \ \{\delta_j\} = \begin{Bmatrix} u_j \\ v_j \\ \theta_j \end{Bmatrix}, \ \{\delta'_i\} = \begin{Bmatrix} u'_i \\ v'_i \\ \theta'_i \end{Bmatrix}, \ \{\delta'_j\} = \begin{Bmatrix} u'_j \\ v'_j \\ \theta'_j \end{Bmatrix} \tag{6-64}$$

转换矩阵为：

$$[T] = \begin{bmatrix} t & 0 \\ 0 & t \end{bmatrix} \tag{6-65}$$

整体坐标下的单元刚度矩阵为：

$$[k] = [T][k'][T]^{-1} \tag{6-66}$$

### 6.2.2　三维梁单元

三维梁单元用于分析空间刚架系统。它虽然也是线型单元，但在两个结点上各有六个位移分量和结点力分量，在每个结点处有两个主惯性轴，要考虑两个方向的弯曲变形；在单元长度方向，除考虑拉压变形外，还要考虑绕截面形心的扭转变形。其局部坐标下结点位移和结点力如图6-11所示。由此建立局部坐标下单元结点位移和结点力列向量。

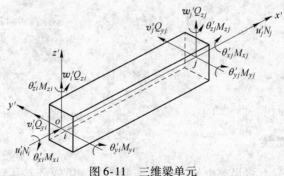

图6-11　三维梁单元

单元结点位移为：

$$\{\delta'\}^e = [\delta_i'^{\mathrm{T}} \quad \delta_j'^{\mathrm{T}}]^{\mathrm{T}} \tag{6-67}$$

式中

$$\{\delta_i{'}\} = [\begin{matrix} u_i' & v_i' & w_i' & \theta_{xi}' & \theta_{yi}' & \theta_{zi}' \end{matrix}]^{\mathrm{T}} \tag{6-68}$$

$$\{\delta_j{'}\} = [\begin{matrix} u_j' & v_j' & w_j' & \theta_{xj}' & \theta_{yj}' & \theta_{zj}' \end{matrix}]^{\mathrm{T}} \tag{6-69}$$

单元结点力为:

$$\{F\}^{\mathrm{e}} = [\begin{matrix} F_i^{\mathrm{T}} & F_j^{\mathrm{T}} \end{matrix}]^{\mathrm{T}} \tag{6-70}$$

其中

$$\{F_i\} = [\begin{matrix} N_i & Q_{yi} & Q_{zi} & M_{xi} & M_{yi} & M_{zi} \end{matrix}]^{\mathrm{T}} \tag{6-71}$$

$$\{F_j\} = [\begin{matrix} N_j & Q_{yj} & Q_{zj} & M_{xj} & M_{yj} & M_{zj} \end{matrix}]^{\mathrm{T}} \tag{6-72}$$

局部坐标下单元刚度矩阵的建立原理与二维梁单元相同。只是在 $o'x'y'$ 平面和 $o'x'z'$ 平面分别导出弯曲变形的结点位移与其对应的结点力之间的关系式,在 $x'$ 方向导出结点拉压位移与其对应的结点力的关系式以及结点扭转位移与其对应结点力的关系式,然后联立成一个总的单元刚度方程,由此获得局部坐标下总的单元刚度矩阵。

其中对于在 $o'x'y'$ 平面和 $o'x'z'$ 平面的弯曲变形分别有:

$$\begin{Bmatrix} Q_{yi} \\ M_{zi} \\ Q_{yj} \\ M_{zj} \end{Bmatrix} = EI_z \begin{bmatrix} \dfrac{12}{l^3} & \dfrac{6}{l^2} & -\dfrac{12}{l^3} & \dfrac{6}{l^2} \\[2mm] \dfrac{6}{l^2} & \dfrac{4}{l} & -\dfrac{6}{l^2} & \dfrac{2}{l} \\[2mm] -\dfrac{12}{l^3} & -\dfrac{6}{l^2} & \dfrac{12}{l^3} & -\dfrac{6}{l^2} \\[2mm] \dfrac{6}{l^2} & \dfrac{2}{l} & -\dfrac{6}{l^2} & \dfrac{4}{l} \end{bmatrix} \begin{Bmatrix} v_i' \\ \theta_{zi}' \\ v_j' \\ \theta_{zj}' \end{Bmatrix} \tag{6-73}$$

$$\begin{Bmatrix} Q_{zi} \\ M_{yi} \\ Q_{zj} \\ M_{yj} \end{Bmatrix} = EI_y \begin{bmatrix} \dfrac{12}{l^3} & -\dfrac{6}{l^2} & -\dfrac{12}{l^3} & -\dfrac{6}{l^2} \\[2mm] -\dfrac{6}{l^2} & \dfrac{4}{l} & \dfrac{6}{l^2} & \dfrac{2}{l} \\[2mm] -\dfrac{12}{l^3} & \dfrac{6}{l^2} & \dfrac{12}{l^3} & \dfrac{6}{l^2} \\[2mm] -\dfrac{6}{l^2} & \dfrac{2}{l} & \dfrac{6}{l^2} & \dfrac{4}{l} \end{bmatrix} \begin{Bmatrix} w_i' \\ \theta_{yi}' \\ w_j' \\ \theta_{yj}' \end{Bmatrix} \tag{6-74}$$

$x'$ 方向拉压,有:

$$\begin{Bmatrix} N_i \\ N_j \end{Bmatrix} = \frac{EA}{l} \begin{bmatrix} 1 & -1 \\ -1 & 1 \end{bmatrix} \begin{Bmatrix} u_i' \\ u_j' \end{Bmatrix} \tag{6-75}$$

绕 $x'$ 方向扭矩为:

$$\begin{Bmatrix} M_{xi} \\ M_{xj} \end{Bmatrix} = \frac{GI_x}{l} \begin{bmatrix} 1 & -1 \\ -1 & 1 \end{bmatrix} \begin{Bmatrix} \theta_i' \\ \theta_j' \end{Bmatrix} \tag{6-76}$$

式 (6-73) 中的 $I_z$、式 (6-74) 中的 $I_y$ 和式 (6-76) 中的 $I_x$ 分别为梁单元截面对 $z'$、$y'$ 轴的主惯性矩和对 $x'$ 轴的扭转惯性矩。式 (6-76) 中的 $G$ 为单元材料的剪切弹性模量。式 (6-75) 中 $A$ 为单元截面积。最后,按式 (6-67) 和式 (6-70) 结点位移分量和结点力分量的顺序合成,得到局部坐标下的单元刚度方程,从而得到的局部坐标下的单元刚度矩阵为:

$$[k'] = \begin{bmatrix}
\frac{EA}{l} & 0 & 0 & 0 & 0 & 0 & -\frac{EA}{l} & 0 & 0 & 0 & 0 & 0 \\
0 & \frac{12EI_z}{l^3} & 0 & 0 & 0 & \frac{6EI}{l^2} & 0 & -\frac{12EI_z}{l^3} & 0 & 0 & 0 & \frac{6EI_z}{l^2} \\
0 & 0 & \frac{12EI_y}{l^3} & 0 & -\frac{6EI_y}{l^2} & 0 & 0 & 0 & -\frac{12EI_y}{l^3} & 0 & -\frac{6EI_y}{l^2} & 0 \\
0 & 0 & 0 & \frac{GI_x}{l} & 0 & 0 & 0 & 0 & 0 & -\frac{GI_x}{l} & 0 & 0 \\
0 & 0 & -\frac{6EI_y}{l^2} & 0 & \frac{4EI_y}{l} & 0 & 0 & 0 & \frac{6EI_y}{l^2} & 0 & \frac{2EI_y}{l} & 0 \\
0 & \frac{6EI_z}{l^2} & 0 & 0 & 0 & \frac{4EI_z}{l} & 0 & -\frac{6EI_z}{l^2} & 0 & 0 & 0 & \frac{2EI_z}{l} \\
-\frac{EA}{l} & 0 & 0 & 0 & 0 & 0 & \frac{EA}{l} & 0 & 0 & 0 & 0 & 0 \\
0 & -\frac{12EI_z}{l^3} & 0 & 0 & 0 & -\frac{6EI_z}{l^2} & 0 & \frac{12EI_z}{l^3} & 0 & 0 & 0 & -\frac{6EI}{l^2} \\
0 & 0 & -\frac{12EI_y}{l^3} & 0 & \frac{6EI_y}{l^2} & 0 & 0 & 0 & \frac{12EI_y}{l^3} & 0 & \frac{6EI_y}{l^2} & 0 \\
0 & 0 & 0 & -\frac{GI_x}{l} & 0 & 0 & 0 & 0 & 0 & \frac{GI_x}{l} & 0 & 0 \\
0 & 0 & -\frac{6EI_y}{l^2} & 0 & \frac{2EI_y}{l} & 0 & 0 & 0 & \frac{6EI_y}{l^2} & 0 & \frac{4EI_y}{l} & 0 \\
0 & \frac{6EI_z}{l^2} & 0 & 0 & 0 & \frac{2EI_z}{l} & 0 & -\frac{6EI_z}{l^2} & 0 & 0 & 0 & \frac{4EI_z}{l}
\end{bmatrix}$$

$$\tag{6-77}$$

整体坐标系中的单元刚度矩阵可以采用如下变换矩阵获得：

$$[T] = \begin{bmatrix} r & 0 & 0 & 0 \\ 0 & r & 0 & 0 \\ 0 & 0 & r & 0 \\ 0 & 0 & 0 & r \end{bmatrix} \tag{6-78}$$

而其中子矩阵 $[r]$ 由第 6.1.2 节中的式（6-31）或式（6-33）计算，计算原理和三维杆单元的坐标变换相同。

### 6.2.3  等效结点力的计算

如式（6-57）所示，单元刚度方程中的结点力 $\{R'\}^e$ 由单元结点力 $\{F\}^e$ 和等效结点力 $\{Q\}^e$ 组合而成。和其他单元一样，等效结点力由原单元上分布载荷按虚功相等原则移置到单元的结点上。在局部坐标下，其计算公式为：

$$\{Q\}^e = \int [N]^{\mathrm{T}} \{q\} \, \mathrm{d}x' \tag{6-79}$$

式中  $[N]$——位移的形函数矩阵；

  $\{q\}$——分布载荷列向量。

分布载荷列向量可能是分布轴向力、分布扭矩、分布横向力或分布弯矩，现分别讨论如下。

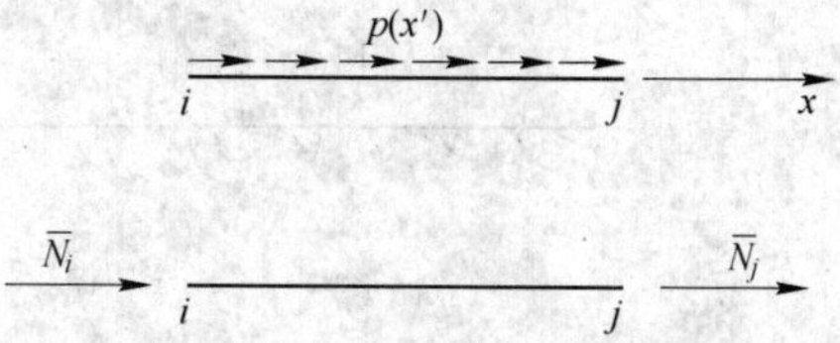

图 6-12 分布轴向力的等效移置

6.2.3.1 分布轴向力的等效结点力

如图 6-12 所示，设分布轴向力为 $p(x')$，单元上各点的轴向位移形函数矩阵为 $[\widetilde{N}_u]$，按式(6-79)，有：

$$\{Q\}^e = \begin{Bmatrix} \overline{N}_i \\ \overline{N}_j \end{Bmatrix} = \int_0^l p(x')[\widetilde{N}_u]^T dx' = \begin{bmatrix} 1 & -1/l \\ 0 & 1/l \end{bmatrix} \begin{Bmatrix} P_0 \\ P_1 \end{Bmatrix} \tag{6-80}$$

式中

$$P_0 = \int_0^l p(x') dx', P_1 = \int_0^l p(x') x' dx' \tag{6-81}$$

式中 $\overline{N}_i$，$\overline{N}_j$——分别为等效结点轴向力，如为均布轴向力，即 $p(x') = p$，则 $\overline{N}_i = \overline{N}_j = \frac{pl}{2}$。

6.2.3.2 分布扭转力矩的等效结点力

如图 6-13 所示，设分布扭矩为 $m_x(x')$，由于单元扭转角位移模式与轴向位移相同，因此，单元上各点的扭转角位移形函数矩阵也取为 $[\widetilde{N}_u]$，则：

$$\{Q\}^e = \begin{Bmatrix} \overline{M}_{xi} \\ \overline{M}_{xj} \end{Bmatrix} = \int_0^l m_x(x')[\widetilde{N}_u]^T dx' = \begin{bmatrix} 1 & -1/l \\ 0 & 1/l \end{bmatrix} \begin{Bmatrix} T_0 \\ T_1 \end{Bmatrix} \tag{6-82}$$

式中

$$T_0 = \int_0^l m_x(x') dx', \quad T_1 = \int_0^l m_x(x') x' dx' \tag{6-83}$$

式中 $\overline{M}_{xi}$，$\overline{M}_{xj}$——分别为等效结点扭矩，如为均布扭矩，即 $m_x(x') = m_x$，则 $\overline{M}_{xi} = \overline{M}_{xj} = \frac{m_x l}{2}$。

6.2.3.3 分布横向力的等效结点力

如图 6-14 所示，设分布横向力为 $q(x')$，单元上各点的横向位移形函数矩阵为 $[\widetilde{N}_v]$，则：

$$\{Q\}^e = \int_0^l q(x')[\widetilde{N}_v]^T dx' \tag{6-84}$$

即

$$\{Q\}^e = \begin{Bmatrix} \overline{Q}_{yi} \\ \overline{M}_{zi} \\ \overline{Q}_{yj} \\ \overline{M}_{zj} \end{Bmatrix} = \begin{bmatrix} 1 & 0 & -3/l^2 & 2/l^3 \\ 0 & 1 & -2/l & 1/l^2 \\ 0 & 0 & 3/l^2 & -2/l^3 \\ 0 & 0 & -1/l & 1/l^2 \end{bmatrix} \begin{Bmatrix} Q_0 \\ Q_1 \\ Q_2 \\ Q_3 \end{Bmatrix} \tag{6-85}$$

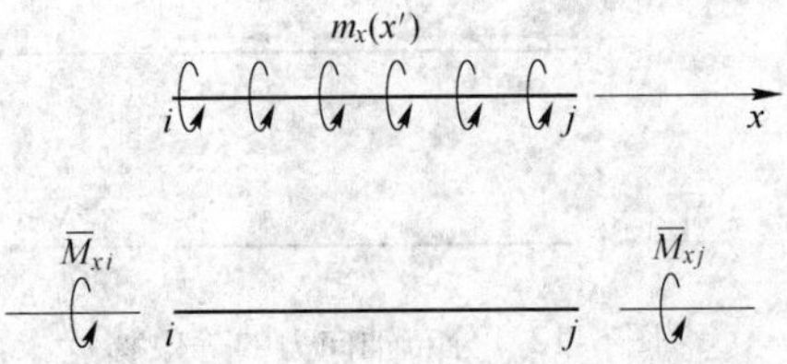

图 6-13　分布扭转力矩的等效移置 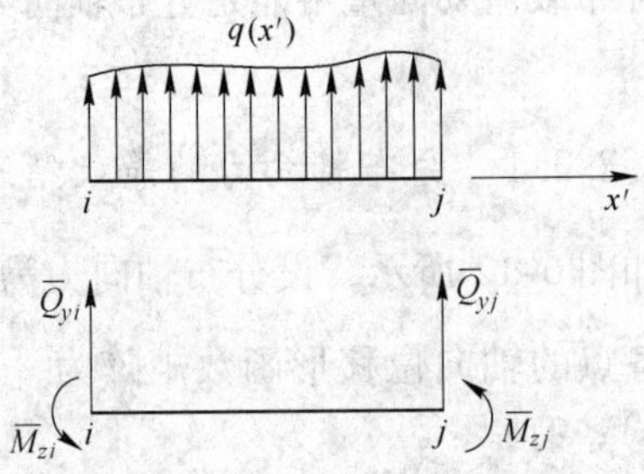　　　　　图 6-14　分布横向力的等效移置

$$Q_0 = \int_0^l q(x')\,\mathrm{d}x',\ Q_1 = \int_0^l q(x')x'\mathrm{d}x',\ Q_2 = \int_0^l q(x')x'^2\mathrm{d}x',\ Q_3 = \int_0^l q(x')x'^3\mathrm{d}x'$$

$$(6\text{-}86)$$

式中　$\overline{Q}_{yi}$，$\overline{Q}_{yj}$——分别为等效结点剪力；

　　　$\overline{M}_{zi}$，$\overline{M}_{zj}$——分别为等效结点弯矩。

若为均布横向力，即 $q(x) = q$，则：

$$[\overline{Q}_{yi}\ \ \overline{M}_{zi}\ \ \overline{Q}_{yj}\ \ \overline{M}_{zj}]^{\mathrm{T}} = \left[\frac{ql}{2}\ \ \frac{ql^2}{12}\ \ \frac{ql}{2}\ \ -\frac{ql^2}{12}\right]^{\mathrm{T}}$$

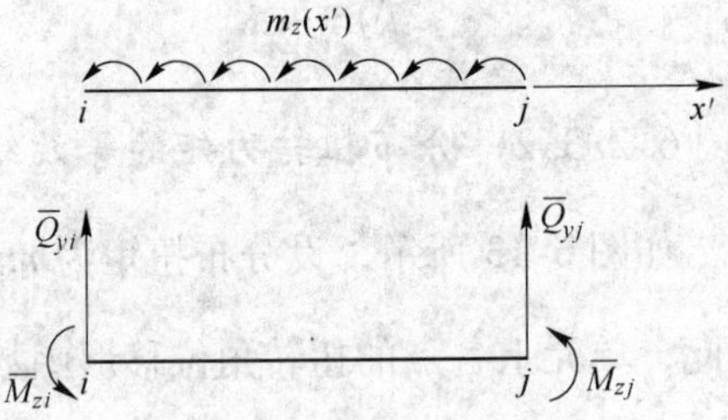

### 6.2.3.4　分布弯曲力矩的移置

如图 6-15 所示，设分布弯矩为 $m_z(x')$，则：

$$\{Q\}^e = \int_0^l m_z(x')[\widetilde{N}'_v]^{\mathrm{T}}\mathrm{d}x' \qquad (6\text{-}87)$$

图 6-15　分布弯矩的等效移置

即

$$\{Q\}^e = \begin{Bmatrix} \overline{Q}_{yi} \\ \overline{M}_{zi} \\ \overline{Q}_{yj} \\ \overline{M}_{zj} \end{Bmatrix} = \begin{bmatrix} 1 & 0 & -3/l^2 & 2/l^3 \\ 0 & 1 & -2/l & 1/l^2 \\ 0 & 0 & 3/l^2 & -2/l^3 \\ 0 & 0 & -1/l & 1/l^2 \end{bmatrix} \begin{Bmatrix} Q_0 \\ Q_1 \\ Q_2 \\ Q_3 \end{Bmatrix} \qquad (6\text{-}88)$$

式中

$$Q_0 = 0,\ Q_1 = \int_0^l m_z(x')\,\mathrm{d}x',\ Q_2 = \int_0^l 2m_z(x')x'\mathrm{d}x',\ Q_3 = \int_0^l 3m_z(x')x'^2\mathrm{d}x' \qquad (6\text{-}89)$$

如为均布弯矩，即 $m_z(x') = m_z$，则：

$$[\overline{Q}_{yi}\ \ \overline{M}_{zi}\ \ \overline{Q}_{yj}\ \ \overline{M}_{zj}]^{\mathrm{T}} = [-m_z\ \ 0\ \ m_z\ \ 0]^{\mathrm{T}}$$

求得局部坐标下的等效结点力，也就求得局部坐标下的单元结点力列向量 $\{R'\}^e$，由 $\{R\}^e = [T]\{R'\}^e$ 得到坐标变换后的单元结点力，即可组集成总刚度方程的结点载荷列向量 $\{R\} = \sum_{e=1}^{ne} \{R\}^e$。

【例 6.2】图 6-16 所示为一个港口卸船机的金属结构，它主要由两根水平的大梁和前后两个垂直门架组成，大梁和门架构件都是箱形截面。有限元分析采用三维梁单元和杆单元建模，大梁和门架等箱形截面构件用梁单元模拟，门架上部与大梁间的四根拉杆和两门架间下部两根斜杆用杆单元模拟。梁单元和杆单元均为线型单元，组成的模型如图 6-17

所示。由于单元刚度矩阵计算中坐标变换的关系，在输入各梁单元两个截面主惯性矩参数时，要注意单元局部坐标的 $y'$ 轴应是平行于整体坐标的 $oxy$ 面的那个轴。图 6-17 中显示的大梁前端的四个结点上的集中力代表满载起重小车的四个轮压的作用，大梁后端的六个结点上的集中力代表了平衡配重的作用。作用在各梁单元上的分布重力转换成等效载荷加在各单元两头的结点上。整个结构在底部四点施加三个移动自由度约束。分析的目的是求该工况下的结构的变形和应力大小。

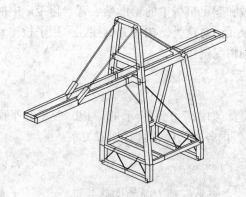

图 6-16　港口卸船机金属结构

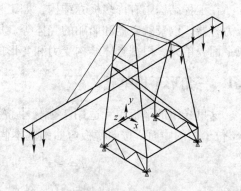

图 6-17　有限元分析模型

有限元计算所得的结构相对原始形状的变形情况如图 6-18 所示。有限元计算可得梁单元在三个坐标轴方向的内力和内力矩。各单元内力中绕整体坐标 $x$ 轴的弯矩 $M_x$ 分布如图 6-19 所示。各构件应力可通过有限元计算所得的内力按相应的截面几何特性计算得到。

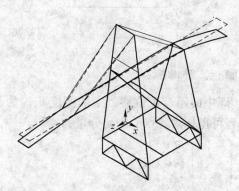

图 6-18　港口卸船机结构在载荷下的变形

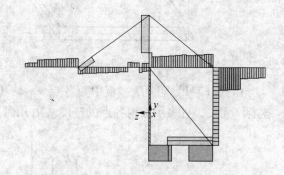

图 6-19　港口卸船机结构构件在
载荷下产生的内力弯矩 $M_x$

# 7 板壳单元

在工程结构中有许多板壳结构，如工程机械和起重机械中的箱形梁、臂，化工厂中的压力容器，以及航空器和船舶的壳体等。用有限元法对这类结构的分析往往采用平板单元或平面壳单元，根据具体结构受力和变形的不同情况选用。

## 7.1 三角形平板单元

这里介绍的平板单元适用于薄板小挠度问题。如图 7-1 中所示的薄板，使坐标平面 $oxy$ 位于板的中面，按照薄板弯曲的基本假定，板内各点的位移具有如下关系：

$$u = -z\frac{\partial w}{\partial x}, \quad v = -z\frac{\partial w}{\partial y}, \quad w = w(x,y) \tag{7-1}$$

式中  $u$，$v$，$w$——分别为板内某点对于 $x$、$y$、$z$ 三个坐标轴方向的位移分量。

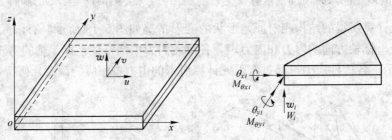

图 7-1  平板内的位移及单元结点位移和结点力

由式 (7-1) 可见，平板中面各点 $u = v = 0$，即中面不产生位移，中面挠度 $w$ 因为与坐标 $z$ 无关，可表示板内各点的挠度。由几何方程可得板内各点的应变分量为：

$$\{\varepsilon\} = \begin{Bmatrix} \varepsilon_x \\ \varepsilon_y \\ \gamma_{xy} \end{Bmatrix} = \begin{Bmatrix} \dfrac{\partial u}{\partial x} \\ \dfrac{\partial v}{\partial y} \\ \dfrac{\partial u}{\partial y} + \dfrac{\partial v}{\partial x} \end{Bmatrix} = -z \begin{Bmatrix} \dfrac{\partial^2 w}{\partial x^2} \\ \dfrac{\partial^2 w}{\partial y^2} \\ 2\dfrac{\partial^2 w}{\partial x \partial y} \end{Bmatrix} \tag{7-2}$$

根据薄板的简化假定，略去 $\sigma_z$ 不计，板内各点的应力可用挠度表示：

$$\{\sigma\} = \begin{Bmatrix} \sigma_x \\ \sigma_y \\ \tau_{xy} \end{Bmatrix} = [D]\{\varepsilon\} = -z[D] \begin{Bmatrix} \dfrac{\partial^2 w}{\partial x^2} \\ \dfrac{\partial^2 w}{\partial y^2} \\ 2\dfrac{\partial^2 w}{\partial x \partial y} \end{Bmatrix} \tag{7-3}$$

式中，弹性矩阵为：

$$[D] = \frac{E}{1-\mu^2}\begin{bmatrix} 1 & \mu & 0 \\ \mu & 1 & 0 \\ 0 & 0 & \frac{1-\mu}{2} \end{bmatrix} \qquad (7\text{-}4)$$

它与平面应力问题中的弹性矩阵完全相同。

### 7.1.1 三角形平板单元的位移模式

如图 7-1 所示，按右手法则，平板单元结点位移列向量设定为：

$$\{\delta_i\} = \begin{Bmatrix} w_i \\ \theta_{xi} \\ \theta_{yi} \end{Bmatrix} = \begin{Bmatrix} w_i \\ \left(\dfrac{\partial w}{\partial y}\right)_i \\ -\left(\dfrac{\partial w}{\partial x}\right)_i \end{Bmatrix} \qquad (7\text{-}5)$$

对应的结点力列向量为：

$$\{F_i\} = \begin{Bmatrix} W_i \\ M_{\theta xi} \\ M_{\theta yi} \end{Bmatrix} \qquad (7\text{-}6)$$

因为对三角形单元难以直接以 $oxy$ 坐标构造符合平板位移特点的位移模式，于是引入面积坐标来完成这一步。如图 7-2 所示，在三角形单元 123 中，任一点 $p(x,y)$ 的面积坐标可表示为：

$$L_1 = \frac{\Delta_1}{\Delta}, \ L_2 = \frac{\Delta_2}{\Delta}, \ L_3 = \frac{\Delta_3}{\Delta} \qquad (7\text{-}7)$$

式中　$\Delta$，$\Delta_1$，$\Delta_2$，$\Delta_3$——分别为三角形 123，$p23$，$p31$，$p12$ 的面积。

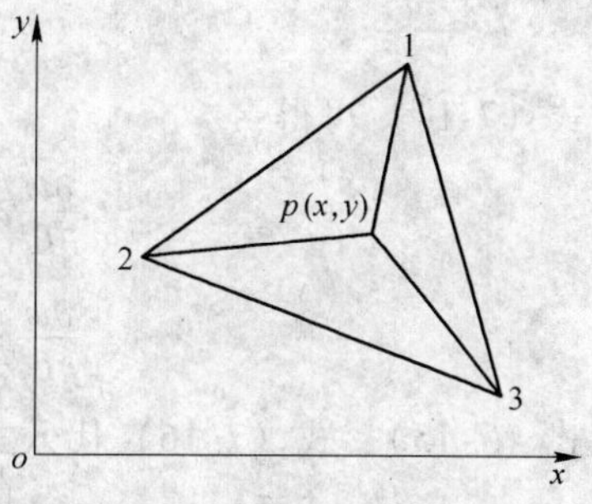

因为

$$\Delta_i = \frac{1}{2}\begin{vmatrix} 1 & x & y \\ 1 & x_j & y_j \\ 1 & x_m & y_m \end{vmatrix} = \frac{1}{2}(a_i + b_i x + c_i y) \quad (i=1,2,3) \qquad (7\text{-}8)$$

图 7-2　面积坐标

所以

$$L_i = \frac{\Delta_i}{\Delta} = \frac{1}{2\Delta}(a_i + b_i x + c_i y) \qquad (i=1,2,3) \qquad (7\text{-}9)$$

式中

$$\left.\begin{aligned} a_1 &= x_2 y_3 - x_3 y_2, \ a_2 = x_3 y_1 - x_1 y_3, \ a_3 = x_1 y_2 - x_2 y_1 \\ b_1 &= y_2 - y_3, \ b_2 = y_3 - y_1, \ b_3 = y_1 - y_2 \\ c_1 &= x_3 - x_2, \ c_2 = x_1 - x_3, \ c_3 = x_2 - x_1 \end{aligned}\right\} \qquad (7\text{-}10)$$

面积坐标还有如下性质：在结点 1，$L_1=1$，$L_2=0$，$L_3=0$；在结点 2，$L_1=0$，$L_2=1$，$L_3=0$；在结点 3，$L_1=0$，$L_2=0$，$L_3=1$；$L_1+L_2+L_3=1$。

用面积坐标构造位移模式为：

$$w = \alpha_1 L_1 + \alpha_2 L_2 + \alpha_3 L_3 + \alpha_4 L_2 L_3 + \alpha_5 L_3 L_1 + \alpha_6 L_1 L_2 + \alpha_7 (L_2 L_3^2 - L_3 L_2^2) +$$
$$\alpha_8 (L_3 L_1^2 - L_1 L_3^2) + \alpha_9 (L_1 L_2^2 - L_2 L_1^2) \tag{7-11}$$

将三角形单元三个结点的面积坐标代入式（7-11），可得 $\alpha_1 = w_1$，$\alpha_2 = w_2$，$\alpha_3 = w_3$，然后将 $\dfrac{\partial w}{\partial L_1}$ 和 $\dfrac{\partial w}{\partial L_2}$ 的表达式代入三个结点的面积坐标，可得六个方程，解出余下六个待定系数，代入式（7-11），归并各结点三种位移 $w_i$、$\left.\dfrac{\partial w}{\partial L_1}\right|_i$、$\left.\dfrac{\partial w_i}{\partial L_2}\right|_i$ 前的各项，在面积坐标下的位移模式可表示为：

$$w = \sum_{i=1}^{3} \left( N_i w_i + N_{1i} \left.\frac{\partial w}{\partial L_1}\right|_i + N_{2i} \left.\frac{\partial w}{\partial L_2}\right|_i \right) \tag{7-12}$$

对应形函数，如对应结点 1 的位移为：

$$\left.\begin{aligned}
N_1 &= L_1 - (L_1 L_2^2 - L_2 L_1^2) + (L_3 L_1^2 - L_1 L_3^2) \\
N_{11} &= -\frac{1}{2} L_1 L_2 - \frac{1}{2} L_3 L_1 + \frac{1}{2}(L_1 L_2^2 - L_2 L_1^2) - \frac{1}{2}(L_3 L_1^2 - L_1 L_3^2) \\
N_{21} &= \frac{1}{2} L_1 L_2 - \frac{1}{2}(L_1 L_2^2 - L_2 L_1^2)
\end{aligned}\right\} \tag{7-13}$$

为了获得在 $oxy$ 坐标下的位移模式，需要做一次坐标变换。视 $L_i$ 为 $x$、$y$ 的函数，并考虑取 $L_1$、$L_2$ 为独立坐标，以及 $L_3 = 1 - L_1 - L_2$，由复合函数求导法，可得：

$$\begin{Bmatrix} \dfrac{\partial w}{\partial x} \\ \dfrac{\partial w}{\partial y} \end{Bmatrix} = \frac{1}{2\Delta} \begin{bmatrix} b_1 & b_2 \\ c_1 & c_2 \end{bmatrix} \begin{Bmatrix} \dfrac{\partial w}{\partial L_1} \\ \dfrac{\partial w}{\partial L_2} \end{Bmatrix} \tag{7-14}$$

由式（7-14）可得：

$$\frac{\partial w}{\partial L_1} = c_2 \frac{\partial w}{\partial x} - b_2 \frac{\partial w}{\partial y} = -b_2 \theta_x - c_2 \theta_y \tag{7-15}$$

$$\frac{\partial w}{\partial L_2} = -c_1 \frac{\partial w}{\partial x} + b_1 \frac{\partial w}{\partial y} = b_1 \theta_x + c_1 \theta_y \tag{7-16}$$

将式（7-15）、式（7-16）代入式（7-12），其中

$$\begin{aligned}
N_{11} \left.\frac{\partial w}{\partial L_1}\right|_1 + N_{21} \left.\frac{\partial w}{\partial L_2}\right|_1 &= N_{11}(-b_2 \theta_{x1} - c_2 \theta_{y1}) + N_{21}(b_1 \theta_{x1} + c_1 \theta_{y1}) \\
&= (-b_2 N_{11} + b_1 N_{21}) \theta_{x1} + (-c_2 N_{11} + c_1 N_{21}) \theta_{y1}
\end{aligned} \tag{7-17}$$

令

$$\left.\begin{aligned}
N_{x1} &= -b_2 N_{11} + b_1 N_{21} \\
N_{y1} &= -c_2 N_{11} + c_1 N_{21}
\end{aligned}\right\} \tag{7-18}$$

则式（7-17）变为：

$$N_{11} \left.\frac{\partial w}{\partial L_1}\right|_1 + N_{21} \left.\frac{\partial w}{\partial L_2}\right|_1 = N_{x1} \theta_{x1} + N_{y1} \theta_{y1} \tag{7-19}$$

按以上变换方法，可得 $oxy$ 坐标下的位移模式：

$$w = \sum_{i=1}^{3} (N_i w_i + N_{xi} \theta_{xi} + N_{yi} \theta_{yi}) \tag{7-20}$$

$N_i$、$N_{xi}$和$N_{yi}$为对应形函数，如对应结点 1 的位移，$N_1$不变，仍如式（7-13），$N_{x1}$和$N_{y1}$由式（7-18）和式（7-13）得到：

$$
\left.\begin{aligned}
N_1 &= L_1 + (L_3L_1^2 - L_1L_3^2) - (L_1L_2^2 - L_2L_1^2) \\
N_{x1} &= \frac{1}{2}b_2L_3L_1 - \frac{1}{2}b_3L_1L_2 + \frac{1}{2}b_2(L_3L_1^2 - L_1L_3^2) + \frac{1}{2}b_3(L_1L_2^2 - L_2L_1^2) \\
N_{y1} &= \frac{1}{2}c_2L_3L_1 - \frac{1}{2}c_3L_1L_2 + \frac{1}{2}c_2(L_3L_1^2 - L_1L_3^2) + \frac{1}{2}c_3(L_1L_2^2 - L_2L_1^2)
\end{aligned}\right\} \tag{7-21}
$$

取

$$
[N]_i = \begin{bmatrix} N_i & N_{xi} & N_{yi} \end{bmatrix} \tag{7-22}
$$

位移模式可表示为：

$$
w = [N]\{\delta\}^e = \sum_{i=1}^{3} [N]_i\{\delta_i\} \tag{7-23}
$$

式中，$\{\delta_i\}$ 如式（7-5）所示，即：

$$
\{\delta\}^e = \begin{bmatrix} w_1 & \theta_{x1} & \theta_{y1} & w_2 & \theta_{x2} & \theta_{y2} & w_3 & \theta_{x3} & \theta_{y3} \end{bmatrix}^T
$$

由式（7-11）表示的位移模式中，前三项反映了刚体位移，4、5、6 三项反映了常应变，因此该单元符合完备性要求。可以验证，在相邻单元间，其挠度是连续的。这可以从图 7-3 的例子中得到说明。设两个单元的公共边 $ij$ 平行于 $x$ 轴，即边上所有点 $y$ 坐标为常数，代入式（7-23），考虑该边 $L_m$ 和 $L_p$ 都等于零，可知该边上挠度 $w$ 是 $x$ 的三次式，可以由 $i$ 和 $j$ 两结点的四个位移值 $w_i$、$w_j$、$\theta_{yi}$ 和 $\theta_{yj}$ 完全确定。但是，两个单元在该边上的法向转角却不能保证连续。因为 $\theta_x = \partial w / \partial y$ 不是 $x$ 的一次式，但 $ij$ 两结点只有 $\theta_{xi}$ 和 $\theta_{xj}$ 两个值部分限

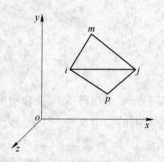

图 7-3　相邻平板单元

定它，不能唯一确定，因此，$ij$ 两边的两个单元在整个公共边界上的法向斜率不连续。该单元是一种完备的非协调元。但对大多数工程问题，用非协调元得到的解的精度是足够的。

### 7.1.2　三角形平板单元的刚度矩阵

将式（7-23）代入几何方程式（7-2），得：

$$
\{\varepsilon\} = -z\sum_{i=1}^{3} \left\{ \begin{aligned} &\frac{\partial^2 [N]_i}{\partial x^2} \\ &\frac{\partial^2 [N]_i}{\partial y^2} \\ &2\frac{\partial^2 [N]_i}{\partial x \partial y} \end{aligned} \right\}\{\delta_i\} \tag{7-24}
$$

因为形函数均以面积坐标表示，利用坐标变换公式

$$
\left\{ \begin{aligned} &\frac{\partial}{\partial x} \\ &\frac{\partial}{\partial y} \end{aligned} \right\} = \frac{1}{2\Delta}\begin{bmatrix} b_1 & b_2 \\ c_1 & c_2 \end{bmatrix}\left\{ \begin{aligned} &\frac{\partial}{\partial L_1} \\ &\frac{\partial}{\partial L_2} \end{aligned} \right\} \tag{7-25}
$$

可对式 (7-24) 进行计算, 得到:

$$\{\varepsilon\} = [B]\{\delta\}^e = \sum_{i=1}^{3} [B_i]\{\delta_i\} \tag{7-26}$$

式中

$$[B_i] = -z \left\{ \begin{array}{c} \dfrac{\partial^2 [N]_i}{\partial x^2} \\[2mm] \dfrac{\partial^2 [N]_i}{\partial y^2} \\[2mm] 2\dfrac{\partial^2 [N]_i}{\partial x \partial y} \end{array} \right\} \tag{7-27}$$

再由虚功原理, 可得单元刚度矩阵为:

$$[k] = \begin{bmatrix} k_{11} & k_{12} & k_{13} \\ k_{21} & k_{22} & k_{23} \\ k_{31} & k_{32} & k_{33} \end{bmatrix} \tag{7-28}$$

式中

$$[k_{ij}] = \iiint [B_i]^T [D][B_j] \mathrm{d}x\mathrm{d}y\mathrm{d}z \tag{7-29}$$

以上应变子矩阵 $[B_i]$ 和刚度子矩阵 $[k_{ij}]$ 的推导过程及结果表达式十分繁杂, 读者可参考本书的参考文献 [1]、[5]、[6] 等。本书重点是介绍思路, 因此, 这里推导过程从略。

在单元刚度矩阵组集成结构总刚度方程求得结点位移后, 就可代入各单元物理方程式 (7-30) 计算单元表面应力。式 (7-30) 为:

$$\{\sigma\} = [D]\{\varepsilon\} = [D]\sum_{i=1}^{3} [B_i]\{\delta_i\} \tag{7-30}$$

在平板单元受到分布横向载荷 $q$ 的作用时, 可用下式计算等效结点力:

$$\{Q_i\}^e = \left\{ \begin{array}{c} W_i^e \\ M_{\theta xi}^e \\ M_{\theta yi}^e \end{array} \right\} = \iint q \left([N]_i\right)^T \mathrm{d}x\mathrm{d}y \tag{7-31}$$

## 7.2 四边形平板单元

如图 7-4 所示, 四边形平板单元可以由四个协调的三角形子单元组成, 子单元有三个角结点和两个边中结点。先构造三角形子单元位移模式, 得到相应形函数以后, 再通过静态凝聚的方法, 消除组合四边形中内部结点自由度, 就得到四结点四边形单元 12 个自由度的位移模式及其形函数矩阵, 由此推导单元刚度矩阵。图中的三角形子单元位移模式可以由下面几个步骤导出。

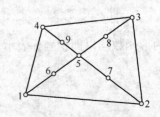

图 7-4 四边形平板单元的构成

### 7.2.1 三个子三角形单元组成的三角形子单元

图 7-5 所示为一个拟用来组成四边形平板单元的三角
形子单元，它本身又由三个子三角形单元组成。这样复杂
的构造单元的方法是为了找到一种位移模式，克服前述三
角形平板单元邻边法向位移不协调的问题。大三角形的主
结点为 1，2，3。每个主结点有三个结点位移分量 $w_i$、
$\theta_{xi}$、$\theta_{yi}$（$i=1，2，3$）。为了保证协调性，大三角形的边
中结点 4，5，6 各有一个结点位移 $\theta_i = \partial w/\partial n$（$i=4，5，$
6）。单元形心 0 点处有三个位移分量 $w_0$、$\theta_{x0}$、$\theta_{y0}$（先不
考虑设置子三角形内边中结点 7，8，9）。整个大三角形

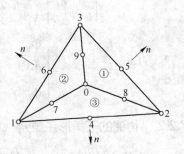

图 7-5　三角形子单元

共有 15 个结点位移分量，相应的 15 个形函数均可由各子三角形单元的形函数提供。图
7-5 中的子三角形①的结点位移列向量为：

$$\{\delta\}^{(1)} = [\begin{matrix} w_2 & \theta_{x2} & \theta_{y2} & w_3 & \theta_{x3} & \theta_{y3} & w_0 & \theta_{x0} & \theta_{y0} & \theta_5 \end{matrix}]^T \tag{7-32}$$

其中，设置 $\theta_5 = \partial w/\partial n$ 就是保证跨单元的转角的连续性，且使子三角形单元的自由度正好
为 10，可以组成一个完全三次多项式的位移模式，满足完备性和协调性的要求。同理，子
三角形单元②和③的位移列向量分别为：

$$\{\delta\}^{(2)} = [\begin{matrix} w_3 & \theta_{x3} & \theta_{y3} & w_1 & \theta_{x1} & \theta_{y1} & w_0 & \theta_{x0} & \theta_{y0} & \theta_6 \end{matrix}]^T \tag{7-33}$$

$$\{\delta\}^{(3)} = [\begin{matrix} w_1 & \theta_{x1} & \theta_{y1} & w_2 & \theta_{x2} & \theta_{y2} & w_0 & \theta_{x0} & \theta_{y0} & \theta_4 \end{matrix}]^T \tag{7-34}$$

子三角形位移模式可表示为：

$$w^{(i)} = [N]^{(i)}\{\delta\}^{(i)} \qquad (i=1,2,3) \tag{7-35}$$

对子三角形①，有：

$$\begin{aligned} w^{(1)} &= [\begin{matrix} N_2 & N_{2x} & N_{2y} & N_3 & N_{3x} & N_{3y} & N_0 & N_{0x} & N_{0y} & N_5 \end{matrix}]^{(1)}\{\delta\}^{(1)} \\ &= [\begin{matrix} N_2^{(1)} & N_3^{(1)} & N_0^{(1)} & N_5^{(1)} \end{matrix}]\{\delta\}^{(1)} \end{aligned} \tag{7-36}$$

式中

$$N_2^{(1)} = [\begin{matrix} N_2 & N_{2x} & N_{2y} \end{matrix}]^{(1)}$$
$$N_3^{(1)} = [\begin{matrix} N_3 & N_{3x} & N_{3y} \end{matrix}]^{(1)}$$
$$N_0^{(1)} = [\begin{matrix} N_0 & N_{0x} & N_{0y} \end{matrix}]^{(1)}$$
$$N_5^{(1)} = N_5^{(1)}$$

同理，子三角形②和③有 $N_3^{(2)}$、$N_1^{(2)}$、$N_0^{(2)}$、$N_6^{(2)}$ 和 $N_1^{(3)}$、$N_2^{(3)}$、$N_0^{(3)}$、$N_4^{(3)}$。

集合子三角形的自由度，得到大三角形单元自由度，它由边界结点（包括角结
点和边中结点）位移列向量 $\{\delta\}_b$ 和内结点（形心 0 处）的位移列向量 $\{\delta\}_0$ 组
成，即：

$$\begin{aligned} \{\delta\}^e &= [\begin{matrix} \delta_b^T & \delta_0^T \end{matrix}]^T \\ &= [\begin{matrix} w_1 & \theta_{x1} & \theta_{y1} & w_2 & \theta_{x2} & \theta_{y2} & w_3 & \theta_{x3} & \theta_{y3} & \theta_4 & \theta_5 & \theta_6 \end{matrix}|\begin{matrix} w_0 & \theta_{x0} & \theta_{y0} \end{matrix}]^T \end{aligned}$$
$$\tag{7-37}$$

则有相应的位移模式：

$$\begin{Bmatrix} w^{(1)} \\ w^{(2)} \\ w^{(3)} \end{Bmatrix} = \begin{bmatrix} 0 & N_2^{(1)} & N_3^{(1)} & 0 & N_5^{(1)} & 0 & \vline & N_0^{(1)} \\ N_1^{(2)} & 0 & N_3^{(2)} & 0 & 0 & N_6^{(2)} & \vline & N_0^{(2)} \\ N_1^{(3)} & N_2^{(3)} & 0 & N_4^{(3)} & 0 & 0 & \vline & N_0^{(3)} \end{bmatrix} \begin{Bmatrix} \delta_{\mathrm{b}} \\ \delta_0 \end{Bmatrix}$$

$$= \begin{bmatrix} \Phi_{\mathrm{b}}^{(1)} & \vline & \Phi_0^{(1)} \\ \Phi_{\mathrm{b}}^{(2)} & \vline & \Phi_0^{(2)} \\ \Phi_{\mathrm{b}}^{(3)} & \vline & \Phi_0^{(3)} \end{bmatrix} \begin{Bmatrix} \delta_{\mathrm{b}} \\ \delta_0 \end{Bmatrix} = [N]\{\delta\}^{\mathrm{e}} \tag{7-38}$$

### 7.2.2　协调的三角形子单元

按上述方法构成的三角形子单元的内部位移还是不协调的，因为其中任意两个子三角形交线只有两个结点上的 $w$、$\theta_x$、$\theta_y$ 相同，即其挠度及绕 $x$ 方向和 $y$ 方向的转角在交线上连续，但不能保证其法向斜率的连续性。所以，在子三角形交线 01、02、03 的中点还需分别设置一个结点位移 $\theta_i = \partial w / \partial n$（$i = 7,8,9$），并使两个相邻子三角形在该点的位移相等。

由式（7-38），子三角形②、③的交线 01 中点位移 $\theta_7$ 的表达式为：

$$\theta_7^{(i)} = \left(\frac{\partial w^{(i)}}{\partial n}\right)_7 = \left[\left(\frac{\partial \Phi_{\mathrm{b}}^{(i)}}{\partial n}\right)_7 \quad \vline \quad \left(\frac{\partial \Phi_0^{(i)}}{\partial n}\right)_7\right] \begin{Bmatrix} \delta_{\mathrm{b}} \\ \delta_0 \end{Bmatrix} \quad (i=2,3) \tag{7-39}$$

按第 7.1.2 节的式（7-25），式（7-39）中对法向的导数可由下式求得：

$$\frac{\partial}{\partial n} = \frac{\partial}{\partial x}\cos\angle nx + \frac{\partial}{\partial y}\sin\angle ny = \frac{1}{2\Delta}\begin{bmatrix} \cos\angle nx & \sin\angle ny \end{bmatrix}\begin{bmatrix} b_1 & b_2 \\ c_1 & c_2 \end{bmatrix}\begin{Bmatrix} \dfrac{\partial}{\partial L_1} \\ \dfrac{\partial}{\partial L_2} \end{Bmatrix} \tag{7-40}$$

同样可以写出 $\theta_8$，$\theta_9$，为了保证两个相邻子三角形交线上的法向斜率相等，设置下属条件：

$$\begin{Bmatrix} \theta_7^{(2)} + \theta_7^{(3)} \\ \theta_8^{(3)} + \theta_8^{(1)} \\ \theta_9^{(1)} + \theta_9^{(2)} \end{Bmatrix} = 0$$

即

$$\begin{bmatrix} \left(\dfrac{\partial \Phi_{\mathrm{b}}^{(2)}}{\partial n}\right)_7 + \left(\dfrac{\partial \Phi_{\mathrm{b}}^{(3)}}{\partial n}\right)_7 & \vline & \left(\dfrac{\partial \Phi_0^{(2)}}{\partial n}\right)_7 + \left(\dfrac{\partial \Phi_0^{(3)}}{\partial n}\right)_7 \\ \left(\dfrac{\partial \Phi_{\mathrm{b}}^{(3)}}{\partial n}\right)_8 + \left(\dfrac{\partial \Phi_{\mathrm{b}}^{(1)}}{\partial n}\right)_8 & \vline & \left(\dfrac{\partial \Phi_0^{(3)}}{\partial n}\right)_8 + \left(\dfrac{\partial \Phi_0^{(1)}}{\partial n}\right)_8 \\ \left(\dfrac{\partial \Phi_{\mathrm{b}}^{(1)}}{\partial n}\right)_9 + \left(\dfrac{\partial \Phi_{\mathrm{b}}^{(2)}}{\partial n}\right)_9 & \vline & \left(\dfrac{\partial \Phi_0^{(1)}}{\partial n}\right)_9 + \left(\dfrac{\partial \Phi_0^{(2)}}{\partial n}\right)_9 \end{bmatrix}\begin{Bmatrix} \delta_{\mathrm{b}} \\ \delta_0 \end{Bmatrix} = \begin{Bmatrix} 0 \\ 0 \\ 0 \end{Bmatrix} \tag{7-41}$$

简化表达为：

$$\begin{bmatrix} B_{\mathrm{b}} & \vline & B_0 \end{bmatrix}\begin{Bmatrix} \delta_{\mathrm{b}} \\ \delta_0 \end{Bmatrix} = \{0\} \tag{7-42}$$

由此可以解出：

$$\delta_0 = -B_0^{-1}B_b\delta_b \tag{7-43}$$

将式（7-43）代入式（7-38）就可消除子单元中所有内点 0 的自由度，得到三个子三角形的协调位移场，可把式（7-38）改写为：

$$\left\{\begin{matrix} w^{(1)} \\ w^{(2)} \\ w^{(3)} \end{matrix}\right\} = \left[\begin{bmatrix} \Phi_b^{(1)} \\ \Phi_b^{(2)} \\ \Phi_b^{(3)} \end{bmatrix} + \begin{bmatrix} \Phi_0^{(1)} \\ \Phi_0^{(2)} \\ \Phi_0^{(3)} \end{bmatrix}(-B_0^{-1}B_b)\right]\delta_b \tag{7-44}$$

这样，大三角形子单元只剩下 6 个边界结点 12 个自由度，就是列向量 $\delta_b$。这种单元就是 LCCT-12 三角形单元。

### 7.2.3 四边形平板单元

上述 LCCT-12 三角形单元是完备而协调的，但是作为组成四边形单元的子单元，对应四边形外边界的子三角形边中结点可以设法消除，以简化单元的形成。如图 7-5 中的子三角形②的 13 边中结点 6，根据 $\theta_6$ 是两端结点 1 和 3 的法向转角的平均值的条件，有如下关系式：

$$\theta_6 = \left(\frac{\theta_{x1} + \theta_{x3}}{2}\right)\cos\beta + \left(\frac{\theta_{y1} + \theta_{y3}}{2}\right)\sin\beta = H_{11}\delta_{11} \tag{7-45}$$

式中　$\beta$——13 边与 $x$ 方向的夹角。

$$H_{11} = \frac{1}{2}[0 \quad \cos\beta \quad \sin\beta \quad 0 \quad 0 \quad 0 \quad 0 \quad \cos\beta \quad \sin\beta \quad 0 \quad 0] \tag{7-46}$$

$$\delta_{11} = [w_1 \quad \theta_{x1} \quad \theta_{y1} \quad w_2 \quad \theta_{x2} \quad \theta_{y2} \quad w_3 \quad \theta_{x3} \quad \theta_{y3} \quad \theta_4 \quad \theta_5]^T \tag{7-47}$$

当 LCCT-12 三角形子单元刚度矩阵 $k_{12}$ 导出后，可由式（7-48）计算得到消除结点 6 自由度 $\theta_6$ 后的 11 自由度协调单元 LCCT-11 的刚度矩阵 $k_{11}$ 为：

$$k_{11} = \begin{bmatrix} I_{11} & H_{11}^T \end{bmatrix} k_{12} \begin{bmatrix} I_{11} \\ H_{11} \end{bmatrix} \tag{7-48}$$

式中　$I_{11}$——11 阶单位矩阵。

按上述由三个子三角形单元组成一个三角形子单元的方法，将四个 LCCT-11 三角形组合得到图 7-4 所示的任意四边形 19 自由度平板单元 $Q_{19}$，其中，角结点和内结点 5 各有 3 个自由度，内边边中结点共有 4 个自由度，外边无边中结点。求得 $Q_{19}$ 单元的单元刚度矩阵后，再用静力凝聚法消除 7 个内部自由度，即可得自由度为 12 的四结点四边形平板弯曲单元。设 $Q_{19}$ 单元的单元刚度方程为：

$$[k_{19}]\{\delta\}^e = \begin{bmatrix} k_{1c} & k_{1i} \\ k_{2c} & k_{2i} \end{bmatrix}\begin{Bmatrix} \delta_c \\ \delta_{in} \end{Bmatrix} = \begin{Bmatrix} R_c \\ R_{in} \end{Bmatrix} = \{R\}^e \tag{7-49}$$

式中　$[k_{19}]$——$Q_{19}$ 单元的刚度矩阵。

外部角结点位移子列向量为：

$$\delta_c = [w_1 \quad \theta_{x1} \quad \theta_{y1} \quad w_2 \quad \theta_{x2} \quad \theta_{y2} \quad w_3 \quad \theta_{x3} \quad \theta_{y3} \quad w_4 \quad \theta_{x4} \quad \theta_{y4}]^T \tag{7-50}$$

内节点位移子列向量为：

$$\delta_{in} = [w_5 \quad \theta_{x5} \quad \theta_{y5} \quad \theta_6 \quad \theta_7 \quad \theta_8 \quad \theta_9]^T \tag{7-51}$$

外部角结点力子列向量为：

$$R_{\mathrm{c}} = \begin{bmatrix} W_1 & M_{\theta x1} & M_{\theta y1} & W_2 & M_{\theta x2} & M_{\theta y2} & W_3 & M_{\theta x3} & M_{\theta y3} & W_4 & M_{\theta x4} & M_{\theta y4} \end{bmatrix}^{\mathrm{T}}$$
$$(7\text{-}52)$$

内节点力子列向量为：

$$R_{\mathrm{in}} = \begin{bmatrix} W_5 & M_{\theta x5} & M_{\theta y5} & M_{\theta 6} & M_{\theta 7} & M_{\theta 8} & M_{\theta 9} \end{bmatrix}^{\mathrm{T}} \tag{7-53}$$

展开式（7-49），得：

$$\begin{bmatrix} k_{1c} \end{bmatrix} \{\delta_{\mathrm{c}}\} + \begin{bmatrix} k_{1i} \end{bmatrix} \{\delta_{\mathrm{in}}\} = \{R_{\mathrm{c}}\} \tag{7-54}$$

$$\begin{bmatrix} k_{2c} \end{bmatrix} \{\delta_{\mathrm{c}}\} + \begin{bmatrix} k_{2i} \end{bmatrix} \{\delta_{\mathrm{in}}\} = \{R_{\mathrm{in}}\} \tag{7-55}$$

由式（7-55），有：

$$\{\delta_{\mathrm{in}}\} = \begin{bmatrix} k_{2i} \end{bmatrix}^{-1} (\{R_{\mathrm{in}}\} - \begin{bmatrix} k_{2c} \end{bmatrix} \{\delta_{\mathrm{c}}\}) \tag{7-56}$$

将式（7-56）代入式（7-54），得：

$$\begin{bmatrix} k_{1c} \end{bmatrix} \{\delta_{\mathrm{c}}\} + \begin{bmatrix} k_{1i} \end{bmatrix} (\begin{bmatrix} k_{2i} \end{bmatrix}^{-1} \{R_{\mathrm{in}}\} - \begin{bmatrix} k_{2i} \end{bmatrix}^{-1} \begin{bmatrix} k_{2c} \end{bmatrix} \{\delta_{\mathrm{c}}\}) = \{R_{\mathrm{c}}\} \tag{7-57}$$

即

$$(\begin{bmatrix} k_{1c} \end{bmatrix} - \begin{bmatrix} k_{1i} \end{bmatrix} \begin{bmatrix} k_{2i} \end{bmatrix}^{-1} \begin{bmatrix} k_{2c} \end{bmatrix}) \{\delta_{\mathrm{c}}\} = \{R_{\mathrm{c}}\} - \begin{bmatrix} k_{1i} \end{bmatrix} \begin{bmatrix} k_{2i} \end{bmatrix}^{-1} \{R_{\mathrm{in}}\} \tag{7-58}$$

式（7-58）就是一个只包含四个角结点自由度的任意四边形平板单元的单元刚度方程，内结点自由度通过静力凝聚消除了。

## 7.3　平面壳体单元

　　壳体实质上与平板是不同的，平板的原始形状的中面是平面，而壳体的中面可以是曲面。在分析壳中应力时，虽然平板的基本假设同样有效，但是壳体的变形有很大不同，它除了弯曲变形外还存在中面变形。所以，壳中内力包括弯曲内力和中面内力。

　　有限元法分析壳体结构时，可采用平面单元和曲面单元两种。尽管壳体曲面划分得到的单元严格讲都是曲面，但在单元细分时，用平面壳单元组成的折面壳体可以很好地近似曲面壳体。而且平面壳单元是平面应力问题和平板弯曲问题单元的组合，虽然简单，却相当有效。这种单元也可用于同时受有横向载荷和沿中面方向作用载荷的板结构。下面介绍平面壳单元刚度矩阵的形成原理。

### 7.3.1　建立局部坐标

　　将壳体在整体坐标系 $oxyz$ 中划分单元后，对各单元建立局部坐标系 $o'x'y'z'$。以三角形单元为例，对图 7-6 中离散化壳体模型中的某一单元，如图 7-7 所示单元 123，选取结点 1 为局部坐标系原点，以 1—2 边为 $x'$ 轴的正方向，则 $x'$ 方向的单位矢量为：

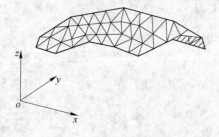

图 7-6　离散化壳体模型

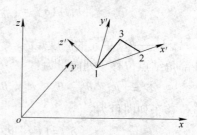

图 7-7　单元局部坐标与整体坐标

$$\boldsymbol{e}_1 = \frac{12}{|12|} \tag{7-59}$$

式中

$$|12| = \sqrt{(x_2 - x_1)^2 + (y_2 - y_1)^2 + (z_2 - z_1)^2} \tag{7-60}$$

取单元的外法线方向作 $z'$ 轴的正向，则其单位矢量为：

$$\boldsymbol{e}_3 = \frac{12 \times 13}{|12 \times 13|} \tag{7-61}$$

其中 $|12 \times 13| = 2\Delta$，$\Delta$ 为三角形的面积。而 $y'$ 轴的单位矢量为：

$$\boldsymbol{e}_2 = \boldsymbol{e}_3 \times \boldsymbol{e}_1 \tag{7-62}$$

在此坐标系中确定 1、2、3 点的局部坐标。

### 7.3.2 建立局部坐标系中的单元刚度矩阵

平面单元在局部坐标系中，结点 $i$ 有五个位移分量 $u_i'$、$v_i'$、$w_i'$、$\theta_{xi}'$、$\theta_{yi}'$，其中，前两个对应平面应力问题，后三个对应平板弯曲问题。对应的结点力分量也是五个，即 $U_i'$、$V_i'$、$W_i'$、$M_{\theta xi}'$、$M_{\theta yi}'$。但是，考虑坐标变换后整体坐标系中结点有六个位移分量和结点力分量，为变换方便起见，在局部坐标系中增添一对绕 $z'$ 轴的位移和结点力分量，设局部坐标系中的结点位移列向量和结点力列向量分别为：

$$\{\delta_i'\} = \begin{bmatrix} u_i' & v_i' & w_i' & \theta_{xi}' & \theta_{yi}' & \theta_{zi}' \end{bmatrix}^{\mathrm{T}} \tag{7-63}$$

$$\{R_i'\} = \begin{bmatrix} U_i' & V_i' & W_i' & M_{\theta xi}' & M_{\theta yi}' & M_{\theta zi}' \end{bmatrix}^{\mathrm{T}} \tag{7-64}$$

上述两个列向量中的第六个分量始终为零。

单元结点位移列向量和单元结点力列向量分别为：

$$\{\delta'\}^{\mathrm{e}} = \begin{bmatrix} {\delta'_1}^{\mathrm{T}} & {\delta'_2}^{\mathrm{T}} & \cdots & {\delta'_n}^{\mathrm{T}} \end{bmatrix}^{\mathrm{T}} \tag{7-65}$$

$$\{R'\}^{\mathrm{e}} = \begin{bmatrix} {R'_1}^{\mathrm{T}} & {R'_2}^{\mathrm{T}} & \cdots & {R'_n}^{\mathrm{T}} \end{bmatrix}^{\mathrm{T}} \tag{7-66}$$

式（7-65）和式（7-66）中，对应于三角形单元，$n = 3$；对应于四边形单元，$n = 4$。

根据结点位移列向量和结点力列向量中分量的排序，且由于平面应力问题结点位移与结点力的关系，同平板弯曲问题结点位移与结点力的关系互不关联，因此，可以直接按结点位移列向量分量的排序，由平面应力问题单元刚度矩阵的子矩阵和平板弯曲问题单元刚度矩阵的子矩阵，组集成局部坐标系中平面壳体单元的刚度矩阵 $[k']$ 的子矩阵为：

$$[k'_{rs}] = \begin{bmatrix} k'^{\mathrm{p}11}_{rs} & k'^{\mathrm{p}12}_{rs} & 0 & 0 & 0 & 0 \\ k'^{\mathrm{p}21}_{rs} & k'^{\mathrm{p}22}_{rs} & 0 & 0 & 0 & 0 \\ 0 & 0 & k'^{\mathrm{b}11}_{rs} & k'^{\mathrm{b}12}_{rs} & k'^{\mathrm{b}13}_{rs} & 0 \\ 0 & 0 & k'^{\mathrm{b}21}_{rs} & k'^{\mathrm{b}22}_{rs} & k'^{\mathrm{b}23}_{rs} & 0 \\ 0 & 0 & k'^{\mathrm{b}31}_{rs} & k'^{\mathrm{b}32}_{rs} & k'^{\mathrm{b}33}_{rs} & 0 \\ 0 & 0 & 0 & 0 & 0 & 0 \end{bmatrix} \tag{7-67}$$

式中

$$\begin{bmatrix} k'^{\mathrm{p}11}_{rs} & k'^{\mathrm{p}12}_{rs} \\ k'^{\mathrm{p}21}_{rs} & k'^{\mathrm{p}22}_{rs} \end{bmatrix} = \begin{bmatrix} k'^{\mathrm{p}}_{rs} \end{bmatrix} \tag{7-68}$$

$$\begin{bmatrix} k'^{b11}_{rs} & k'^{b12}_{rs} & k'^{b13}_{rs} \\ k'^{b21}_{rs} & k'^{b22}_{rs} & k'^{b23}_{rs} \\ k'^{b31}_{rs} & k'^{b32}_{rs} & k'^{b33}_{rs} \end{bmatrix} = \begin{bmatrix} k'^{b}_{rs} \end{bmatrix} \tag{7-69}$$

式（7-68）和式（7-69）分别是平面应力问题和平板弯曲问题的相应子矩阵。图 7-8 所示为局部坐标中三角形平面壳单元刚度矩阵用平面应力和平板弯曲刚度矩阵的构成方法。四边形平面壳单元刚度矩阵用类似方法构成，只不过多了一阶子矩阵。

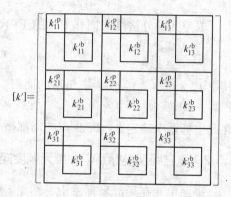

图 7-8  壳单元刚度矩阵的形成

### 7.3.3  坐标变换

设整体坐标系中的结点位移列向量和结点力列向量分别为：

$$\{\delta_i\} = [u_i \quad v_i \quad w_i \quad \theta_{xi} \quad \theta_{yi} \quad \theta_{zi}]^T \tag{7-70}$$

$$\{R_i\} = [U_i \quad V_i \quad W_i \quad M_{\theta xi} \quad M_{\theta yi} \quad M_{\theta zi}]^T \tag{7-71}$$

则局部坐标和整体坐标中结点位移和结点力的坐标变换按式（7-72）和式（7-73）实现：

$$\{\delta_i\} = [\lambda]\{\delta'_i\} = \begin{bmatrix} t & 0 \\ 0 & t \end{bmatrix}\{\delta'_i\} \tag{7-72}$$

$$\{R_i\} = [\lambda]\{R'_i\} = \begin{bmatrix} t & 0 \\ 0 & t \end{bmatrix}\{R'_i\} \tag{7-73}$$

式中

$$[t] = [e_1 \quad e_2 \quad e_3] \tag{7-74}$$

则由单元中任意结点 $i$ 在两个坐标系中表达的平衡方程为：

$$\{R'_i\} = \sum_{j=1}^n [k'_{ij}]\{\delta'_j\}, \{R_i\} = \sum_{j=1}^n [k_{ij}]\{\delta_j\} \tag{7-75}$$

结合式（7-72）和式（7-73），可以导出：

$$[k_{ij}] = [\lambda][k'_{ij}][\lambda]^{-1} \tag{7-76}$$

容易证明 $[\lambda]$ 是正交矩阵，即$[\lambda]^{-1} = [\lambda]^T$，不难得到整体坐标系的平面壳单元的单元刚度矩阵。

在求得整体坐标系中单元刚度矩阵后，就可组集成总刚度矩阵，建立结构总刚度方程，求解整体坐标下的结点位移。然后通过逆坐标变换得到局部坐标下的结点位移，将其中属于平面应力问题的结点位移分量代入第 2 章或第 3 章中单元应力与单元结点位移的关系式，求得三个平面应力分量 $\sigma_{xp}$、$\sigma_{yp}$ 和 $\tau_{xyp}$，将其中属于平板弯曲问题的结点位移分量代入平板弯曲问题的应力与结点位移关系式（可由式（7-3）导出），求得三个平板弯曲问题应力分量 $\sigma_{xb}$、$\sigma_{yb}$ 和 $\tau_{xyb}$，经过简单叠加，即可得壳中应力 $\sigma_x = \sigma_{xp} + \sigma_{xb}$、$\sigma_y = \sigma_{yp} + \sigma_{yb}$、$\tau_{xy} = \tau_{xyp} + \tau_{xyb}$。另外要了解的是，由式（7-67）和图 7-8 可见，三角形壳单元刚度矩阵的 6、12、18 行和列都是零元素，当共一个结点的几个单元在同一个平面中时，将会使组集的结构总刚度矩阵发生奇异性，四边形壳单元也有类似问题。这就要求在结点上附加该平面法线的转动约束，以消除奇异性。

【**例7.1**】 如图 7-9 所示，有一个球形圆壳，球壳中面半径为 1430mm，壳厚为 60mm，壳深为 350mm。圆壳周边固定，壳顶均布 1.96MPa 的压力。壳体材料的弹性模量为 $6.62 \times 10^7$ MPa，泊松比为 0.2，求球壳的应力和变形。

分析模型用球面建立，采用四边形平面壳单元对模型离散化，如图 7-10 所示，按周边固定对模型周边结点进行全约束，均布压力移置为结点的等效载荷，球壳厚度、材料特性均作为单元参数输入程序。计算所得球壳的变形如图 7-11 所示，空心网格轮廓为原始形状，实体轮廓为变形后的形状。沿圆壳径向米塞斯（Mises）等效应力分布如图 7-12 所示，最大等效应力发生在球壳半径的中点。

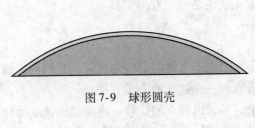

图 7-9　球形圆壳

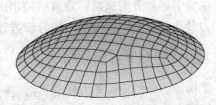

图 7-10　球壳单元模型

图 7-11　球壳变形图

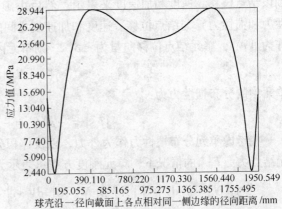

球壳沿一径向截面上各点相对同一侧边缘的径向距离 /mm

图 7-12　球壳等效应力分布图

# 8　结构动力学的有限元分析

结构静力学处理结构在静态载荷下的应力和变形。当结构受到显著的随时间变化的载荷作用时，如机械的振动、建筑受到地震作用、船舶遭受海浪冲击等，就必须进行动力分析。有些结构受到的动载荷看似很小，但当动载荷的作用频率接近结构的某一固有频率时，也会引起显著的振幅，导致结构中产生很大的动应力，甚至破坏。这种情况也必须进行动力分析。在复杂结构的动力分析方面，有限元法也是一个有力工具。

## 8.1　结构动力学方程

结构动力分析中，外力和位移都是时间的函数。在不考虑阻尼的情况下，可根据达朗贝尔原理，将惯性力作为外力，像推导静力平衡方程一样建立动力学方程。

在结构离散化，设定单元位移函数的基础上，单元内各点的位移、速度和加速度可分别以结点位移、速度和加速度来表示。然后由虚功原理，就可建立单元结点力（包括弹性力和惯性力）与结点位移、速度和加速度之间的关系。设单元质量密度为 $\rho$，形函数矩阵为 $[N]$，单元结点位移向量为 $\{\delta\}^e$，则单元内部各点加速度为：

$$\{\ddot{f}\} = [N]\{\ddot{\delta}\}^e \tag{8-1}$$

单元中的分布惯性力为：

$$\{p_m\} = -\rho\{\ddot{f}\} = -\rho[N]\{\ddot{\delta}\}^e \tag{8-2}$$

在考虑单元分布惯性力作为外力，以及体积分布力 $\{p\}$、表面分布力 $\{q\}$ 和其他单元结点力 $\{F\}^e$ 的情况下，单元刚度方程可表示为：

$$\int [N]^T\{p\}dV - \int [N]^T\rho[N]\{\ddot{\delta}\}^e dV + \int [N]^T\{q\}dS + \{F\}^e = [k]\{\delta\}^e \tag{8-3}$$

式中，$[k]$ 仍为单元刚度矩阵，引入式（2-5），则有：

$$\int [B]^T[D][B]dV\{\delta\}^e + \int \rho[N]^T[N]dV\{\ddot{\delta}\}^e = \int [N]^T\{p\}dV + \int [N]^T\{q\}dS + \{F\}^e \tag{8-4}$$

记

$$[m] = \int \rho[N]^T[N]dV \tag{8-5}$$

它称为单元质量矩阵。按有限元法的组集方法，可得：

$$[M]\{\ddot{\delta}\} + [K]\{\delta\} = \{R\} \tag{8-6}$$

式中　$[K]$——结构的整体刚度矩阵；

　　　$[M]$——结构的整体质量矩阵，由各单元质量矩阵集合而成，其集合规则与整体刚度矩阵 $[K]$ 相同；

　　　$\{R\}$——结构总的载荷列向量。

单元质量矩阵分一致质量矩阵和团聚质量矩阵。一致质量矩阵由式（8-5）计算，团聚质量矩阵则是将分布质量按静力学平行力分解原理团聚于结点得到的质量矩阵。例如，均质等厚的平面三角形单元的团聚质量矩阵就是使每个结点团聚 1/3 的单元质量。其表达式为：

$$[m] = \frac{\rho t \Delta}{3} \begin{bmatrix} 1 & 0 & 0 & 0 & 0 & 0 \\ 0 & 1 & 0 & 0 & 0 & 0 \\ 0 & 0 & 1 & 0 & 0 & 0 \\ 0 & 0 & 0 & 1 & 0 & 0 \\ 0 & 0 & 0 & 0 & 1 & 0 \\ 0 & 0 & 0 & 0 & 0 & 1 \end{bmatrix} \tag{8-7}$$

式中  $t$——厚度；

$\Delta$——单元面积。

使用团聚质量矩阵，结构固有频率的计算值有降低的趋势，但由于协调单元中偏高的刚度又会导致固有频率的计算值偏高，可以有抵消的效果，以致可能出现较好的最后结果。采用一致质量矩阵，可以得到较精确的振型。对于完备协调单元，计算所得频率值往往是结构真实频率的上限。

## 8.2　结构的振动模态分析

结构的振动模态分析的目的是计算结构的固有频率和相应的固有振型。了解结构的固有频率和振型对结构设计中防止共振发生和结构故障诊断中找出振源都是必需的。在采用振型叠加法进行动力响应分析时，也必须首先求出结构的固有频率和振型。

在经过约束处理的无阻尼动力学方程式（8-6）中，令右端列向量 $\{R\}$ 为零时，便得无阻尼自由振动方程：

$$[M]\{\ddot{\delta}\} + [K]\{\delta\} = \{0\} \tag{8-8}$$

其解为：

$$\{\delta\} = \{X\}\sin(\omega t) \tag{8-9}$$

将式（8-9）代入式（8-8），得：

$$[K]\{X\} - \omega^2[M]\{X\} = \{0\} \tag{8-10}$$

为方便计，仍写为：

$$[K]\{\delta\} - \omega^2[M]\{\delta\} = \{0\} \tag{8-11}$$

也可写为：

$$[K]\{\delta\} = \omega^2[M]\{\delta\} \tag{8-12}$$

式（8-12）为齐次线性方程组，由非零解的充要条件，应有：

$$\det([K] - \omega^2[M]) = 0 \tag{8-13}$$

式（8-13）称为常系数线性齐次常微分方程式（8-8）的特征方程。如 $[K]$ 有 $n$ 阶，则该特征方程为 $\omega^2$ 的 $n$ 次实系数方程，有 $n$ 个 $\omega^2$ 根。而方程式（8-11）则代表一个广义特征值问题。满足方程式（8-11）的解 $\omega^2 = \omega_i^2$ 和对应的特征矢量 $\{\delta\} = \{\phi_i\}(i = 1,2,\cdots,n)$，分别称为特征值和特征矢量，特征值和特征矢量一起称为特征对。

当刚度矩阵 $[K]$ 和质量矩阵 $[M]$ 为正定时，广义特征值问题有 $n$ 个实特征值，可以顺次排列为：

$$0 \leqslant \omega_1^2 \leqslant \omega_2^2 \leqslant \cdots \leqslant \omega_{n-1}^2 \leqslant \omega_n^2 \qquad (8\text{-}14)$$

式中 $\omega_1$，$\omega_2$，$\cdots$，$\omega_n$——分别称为结构的第一、第二、……、第 $n$ 阶固有频率，与其相对应的特征矢量 $\{\phi_1\}$、$\{\phi_2\}$、$\cdots$、$\{\phi_n\}$ 称为结构的第一、第二、……、第 $n$ 阶固有振型。

广义特征值问题的特征矢量 $\{\phi_i\}$ 乘以不等于零的常数后仍为其特征矢量，为确定起见，可以将特征矢量通过式（8-15）规定为规格化的特征矢量：

$$\{\phi_i\}^{\mathrm{T}}[M]\{\phi_i\} = 1 \qquad (8\text{-}15)$$

由矩阵代数可知，当 $[K]$ 和 $[M]$ 为对称矩阵时，广义特征值问题的不同的特征值所对应的特征矢量有正交性，即当 $\omega_i \neq \omega_j$ 时：

$$\{\phi_i\}^{\mathrm{T}}[M]\{\phi_j\} = 0 \qquad (8\text{-}16)$$

式（8-16）表示 $\{\phi_i\}$ 和 $\{\phi_j\}$ 对于 $[M]$ 的权正交。由式（8-11）、式（8-15）和式（8-16）也可得：

$$\{\phi_i\}^{\mathrm{T}}[K]\{\phi_i\} = \omega_i^2 \qquad (8\text{-}17)$$

$$\{\phi_i\}^{\mathrm{T}}[K]\{\phi_j\} = 0 \qquad (8\text{-}18)$$

求解广义特征值问题的方法有许多现成方法，下面介绍用得较多的广义雅可比法和子空间迭代法。

## 8.3 广义雅可比法

设广义特征值问题的 $n$ 个特征矢量组成的特征矢量矩阵或振型矩阵为：

$$[\Phi] = [\phi_1 \quad \phi_2 \quad \phi_3 \quad \cdots \quad \phi_n] \qquad (8\text{-}19)$$

由式（8-15）~式（8-18），有：

$$[\Phi]^{\mathrm{T}}[M][\Phi] = [I], [\Phi]^{\mathrm{T}}[K][\Phi] = [\Omega]^2 \qquad (8\text{-}20)$$

式中

$$[\Omega]^2 = \begin{bmatrix} \omega_1^2 & & & \\ & \omega_2^2 & & \\ & & \ddots & \\ & & & \omega_n^2 \end{bmatrix}$$

逐步寻找一系列的雅可比变换矩阵 $[P^{(0)}]$、$[P^{(1)}]$、$[P^{(2)}]$、$\cdots$，同时做变换：

$$[K^{(i+1)}] = [P^{(i)}]^{\mathrm{T}}[K^{(i)}][P^{(i)}] \qquad (i=0,1,2,\cdots) \qquad (8\text{-}21)$$

$$[M^{(i+1)}] = [P^{(i)}]^{\mathrm{T}}[M^{(i)}][P^{(i)}] \qquad (i=0,1,2,\cdots) \qquad (8\text{-}22)$$

式中，$[K^{(0)}]$ 和 $[M^{(0)}]$ 分别为 $[K]$ 和 $[M]$。当 $i \to \infty$ 时，$[K^{(i)}]$ 和 $[M^{(i)}]$ 趋于对角矩阵 $[K^{\mathrm{d}}]$ 和 $[M^{\mathrm{d}}]$，即：

$$[K^{\mathrm{d}}] = \begin{bmatrix} k_{11} & & & \\ & k_{22} & & \\ & & \ddots & \\ & & & k_{nn} \end{bmatrix}, [M^{\mathrm{d}}] = \begin{bmatrix} m_{11} & & & \\ & m_{22} & & \\ & & \ddots & \\ & & & m_{nn} \end{bmatrix} \qquad (8\text{-}23)$$

取 $l+1$ 次迭代的结果作为矩阵对角化的近似解，则矩阵 $[K]$ 和 $[M]$ 通过变换后，相当于式（8-12）两边同乘以 $[P]^{\mathrm{T}}=([P^{(0)}][P^{(1)}][P^{(2)}]\cdots[P^{(l)}])^{\mathrm{T}}$，即：

$$([P]^{\mathrm{T}}[K][P])[P]^{-1}\{\delta\}=\omega^2([P]^{\mathrm{T}}[M][P])[P]^{-1}\{\delta\} \tag{8-24}$$

令

$$[P]^{\mathrm{T}}[K][P]=[K^{(l+1)}],[P]^{\mathrm{T}}[M][P]=[M^{(l+1)}],[P]^{-1}\{\delta\}=\{\delta^{(l+1)}\} \tag{8-25}$$

将式（8-25）代入式（8-24），得新的特征值问题表达式为：

$$[K^{(l+1)}]\{\delta^{(l+1)}\}=\omega^2[M^{(l+1)}]\{\delta^{(l+1)}\} \tag{8-26}$$

它应该与原广义特征值问题有相同的特征值，于是有：

$$[\Phi^{(l+1)}]^{\mathrm{T}}[K^{(l+1)}][\Phi^{(l+1)}]\approx[\Omega]^2 \tag{8-27}$$

由式（8-15），特征值问题方程式（8-26）的特征矢量的规格化为：

$$\{\delta_i^{(l+1)}\}^{\mathrm{T}}[M^{(l+1)}]\{\delta_i^{(l+1)}\}=1 \tag{8-28}$$

可得：

$$\left.\begin{array}{l}\{\delta_1^{(l+1)}\}=\left[1/\sqrt{m_{11}^{(l+1)}}\quad 0\quad 0\quad\cdots\quad 0\right]^{\mathrm{T}}\\[2mm]\{\delta_2^{(l+1)}\}=\left[0\quad 1/\sqrt{m_{22}^{(l+1)}}\quad 0\quad\cdots\quad 0\right]^{\mathrm{T}}\\[2mm]\vdots\\[2mm]\{\delta_n^{(l+1)}\}=\left[0\quad 0\quad 0\quad\cdots\quad 1/\sqrt{m_{nn}^{(l+1)}}\right]^{\mathrm{T}}\end{array}\right\} \tag{8-29}$$

由式（8-25），有：

$$\{\delta\}\approx[P]\{\delta^{(l+1)}\}=[P^{(0)}][P^{(2)}]\cdots[P^{(l)}]\{\delta^{(l+1)}\}$$

则

$$[\Phi]\approx[P^{(0)}][P^{(2)}]\cdots[P^{(l)}]\mathrm{diag}[1/\sqrt{m_{ii}^{(l+1)}}] \tag{8-30}$$

再由式（8-27）和式（8-29），有：

$$[\Omega]^2\approx\mathrm{diag}[k_{ii}^{(l+1)}/m_{ii}^{(l+1)}] \tag{8-31}$$

对矩阵 $[K]$ 和 $[M]$ 进行对角化的雅可比变换矩阵 $[P^{(k)}]$ 的作用是逐次将 $[K]$ 和 $[M]$ 的非对角元化为零。为了使 $[K^{(k+1)}]$ 和 $[M^{(k+1)}]$ 中的 $i$ 行 $j$ 列的非对角元为零，取变换矩阵 $[P^{(k)}]$ 为：

$$[P^{(k)}]=\begin{bmatrix}1\\&\ddots\\&&1&&\alpha\\&&&\ddots\\&&\gamma&&1\\&&&&&\ddots\\&&&&&&1\end{bmatrix} \tag{8-32}$$

矩阵中对角元均为 1，非对角元中，$i$ 行 $j$ 列元素为 $\alpha$，$j$ 行 $i$ 列元素为 $\gamma$，其余全为零。根据式（8-21）和式（8-22），求解以下方程组确定 $\alpha$ 和 $\gamma$：

$$\left.\begin{array}{l}\alpha k_{ii}^{(k)}+(1+\alpha\gamma)k_{ij}^{(k)}+\gamma k_{jj}^{(k)}=0\\[2mm]\alpha m_{ii}^{(k)}+(1+\alpha\gamma)m_{ij}^{(k)}+\gamma m_{jj}^{(k)}=0\end{array}\right\} \tag{8-33}$$

往往在使用一次雅可比变换将一个非对角元化为零后，它在另一次变换中会重新变为非零元素。但在反复变换后，非对角元的绝对值将逐步变小而趋于零。执行雅可比法变换时，一般按行按列轮番、依次将非对角元化零。但为了避免对已经很小的非对角元做徒劳计算，每执行一次变换，都设置一个门槛值，如对第 $m$ 遍设置门槛值为 $10^{-2m}$，由是否满足式（8-34）判断 $i$ 行 $j$ 列元素是否不再需要化零变换，否则再次进行雅可比变换。

$$\frac{(k_{ij}^{(k)})^2}{k_{ii}^{(k)} k_{jj}^{(k)}} \leqslant 10^{-2m}, \quad \frac{(m_{ij}^{(k)})^2}{m_{ii}^{(k)} m_{jj}^{(k)}} \leqslant 10^{-2m} \tag{8-34}$$

做完一遍还要由式（8-35）检查是否满足精度要求：

$$\frac{\left| k_{ii}^{(l+1)}/m_{ii}^{(l+1)} - k_{ii}^{(l)}/m_{ii}^{(l)} \right|}{k_{ii}^{(l+1)}/m_{ii}^{(l+1)}} \leqslant 10^{-s} \quad (i = 1, 2, \cdots, n) \tag{8-35}$$

$$\left[ \frac{(k_{ij}^{(l+1)})^2}{k_{ii}^{(l+1)} k_{jj}^{(l+1)}} \right]^{\frac{1}{2}} \leqslant 10^{-s}, \quad \left[ \frac{(m_{ij}^{(l+1)})^2}{m_{ii}^{(l+1)} m_{jj}^{(l+1)}} \right]^{\frac{1}{2}} \leqslant 10^{-s} \quad (i < j) \tag{8-36}$$

式中  $10^{-s}$——要达到的精度；

  $l$——迭代次数。

如此反复迭代，直至满足精度要求为止。

雅可比法是求结构离散化模型的全部特征对的方法。但在实际工程问题中，往往只有前几个低阶特征对对于模态分析是有意义的，如果只需要求少数几个低阶特征对，用此法就不合算了。特别是大型问题，要求出全部特征对会花费相当多的时间。因此，需要采用缩小特征值问题规模的方法，如子空间迭代法，在该法中也用到了雅可比法来求解。

## 8.4  子空间迭代法

如前所述，求大型结构的少数特征对时，可用子空间迭代法。理解此法，可从广义特征值问题与 Rayleigh 商求极值的等价性说起。

对广义特征值问题

$$[K]\{\delta\} = \omega^2 [M]\{\delta\} \tag{8-37}$$

将任一矢量 $\{x\}$ 的 Rayleigh 商定义为：

$$\rho(\{x\}) = \frac{\{x\}^{\mathrm{T}}[K]\{x\}}{\{x\}^{\mathrm{T}}[M]\{x\}} \tag{8-38}$$

Rayleigh 商极值原理指出：当 $\{x\}$ 取为式（8-37）的特征矢量 $\{\phi_i\}$ 时，Rayleigh 商达到一个极值，就是 $\{\phi_i\}$ 对应的特征值 $\{\omega_i^2\}$。证明如下：因为任一矢量 $\{x\}$ 可以表示为 $\{x\} = [\Phi]\{\alpha\}$，$\{\alpha\} = [\alpha_1 \quad \alpha_2 \quad \cdots \quad \alpha_n]^{\mathrm{T}}$，代入式（8-38），得：

$$\rho(\{x\}) = \frac{\{\alpha\}^{\mathrm{T}}[\Omega]^2\{\alpha\}}{\{\alpha\}^{\mathrm{T}}\{\alpha\}} = \frac{\sum_{i=1}^{n} \alpha_i^2 \omega_i^2}{\sum_{i=1}^{n} \alpha_i^2} \tag{8-39}$$

根据式（8-39）可知，因为 $\omega_1 \leqslant \omega_i \leqslant \omega_n$，于是有：

$$\omega_1^2 \leqslant \rho(\{x\}) \leqslant \omega_n^2 \tag{8-40}$$

且当 $\{x\} = \{\phi_1\}$ 时，即 $\alpha_2 = \alpha_3 = \cdots = \alpha_n = 0$ 时：

$$\rho(\{x\}) = \rho(\{\phi_1\}) = \omega_1^2 \tag{8-41}$$

当 $\{x\} = \{\phi_n\}$ 时，即 $\alpha_1 = \alpha_2 = \cdots = \alpha_{n-1} = 0$ 时：

$$\rho(\{x\}) = \rho(\{\phi_n\}) = \omega_n^2 \tag{8-42}$$

这就是说，当 $\{x\}$ 取式（8-37）的第一阶特征矢量 $\{\phi_1\}$ 时，Rayleigh 商取极小值 $\omega_1^2$，当 $\{x\}$ 取式（8-37）的第 $n$ 阶特征矢量 $\{\phi_n\}$ 时，Rayleigh 商取极大值 $\omega_n^2$。

如果 $\alpha_1 = \alpha_2 = \cdots = \alpha_{m-1} = 0$，$0 \leqslant m \leqslant n-1$，则有：

$$\omega_m^2 \leqslant \rho(\{x\}) \leqslant \omega_n^2 \tag{8-43}$$

且当 $\{x\} = \{\phi_m\}$ 时：

$$\rho(\{x\}) = \rho(\{\phi_m\}) = \omega_m^2 \tag{8-44}$$

即当 $\{x\}$ 取第 $m$ 阶（$2 \leqslant m \leqslant n-1$）特征矢量 $\{\phi_m\}$ 时，其 Rayleigh 商达到极小值 $\omega_m^2$，并且是 Rayleigh 商在矢量 $\{x\}$ 与前 $m-1$ 阶特征矢量正交条件下的极值。

因此，求解广义特征值问题与求解 Rayleigh 商极值问题是等价的。这样就可将 $n$ 阶广义特征值问题降为一个 $p$ 阶特征值问题求解。将 $n$ 阶广义特征值问题的前 $p$ 个特征矢量 $\{\phi_1\}$、$\{\phi_2\}$、$\cdots$、$\{\phi_p\}$ 构成子空间 $E_p$（$p < n$），在此子空间中任选一组线性无关的矢量 $\{x_1\}$、$\{x_2\}$、$\cdots$、$\{x_p\}$ 作为坐标矢量，称为 $E_p$ 的基底。令 $[X] = [\boldsymbol{x}_1 \quad \boldsymbol{x}_2 \quad \cdots \quad \boldsymbol{x}_p]$，则在子空间中的任一矢量可表示为 $\{x\} = [X]\{\alpha\}$，其 Rayleigh 商可表示为：

$$\rho(\{x\}) = \frac{\{\alpha\}^\mathrm{T}[X]^\mathrm{T}[K][X]\{\alpha\}}{\{\alpha\}^\mathrm{T}[X]^\mathrm{T}[M][X]\{\alpha\}} \tag{8-45}$$

令 $[\tilde{K}] = [X]^\mathrm{T}[K][X]$，$[\tilde{M}] = [X]^\mathrm{T}[M][X]$，则有：

$$\rho(\{x\}) = \rho(\{\alpha\}) = \frac{\{\alpha\}^\mathrm{T}[\tilde{K}]\{\alpha\}}{\{\alpha\}[\tilde{M}]\{\alpha\}} \tag{8-46}$$

式（8-46）对应式（8-47）所示的特征值问题。

$$[\tilde{K}]\{\alpha\} = \rho[\tilde{M}]\{\alpha\} \tag{8-47}$$

解式（8-47）得 $p$ 个特征对，即可得原问题的 $p$ 个特征对：

$$\omega_i^2 = \rho_i, \{\phi_i\} = [X]\{\alpha_i\} \quad (i = 1, 2, \cdots, p) \tag{8-48}$$

应用子空间迭代法的关键是子空间基底 $[X] = [\boldsymbol{x}_1 \quad \boldsymbol{x}_2 \quad \cdots \quad \boldsymbol{x}_p]$ 的选择，选择得好，精度就高。可借助逆迭代法改善基底的选择。先选 $q(q > p)$ 个矢量组成矩阵：

$$[X^{(0)}] = [\boldsymbol{x}_1^{(0)} \quad \boldsymbol{x}_2^{(0)} \quad \cdots \quad \boldsymbol{x}_q^{(0)}] \tag{8-49}$$

作为 $q(q = \min(2p, p+8))$ 个低阶特征矢量构成的子空间 $E_q$ 的初次近似，再按逆迭代法由子空间迭代产生矩阵序列 $[\bar{X}^{(1)}]$、$[\bar{X}^{(2)}]$、$\cdots$、$[\bar{X}^{(k)}]$，其列矢量构成子空间 $E_q^{(1)}$、$E_q^{(2)}$、$\cdots$、$E_q^{(k)}$。第 $k$ 次子空间迭代步骤如下：

（1）用上次子空间迭代得到的矢量组 $[X^{(k)}]$，按逆迭代法满足

$$[K][\bar{X}^{(k+1)}] = [M][X^{(k)}] \tag{8-50}$$

产生新的迭代矢量组 $[\bar{X}^{(k+1)}]$，矢量组 $[\bar{X}^{(k+1)}]$ 张成子空间 $E_q^{(k+1)}$。

（2）计算矩阵 $[K]$ 和 $[M]$ 在子空间 $E_q^{(k+1)}$ 上的投影：

$$\left. \begin{array}{l} [K^{(k+1)}] = [\bar{X}^{(k+1)}]^\mathrm{T}[K][\bar{X}^{(k+1)}] \\ [M^{(k+1)}] = [\bar{X}^{(k+1)}]^\mathrm{T}[M][\bar{X}^{(k+1)}] \end{array} \right\} \tag{8-51}$$

（3）在子空间 $E_q^{(k+1)}$ 内，解 $q$ 阶特征值问题：

$$[K^{(k+1)}][A] = [M^{(k+1)}]^\mathrm{T}[A][\Omega]^2 \tag{8-52}$$

式中，$[A] = [\boldsymbol{a}_1 \quad \boldsymbol{a}_2 \quad \cdots \quad \boldsymbol{a}_q]$，采用广义雅可比方法求得 $[A^{(k+1)}]$ 和 $[\Omega^{(k+1)}]^2$。

（4）计算 $k+1$ 次改进的特征矢量矩阵：

$$[X^{(k+1)}] = [\bar{X}^{(k+1)}][A^{(k+1)}] \tag{8-53}$$

再返回第一步。当 $k \to \infty$ 时，$[\Omega^{(k+1)}]^2$、$[X^{(k+1)}]$ 和 $E_q^{k+1}$ 趋向于 $[\Omega]^2$、$[\Phi]$ 和 $E_q$。这里 $[\Phi]$ 是原广义特征值问题 $q$ 个最低特征矢量组成的矩阵；$[\Omega]^2$ 是这些矢量对应的特征值组成的对角阵；$E_q$ 是 $q$ 个最低特征矢量张成的子空间。这是逆迭代法与广义雅可比法的结合，方法的依据是 Rayleigh 商极值问题求解与广义特征值问题求解的等价性，而逆迭代总是使 $[\Phi]$ 由最低 $q$ 阶特征矢量所组成。

构成初始矢量组 $[X^{(0)}]$ 是能否实现高效的子空间迭代的关键一步。一种经验做法是，对应迭代的第一步，按一定规则直接写出 $[M][X^{(0)}]$ 的积。首先取 $[M]$ 的对角元组成的矢量作为 $[M][X^{(0)}]$ 的积矩阵的第一列。然后，对由 $[M]$ 和 $[K]$ 的对角元构成的对角矩阵 $\text{diag}(m_{ii}/k_{ii})$ 进行换列，对角元 $m_{ii}/k_{ii}$ 的值较大的左挪，小的右挪。换列后将原 $m_{ii}/k_{ii}$ 都置为 1。再从 $i=2$ 开始，依次用此换列置 1 后的矩阵的第 $i-1$ 列作为 $[M][X^{(0)}]$ 积矩阵的第 $i$ 列，直至 $[M][X^{(0)}]$ 积矩阵的最后一列，由此代入式（8-50）开始迭代。具体做法参考参考文献 [1] 的第 9 章。

【例 8.1】 求一端固定的飞机机翼的前 5 阶固有振动频率和振型（见参考文献 [7]）。图 8-1 所示为用八结点实体单元离散化的机翼模型，机翼沿长度截面相等，后端面各结点三个自由度全约束，前端悬空。机翼材料的弹性模量为 262.07MPa，泊松比为 0.3，密度为 $8.87 \times 10^{-4}$ g/mm³。采用子空间迭代法求得前 5 阶固有频率为：12.988、61.034、82.168、127.65、236.20。相应的前 5 阶振型如图 8-2 所示。

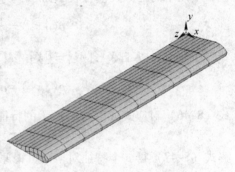

图 8-1 机翼模态分析模型

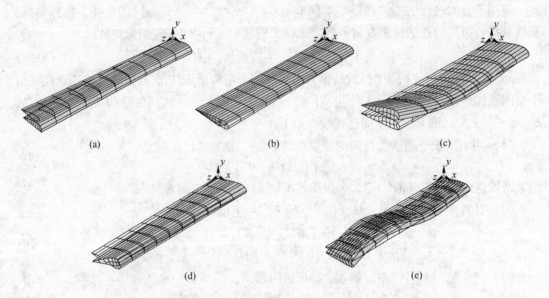

(a)      (b)      (c)

(d)      (e)

图 8-2 机翼的前 5 阶振型

(a) 频率为 12.988 的振型；(b) 频率为 61.034 的振型；(c) 频率为 82.168 的振型；

(d) 频率为 127.65 的振型；(e) 频率为 236.20 的振型

## 8.5 结构的动力响应分析

实际工程结构的振动是受到阻尼作用的,它表现为自由振动的衰减。虽然小阻尼对结构的频率和振型影响很小,在模态分析中可以忽略不计,但在结构的动力响应分析中则往往必须顾及阻尼的影响。这样,结构动力学方程式 (8-6) 应变为:

$$[M]\{\ddot{\delta}\} + [C]\{\dot{\delta}\} + [K]\{\delta\} = \{R\} \tag{8-54}$$

式中 $[C]$——阻尼矩阵;

$\{\delta\}$, $\{\dot{\delta}\}$, $\{\ddot{\delta}\}$——分别为随时间变化的位移矢量、速度矢量和加速度矢量;

$\{R\}$——随时间变化的载荷矢量。

动力响应分析,就是按初始条件,时间 $t=0$ 时:

$$\{\delta\} = \{\delta^{(0)}\}, \{\dot{\delta}\} = \{\dot{\delta}^{(0)}\} \tag{8-55}$$

求解方程式 (8-54),得到各时刻 $t$ 的位移矢量、速度矢量和加速度矢量。动力响应分析常用的主要有两种方法:振型叠加法和逐步积分法。在介绍这两种方法之前,还必须了解阻尼矩阵的计算。

### 8.5.1 阻尼矩阵

阻尼产生的原因很多,如滑动面间或润滑面间的摩擦、气体或液体的阻力、电阻力,以及材料的不完全弹性引起的内摩擦等。这些复杂的阻力因素通常用等效黏性阻尼代表,黏性阻尼的阻尼力与速度呈线性关系。等效黏性阻尼意味着假定黏性阻尼在振动一周产生的能量耗散与实际阻尼相同。为了导出阻尼矩阵 $[C]$ 的表达式,先看单自由度系统的自由振动微分方程:

$$m\ddot{x} + c\dot{x} + kx = 0 \tag{8-56}$$

式中 $m$——质量;

$k$——弹簧刚度;

$c$——阻尼系数,黏性阻尼系数为常数。

式 (8-56) 也可写成:

$$\ddot{x} + 2n\dot{x} + \omega^2 x = 0 \tag{8-57}$$

式中 $\omega$——频率,$\omega = \sqrt{k/m}$;

$n$——阻尼特性系数,$n = c/(2m)$。

设允许系统起振的临界阻尼系数为 $c_{cr}$,则临界情况下有 $n_{cr} = \omega$,对应的临界阻尼为:

$$c_{cr} = 2n_{cr}m = 2\sqrt{km} \tag{8-58}$$

设阻尼比为:

$$\xi = \frac{c}{c_{cr}} = \frac{n}{\omega} \tag{8-59}$$

则由式 (8-57) 可得:

$$\ddot{x} + 2\xi\omega\dot{x} + \omega^2 x = 0 \tag{8-60}$$

在式 (8-54) 中,假设各阶振型也以阻尼矩阵 $[C]$ 为权正交,即:

$$\{\phi_i\}^{\mathrm{T}}[C]\{\phi_j\} = 0 \quad (i \neq j) \tag{8-61}$$

则阻尼矩阵可由各阶固有振型下实际阻尼与临界阻尼之比——振型阻尼比导出。设

$$\{\delta\} = [\Phi]\{x(t)\} \tag{8-62}$$

代入式（8-54），且两边前乘$[\Phi]^{\mathrm{T}}$，由特征矢量的性质，可得系统在各阶固有振型下的振动方程为：

$$\{\ddot{x}\} + [\Phi]^{\mathrm{T}}[C][\Phi]\{\dot{x}\} + [\Omega]^2\{x\} = [\Phi]^{\mathrm{T}}\{R\} \tag{8-63}$$

由于有式（8-61），式（8-63）中所有方程是非耦合的，将式（8-63）与式（8-60）比较，各阶固有振型下振动的阻尼应该等于该振型的阻尼比$\xi_i$，且有：

$$[\Phi]^{\mathrm{T}}[C][\Phi] = \begin{bmatrix} 2\xi_1\omega_1 & & & \\ & 2\xi_2\omega_2 & & \\ & & \ddots & \\ & & & 2\xi_n\omega_n \end{bmatrix} \tag{8-64}$$

即结构的阻尼矩阵$[C]$必须满足式（8-64）。$[C]$可以表示为各阶振型阻尼矩阵$[C_i]$之和，即：

$$[C] = \sum_{i=1}^{n} [C_i] \tag{8-65}$$

可由式（8-66）表达由各阶振型阻尼比导出的各阶阻尼矩阵为：

$$[C_i] = 2\xi_i\omega_i[M]\{\phi_i\}\{\phi_i\}^{\mathrm{T}}[M]^{\mathrm{T}} \tag{8-66}$$

各阶阻尼比$\xi_i$由试验测出。实际上，将式（8-66）代入式（8-65），可得：

$$[C] = [2\xi_1\omega_1[M]\{\phi_1\} \quad 2\xi_2\omega_2[M]\{\phi_2\} \quad \cdots \quad 2\xi_n\omega_n[M]\{\phi_n\}] \begin{Bmatrix} \{\phi_1\}^{\mathrm{T}}[M]^{\mathrm{T}} \\ \{\phi_2\}^{\mathrm{T}}[M]^{\mathrm{T}} \\ \vdots \\ \{\phi_n\}^{\mathrm{T}}[M]^{\mathrm{T}} \end{Bmatrix}$$

$$\tag{8-67}$$

再将式（8-67）代入式（8-64）的左端，由于特征矢量的正交性，即可证得由式（8-65）和式（8-66）计算的结构阻尼矩阵是满足式（8-64）的。

### 8.5.2 动力响应分析的振型叠加法

振型叠加法实质上是用系统的固有振型矩阵作为变换矩阵，将方程式（8-54）变成一组非耦合的微分方程。逐个单独求解这些方程，将这些求解结果叠加而得到方程式（8-54）的解。

首先通过模态分析，解出系统前$m$阶特征对$(\omega_i^2, \{\phi_i\})$（$i = 1, 2, \cdots, m$），以振型矩阵$[\Phi] = [\phi_1 \quad \phi_2 \quad \cdots \quad \phi_m]$作变换矩阵，将结点位移矢量表示成：

$$\{\delta\} = [\Phi]\{x\} \tag{8-68}$$

将式（8-68）代入方程式（8-54），且方程式两边前乘$[\Phi]^{\mathrm{T}}$，该方程即可化为以$\{x\}$为基本未知量的非耦合的微分方程组：

$$\{\ddot{x}\} + 2[\Xi][\Omega]\{\dot{x}\} + [\Omega]^2\{x\} = \{P\} \tag{8-69}$$

式中

$$\{P\} = [\Phi]^{\mathrm{T}}\{R\} \tag{8-70}$$

$$[\Omega] = \mathrm{diag}[\omega_1 \quad \omega_2 \quad \cdots \quad \omega_m] \tag{8-71}$$

$$[\Xi] = \mathrm{diag}[\xi_1 \quad \xi_2 \quad \cdots \quad \xi_m] \tag{8-72}$$

方程式（8-69）的初始条件由式（8-55）、式（8-68）及式（8-20）得到，在 $t = 0$ 时：

$$\left.\begin{array}{l} \{x^{(0)}\} = [\Phi]^{\mathrm{T}}[M]\{\delta^{(0)}\} \\ \{\dot{x}^{(0)}\} = [\Phi]^{\mathrm{T}}[M]\{\dot{\delta}^{(0)}\} \end{array}\right\} \tag{8-73}$$

式（8-71）和式（8-72）代入式（8-69），得到一组非耦合方程：

$$\ddot{x}_i + 2\xi_i\omega_i\dot{x}_i + \omega_i^2 x_i = p_i \qquad (i = 1, 2, \cdots, m) \tag{8-74}$$

其初始条件是：

$$\left.\begin{array}{l} x_i\big|_{t=0} = x_i^{(0)} \qquad (i = 1, 2, \cdots, m) \\ \dot{x}_i\big|_{t=0} = \dot{x}_i^{(0)} \qquad (i = 1, 2, \cdots, m) \end{array}\right\} \tag{8-75}$$

方程组中的每一个方程的解都可用杜哈梅尔（Duhamel）积分表示为：

$$x_i = \frac{p_i}{\omega_i'}\int_0^t p_i(\tau)\mathrm{e}^{-\xi_i\omega_i(t-\tau)}\sin[\omega_i'(t-\tau)]\mathrm{d}\tau + \mathrm{e}^{-\xi_i\omega_i t}[\alpha_i\sin(\omega_i't) + \beta_i\cos(\omega_i't)] \tag{8-76}$$

式中，$\omega_i' = \omega_i\sqrt{1 - \xi_i^2}$，$\alpha_i$ 和 $\beta_i$ 由初始条件定出，积分采用数值方法计算。

求得 $x_i$（$i = 1, 2, \cdots, m$）后，忽略高阶振型的响应，按式（8-68）将 $1 \sim m$ 阶振型叠加，便得到系统的响应为：

$$\{\delta\} = \sum_{i=1}^m x_i\{\phi_i\} \tag{8-77}$$

振型叠加法用于只有较少激发振型情况的计算，或用于计算响应时间较长的情况，即稳态分析的情况。而下面要介绍的逐步积分法则用于激发振型较多的情况，或计算响应时间短促的情况，即瞬态分析的情况。

### 8.5.3 动力响应分析的逐步积分法

逐步积分法是根据动力学方程，由 $t$ 时刻的结点位移、速度和加速度矢量 $\{\delta(t)\}$、$\{\dot{\delta}(t)\}$ 和 $\{\ddot{\delta}(t)\}$，计算 $t + \Delta t$ 时刻的相应矢量 $\{\delta(t + \Delta t)\}$、$\{\dot{\delta}(t + \Delta t)\}$ 和 $\{\ddot{\delta}(t + \Delta t)\}$。下面介绍常用的纽马克（Newmark）法和威尔逊（Wilson）-$\theta$ 法。

#### 8.5.3.1 纽马克法

如果要计算 $0 \sim t_0$ 时间段里的响应，将时间段分成 $n$ 等份，取步长 $\Delta t = t_0/n$，由动力学方程，在时刻 $t + \Delta t$，有：

$$[M]\{\ddot{\delta}(t + \Delta t)\} + [C]\{\dot{\delta}(t + \Delta t)\} + [K]\{\delta(t + \Delta t)\} = \{R(t + \Delta t)\} \tag{8-78}$$

另由拉格朗日（Lagrange）中值定理，$t + \Delta t$ 时刻的速度矢量可表示为：

$$\{\dot{\delta}(t + \Delta t)\} = \{\dot{\delta}(t)\} + \{\ddot{\tilde{\delta}}\}\Delta t \tag{8-79}$$

式中，$\{\ddot{\tilde{\delta}}\}$ 是 $\{\ddot{\delta}\}$ 在区间 $[t, t + \Delta t]$ 中某点的值。近似假设

$$\{\ddot{\tilde{\delta}}\} = (1 - \gamma)\{\ddot{\delta}(t)\} + \gamma\{\ddot{\delta}(t + \Delta t)\} \qquad (0 \leqslant \gamma \leqslant 1) \tag{8-80}$$

将式 (8-80) 代入式 (8-79)，得：

$$\{\dot{\delta}(t+\Delta t)\} = \{\dot{\delta}(t)\} + (1-\gamma)\{\ddot{\delta}(t)\}\Delta t + \gamma\{\ddot{\delta}(t+\Delta t)\}\Delta t \qquad (8\text{-}81)$$

由位移 $\{\delta(t+\Delta t)\}$ 的泰勒 (Taylor) 级数展开，并采用式 (8-80) 的假设，有：

$$\{\delta(t+\Delta t)\} = \{\delta(t)\} + \{\dot{\delta}(t)\}\Delta t + (1-2\beta)\{\ddot{\delta}(t)\}\Delta t^2/2 + 2\beta\{\ddot{\delta}(t+\Delta t)\}\Delta t^2/2 \tag{8-82}$$

式中，$0 \leqslant 2\beta \leqslant 1$。

由式 (8-82) 可得 $\{\ddot{\delta}(t+\Delta t)\}$ 的表达式为：

$$\{\ddot{\delta}(t+\Delta t)\} = \frac{1}{\beta\Delta t^2}(\{\delta(t+\Delta t)\} - \{\delta(t)\}) - \frac{1}{\beta\Delta t}\{\dot{\delta}(t)\} + (1-\frac{1}{2\beta})\{\ddot{\delta}(t)\}\Delta t^2/2 \tag{8-83}$$

将式 (8-83) 代入式 (8-81) 和式 (8-78)，再将式 (8-81) 代入式 (8-78)，可得到关于 $t+\Delta t$ 时刻结构位移矢量 $\{\delta(t+\Delta t)\}$ 的方程，解出 $\{\delta(t+\Delta t)\}$，再分别代入式 (8-81) 和式 (8-83)，计算出 $t+\Delta t$ 时刻的速度和加速度矢量 $\{\dot{\delta}(t+\Delta t)\}$ 和 $\{\ddot{\delta}(t+\Delta t)\}$。这样，根据 $t=0$ 的初始条件 $\{\delta\} = \{\delta(0)\}$ 和 $\{\dot{\delta}\} = \{\dot{\delta}(0)\}$，由动力学方程式 (8-54) 求得 $\{\ddot{\delta}(0)\}$。然后从 $t=0$ 的位移、速度和加速度矢量出发，由式 (8-83)、式 (8-81)、式 (8-78) 求得 $t=\Delta t$ 的相应矢量 $\{\delta(\Delta t)\}$、$\{\dot{\delta}(\Delta t)\}$ 和 $\{\ddot{\delta}(\Delta t)\}$。依次可以求得在 $i \times \Delta t$ ($i = 2, 3, \cdots, n$) 时刻的系统状态矢量 $\{\delta(i\Delta t)\}$、$\{\dot{\delta}(i\Delta t)\}$ 和 $\{\ddot{\delta}(i\Delta t)\}$。

解的稳定性分析表明，当 $\gamma \geqslant 0.5$，$\beta \geqslant 0.25(0.5+\gamma^2)$ 时，纽马克法是无条件稳定的，即在任意初始条件下，对于任何时间步长和系统周期之比 $\Delta t/T$，都不会因算法本身造成解的无限增长；而当 $\gamma > 0.5$ 时，振幅会因算法而减小。这些是应用时应注意的。

### 8.5.3.2　威尔逊-$\theta$ 法

威尔逊-$\theta$ 法与纽马克法的不同之处就在于假设加速度在时间间隔 $t \sim (t+\theta\Delta t)$ 内呈线性变化。因而时刻 $t+\tau$ 的加速度可表示为：

$$\{\ddot{\delta}(t+\tau)\} = \{\ddot{\delta}(t)\} + \frac{\tau}{\theta\Delta t}(\{\ddot{\delta}(t+\theta\Delta t)\} - \{\ddot{\delta}(t)\}) \qquad (0 \leqslant \tau \leqslant \theta\Delta t) \tag{8-84}$$

对式 (8-84) 积分，可得：

$$\{\dot{\delta}(t+\tau)\} = \{\dot{\delta}(t)\} + \tau\{\ddot{\delta}(t)\} + \frac{\tau^2}{2\theta\Delta t}(\{\ddot{\delta}(t+\theta\Delta t)\} - \{\ddot{\delta}(t)\}) \tag{8-85}$$

$$\{\delta(t+\tau)\} = \{\delta(t)\} + \tau\{\dot{\delta}(t)\} + \frac{1}{2}\tau^2\{\ddot{\delta}(t)\} + \frac{\tau^3}{6\theta\Delta t}(\{\ddot{\delta}(t+\theta\Delta t)\} - \{\ddot{\delta}(t)\}) \tag{8-86}$$

在式 (8-85) 和式 (8-86) 中，令 $\tau = \theta\Delta t$，得：

$$\{\dot{\delta}(t+\theta\Delta t)\} = \{\dot{\delta}(t)\} + \frac{\theta\Delta t}{2}(\{\ddot{\delta}(t+\theta\Delta t)\} + \{\ddot{\delta}(t)\}) \tag{8-87}$$

$$\{\delta(t+\theta\Delta t)\} = \{\delta(t)\} + \theta\Delta t\{\dot{\delta}(t)\} + \frac{\theta^2\Delta t^2}{6}(\{\ddot{\delta}(t+\theta\Delta t)\} + 2\{\ddot{\delta}(t)\}) \tag{8-88}$$

由式 (8-87) 和式 (8-88) 可得到用 $\{\delta(t+\theta\Delta t)\}$ 表示的 $\{\dot{\delta}(t+\theta\Delta t)\}$ 和 $\{\ddot{\delta}(t+$

$\theta\Delta t)\}$，即：

$$\{\dot{\delta}(t+\theta\Delta t)\} = \frac{3}{\theta\Delta t}(\{\delta(t+\theta\Delta t)\} - \{\delta(t)\}) - 2\{\dot{\delta}(t)\} - \frac{\theta\Delta t}{2}\{\ddot{\delta}(t)\} \quad (8-89)$$

$$\{\ddot{\delta}(t+\theta\Delta t)\} = \frac{6}{\theta^2\Delta t^2}(\{\delta(t+\theta\Delta t)\} - \{\delta(t)\}) - \frac{6}{\theta\Delta t}\{\dot{\delta}(t)\} - 2\{\ddot{\delta}(t)\} \quad (8-90)$$

在时刻 $t+\theta\Delta t$，动力学方程式（8-54）可表示为：

$$[M]\{\ddot{\delta}(t+\theta\Delta t)\} + [C]\{\dot{\delta}(t+\theta\Delta t)\} + [K]\{\delta(t+\theta\Delta t)\} = \{R(t+\theta\Delta t)\} \quad (8-91)$$

将式（8-89）和式（8-90）代入式（8-91）中，可消除 $\{\dot{\delta}(t+\theta\Delta t)\}$ 和 $\{\ddot{\delta}(t+\theta\Delta t)\}$，从而解得 $\{\delta(t+\theta\Delta t)\}$。然后代入式（8-90），求得 $\{\ddot{\delta}(t+\theta\Delta t)\}$，再由式（8-84）求得 $\{\ddot{\delta}(t+\Delta t)\}$，最后由式（8-85）和式（8-86）计算得到 $\{\dot{\delta}(t+\Delta t)\}$ 和 $\{\delta(t+\Delta t)\}$。

稳定性分析表明，威尔逊-$\theta$ 法当 $\theta \geq 1.37$ 时是无条件稳定的，一般取 $\theta = 1.4$。

【例8.2】图8-3 所示为一个一端沿周边径向约束，另一端沿周边径向和轴向约束的圆管。圆管直径为152.4mm，厚度为7.62mm，长为457.2mm。圆管材料的弹性模量为 $2.07 \times 10^5$MPa，泊松比为0.3，密度为0.3914g/mm³。在圆管中点，沿圆周分布单位长度径向载荷 $p$，载荷-时间历程如图8-4 所示。求圆管中点在0.0008s 内的径向位移响应。

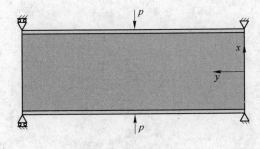

图8-3 圆管加载图

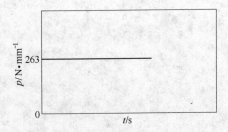

图8-4 载荷-时间历程

考虑分析对象的形状、载荷和约束的轴对称特点，采用轴对称分析模型，用平面四结点单元离散化如图8-5 所示。由于所求响应时间短，用纽马克逐步积分法求解，初始条件取 $t=0$ 时，所有结点位移、速度均为零，积分时间步长为 $10^{-6}$s，取纽马克积分参数 $\gamma = 0.505$，$\beta = 0.2525$，得到0.0008s 内圆管中点径向位移响应如图8-6 所示。

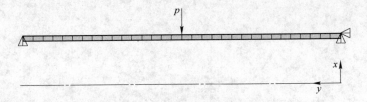

图8-5 圆管响应轴对称分析模型

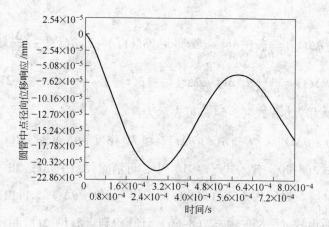

图 8-6 圆管中点径向位移响应曲线

# 9    结构弹性稳定性的有限元分析

工程结构的失效除了静、动态下的强度破坏外，还有一种大变形破坏，如板、杆结构分别在薄膜力和轴向压力作用下发生的屈曲破坏。为避免这种失效，就需要对结构进行弹性稳定性分析。结构在外力作用下的弹性平衡状态受到扰动偏离平衡位置，如扰动消除后仍能恢复原来平衡状态的，称为弹性稳定平衡；如扰动消除后仍不能恢复原来平衡状态，而是在新的状态下平衡的，则原来的平衡称为弹性不稳定平衡。使板、杆结构由稳定平衡过渡到不稳定平衡的薄膜力或轴向压力，称为临界载荷。超过临界载荷的作用力会引起结构发生很大的位移和变形，导致结构的最终破坏。弹性稳定性分析就是确定这种临界载荷。本章介绍受到轴向压力的杆的稳定性分析和在薄膜力作用下的板的稳定性分析。分析的前提条件是变形发生在材料的线弹性区间，屈曲引起小位移过程中轴向力或薄膜力保持不变。

## 9.1    杆的稳定性问题

受到轴向压力发生屈曲的杆相当于同时发生轴向和弯曲变形的梁，轴向力会对弯曲变形产生明显的影响。图 9-1 所示的梁中的一段微元 $dx$，其横截面积为 $A$，轴向力引起的应力为 $\sigma_0$。梁在轴向力作用下发生弯曲变形时，梁微元的变形位置是 $a'b'$。设梁的挠度为 $v$，则梁中应力为：

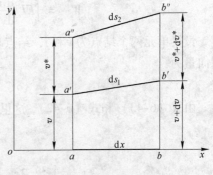

图 9-1    梁微元的位移

$$\sigma = -Ey\frac{d^2v}{dx^2} + \sigma_0 \qquad (9\text{-}1)$$

式中    $-Ey\dfrac{d^2v}{dx^2}$——梁中弯曲应力；

$y$——横截面应力发生点到中性层的距离。

下面用虚位移原理导出梁在轴向力作用下弯曲的平衡方程。设梁微元在变形后的平衡位置 $a'b'$ 被给以微小的虚挠度 $v^*$，由此虚挠度引起的虚应变包含弯曲虚应变和轴向虚应变两项。其中，弯曲虚应变为：

$$\varepsilon_b^* = -y\frac{d^2v^*}{dx^2} \qquad (9\text{-}2)$$

由图 9-1 分析，得轴向虚应变为：

$$\varepsilon_0^* = \frac{ds_2 - ds_1}{ds_1} \qquad (9\text{-}3)$$

式中    $ds_1$，$ds_2$——分别为微元在位置 $a'b'$ 和 $a''b''$ 的长度。

当转角位移 $dv/dx$ 很小时，则有近似式：

$$ds_1 = \sqrt{1 + \left(\frac{dv}{dx}\right)^2}\,dx \approx dx + \frac{1}{2}\left(\frac{dv}{dx}\right)^2 dx \qquad (9\text{-}4)$$

$$ds_2 = \sqrt{1 + \left(\frac{\mathrm{d}(v + v^*)}{\mathrm{d}x}\right)^2} \mathrm{d}x \approx \mathrm{d}x + \frac{1}{2}\left(\frac{\mathrm{d}v}{\mathrm{d}x} + \frac{\mathrm{d}v^*}{\mathrm{d}x}\right)^2 \mathrm{d}x \tag{9-5}$$

将式（9-4）、式（9-5）代入式（9-3），并略去高阶微量，得：

$$\varepsilon_0^* \approx \frac{\mathrm{d}v}{\mathrm{d}x} \cdot \frac{\mathrm{d}v^*}{\mathrm{d}x} \tag{9-6}$$

则由虚挠度 $v^*$ 引起梁的虚应变为：

$$\varepsilon^* = \varepsilon_\mathrm{b}^* + \varepsilon_0^* \approx \frac{\mathrm{d}v}{\mathrm{d}x} \cdot \frac{\mathrm{d}v^*}{\mathrm{d}x} - y\frac{\mathrm{d}^2 v^*}{\mathrm{d}x^2} \tag{9-7}$$

根据虚位移原理，梁上载荷的虚功 $W^*$ 等于内力的虚功，即

$$W^* = \iiint \varepsilon^* \sigma \mathrm{d}V \tag{9-8}$$

将式（9-1）和式（9-7）代入式（9-8），并利用式（9-9）：

$$\iint y\mathrm{d}A = 0, \iint y^2 \mathrm{d}A = I_z, \iint \sigma_0 \mathrm{d}A = P \tag{9-9}$$

式中　$I_z$——截面惯性矩；

$\quad\;\;P$——轴向力，以受拉为正、受压为负。

那么，式（9-8）变为：

$$W^* = \int EI_z \frac{\mathrm{d}^2 v}{\mathrm{d}x^2} \cdot \frac{\mathrm{d}^2 v^*}{\mathrm{d}x^2}\mathrm{d}x + \int P \frac{\mathrm{d}v}{\mathrm{d}x} \cdot \frac{\mathrm{d}v^*}{\mathrm{d}x}\mathrm{d}x \tag{9-10}$$

设梁单元两个结点为 $i$ 和 $j$，结点自由度是挠度 $v_i$、$v_j$ 和转角 $\theta_i$、$\theta_j$，设单元结点位移列向量为：

$$\{\delta\}^\mathrm{e} = \begin{bmatrix} v_i & \theta_i & v_j & \theta_j \end{bmatrix}^\mathrm{T} \tag{9-11}$$

由式（6-43）和式（6-42），这里梁单元的挠度可表示为：

$$v = [N_v]\ \{\delta\}^\mathrm{e} \tag{9-12}$$

式中

$$[N_v] = \left[1 - \frac{3x^2}{l^2} + \frac{2x^3}{l^3} \quad x - \frac{2x^2}{l} + \frac{x^3}{l^2} \quad \frac{3x^2}{l^2} - \frac{2x^3}{l^3} \quad -\frac{x^2}{l} + \frac{x^3}{l^2}\right] \tag{9-13}$$

将式（9-12）代入式（9-10），得：

$$W^* = (\{\delta^*\}^\mathrm{e})^\mathrm{T}\left(\int EI_z([N_v]''_x)^\mathrm{T}[N_v]''_x \mathrm{d}x + \int P\,([N_v]'_x)^\mathrm{T}[N_v]'_x \mathrm{d}x\right)\{\delta\}^\mathrm{e} \tag{9-14}$$

又设单元外载荷列向量为 $\{R\}^\mathrm{e}$，则

$$W^* = (\{\delta^*\}^\mathrm{e})^\mathrm{T}\{R\}^\mathrm{e} \tag{9-15}$$

由式（9-14）和式（9-15），得单元平衡方程为：

$$([k] + [k_\sigma])\{\delta\}^\mathrm{e} = \{R\}^\mathrm{e} \tag{9-16}$$

式中

$$[k] = \int EI_z([N_v]''_x)^\mathrm{T}[N_v]''_x \mathrm{d}x = \frac{2EI_z}{l^3}\begin{bmatrix} 6 & 3l & -6 & 3l \\ 3l & 2l^2 & -3l & l^2 \\ -6 & -3l & 6 & -3l \\ 3l & l^2 & -3l & 2l^2 \end{bmatrix} \tag{9-17}$$

它就是梁单元的弯曲刚度矩阵。

$$[k_\sigma] = \int P([N_v]'_x)^{\mathrm{T}}[N_v]'_x \mathrm{d}x = \frac{P}{30l}\begin{bmatrix} 36 & 3l & -36 & 3l \\ 3l & 4l^2 & -3l & l^2 \\ -36 & -3l & 36 & -3l \\ 3l & -l^2 & -3l & 4l^2 \end{bmatrix} \tag{9-18}$$

它称为单元的几何刚度矩阵，或称初应力刚度矩阵，它仅与单元的几何特性和轴向力有关。

按有限元法的结点平衡原理，由所有单元平衡方程集合，并经过边界条件处理得整体平衡方程：

$$([K]+[K_\sigma])\{\delta\} = \{R\} \tag{9-19}$$

式中 $\{\delta\}$，$\{R\}$——分别为整体结点位移列向量和载荷列向量。

设 $P^e$ 为各单元初始轴向力，将各单元几何刚度矩阵中的轴向力表达为：

$$P = \lambda P^e \tag{9-20}$$

这时式（9-19）中的几何刚度矩阵变为 $\lambda[K_\sigma]$。可以各单元几何刚度矩阵的轴向力的共同因子 $\lambda$ 来改变初应力大小，以求出杆在直线和屈曲状态下都能平衡的 $\lambda$。设屈曲位移为 $\{\delta\}$，则有：

$$([K]+\lambda[K_\sigma])\{0\} = \{R\}$$
$$([K]+\lambda[K_\sigma])\{\delta\} = \{R\} \tag{9-21}$$

由此可得：

$$([K]+\lambda[K_\sigma])\{\delta\} = \{0\} \tag{9-22}$$

于是，稳定性问题可以归结为广义特征值问题，特征值 $\lambda_i$ 和特征矢量 $\{\phi_i\}$（$i=1$，$2$，$\cdots$，$n$）分别表征各阶临界载荷大小及相应的屈曲形式，但只有最小临界载荷才有意义。

## 9.2 板的稳定性问题

正如梁的稳定问题是由轴向力的作用引起的，板的稳定问题是由薄膜力的作用引起的。设板的中面薄膜应力列阵为：

$$\{\sigma^{\mathrm{pl}}\} = \begin{bmatrix} \sigma_x^{\mathrm{pl}} & \sigma_y^{\mathrm{pl}} & \tau_{xy}^{\mathrm{pl}} \end{bmatrix}^{\mathrm{T}} \tag{9-23}$$

在板微元上，中面薄膜应力各分量单位长度上的合力 $N_x$、$N_y$ 和 $N_{xy}$ 的方向如图9-2所示。根据式（7-2），其弯曲应变为：

$$\{\varepsilon^{\mathrm{b}}\} = \begin{Bmatrix} \varepsilon_x^{\mathrm{b}} \\ \varepsilon_y^{\mathrm{b}} \\ \gamma_{xy}^{\mathrm{b}} \end{Bmatrix} = -z\begin{Bmatrix} \dfrac{\partial^2 w}{\partial x^2} \\ \dfrac{\partial^2 w}{\partial y^2} \\ 2\dfrac{\partial^2 w}{\partial x\partial y} \end{Bmatrix} \tag{9-24}$$

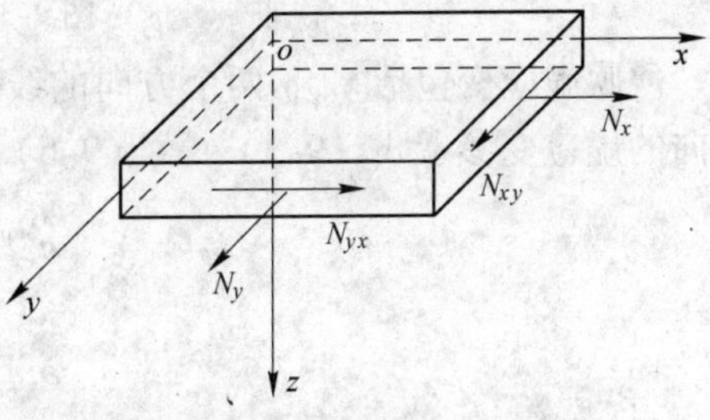

图9-2 板的薄膜力

令

$$\{\tilde{\boldsymbol{\varepsilon}}\} = \left\{ \begin{array}{c} \dfrac{\partial^2 w}{\partial x^2} \\[3mm] \dfrac{\partial^2 w}{\partial y^2} \\[3mm] 2\dfrac{\partial^2 w}{\partial x \partial y} \end{array} \right\} \tag{9-25}$$

则

$$\{\varepsilon^{\mathrm{b}}\} = -z\{\tilde{\boldsymbol{\varepsilon}}\} \tag{9-26}$$

根据式（7-3），板弯曲应力列阵为：

$$\{\sigma^{\mathrm{b}}\} = [D]\{\varepsilon^{\mathrm{b}}\} = -z[D]\{\tilde{\boldsymbol{\varepsilon}}\} \tag{9-27}$$

板内总应力列阵为：

$$\{\sigma\} = \{\sigma^{\mathrm{pl}}\} + \{\sigma^{\mathrm{b}}\} = \{\sigma^{\mathrm{pl}}\} - z[D]\{\tilde{\boldsymbol{\varepsilon}}\} \tag{9-28}$$

如图 9-3 所示，在板微元弯曲变形后的平衡位置 $ABC$ 附近，给一个任意微小的虚挠度 $w^*$，由虚挠度 $w^*$ 引起板的虚应变包含两部分：薄膜虚应变和弯曲虚应变。其中，弯曲虚应变为：

$$\{\varepsilon^{*\mathrm{b}}\} = -z\{\tilde{\boldsymbol{\varepsilon}}^*\} \tag{9-29}$$

式中

$$\{\tilde{\boldsymbol{\varepsilon}}^*\} = \left\{ \begin{array}{c} \dfrac{\partial^2 w^*}{\partial x^2} \\[3mm] \dfrac{\partial^2 w^*}{\partial y^2} \\[3mm] 2\dfrac{\partial^2 w^*}{\partial x \partial y} \end{array} \right\} \tag{9-30}$$

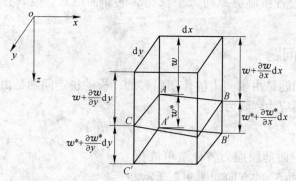

图 9-3　板微元的位移

薄膜虚应变包括 $x$、$y$ 两个方向的线性虚应变和 $xy$ 平面的剪切虚应变。在 $x$、$y$ 两个方向的虚应变参考式（9-3）～式（9-6），有：

$$\begin{aligned} \varepsilon_x^{*\mathrm{pl}} &\approx \frac{\partial w}{\partial x} \cdot \frac{\partial w^*}{\partial x} \\[3mm] \varepsilon_y^{*\mathrm{pl}} &\approx \frac{\partial w}{\partial y} \cdot \frac{\partial w^*}{\partial y} \end{aligned} \tag{9-31}$$

薄膜剪切虚应变如图 9-3 所示，是挠度 $w + w^*$ 以及挠度 $w$ 所引起的剪切应变之差，

挠度 $w$ 所引起的剪切应变 $\gamma_{xy}^{\mathrm{pl}}$ 为 $AB$、$AC$ 夹角的变化，即：

$$\gamma_{xy}^{\mathrm{pl}} \approx \frac{AB \cdot AC}{|AB||AC|} \tag{9-32}$$

式中

$$\left.\begin{array}{l} AB = \left(i + \dfrac{\partial w}{\partial x}k\right)\mathrm{d}x \\[3mm] AC = \left(j + \dfrac{\partial w}{\partial y}k\right)\mathrm{d}y \end{array}\right\} \tag{9-33}$$

式（9-33）代入式（9-32），略去高阶微量，则得：

$$\gamma_{xy}^{\mathrm{pl}} \approx \frac{\partial w}{\partial x} \cdot \frac{\partial w}{\partial y} \tag{9-34}$$

而由挠度 $w + w^*$ 引起的薄膜剪切应变为：

$$\gamma_{xy}^{\mathrm{pl}} + \gamma_{xy}^{*\,\mathrm{pl}} \approx \left(\frac{\partial w}{\partial x} + \frac{\partial w^*}{\partial x}\right)\left(\frac{\partial w}{\partial y} + \frac{\partial w^*}{\partial y}\right) \tag{9-35}$$

由式（9-35）减去式（9-34），则得板的薄膜剪切虚应变为：

$$\gamma_{xy}^{*\,\mathrm{pl}} \approx \frac{\partial w}{\partial x} \cdot \frac{\partial w^*}{\partial y} + \frac{\partial w}{\partial y} \cdot \frac{\partial w^*}{\partial x} \tag{9-36}$$

因此，平板虚挠度引起的总虚应变为：

$$\{\varepsilon^*\} = \{\varepsilon^{*\mathrm{pl}}\} + \{\varepsilon^{*\mathrm{b}}\} = \left\{\begin{array}{c} \dfrac{\partial w}{\partial x} \cdot \dfrac{\partial w^*}{\partial x} \\[3mm] \dfrac{\partial w}{\partial y} \cdot \dfrac{\partial w^*}{\partial y} \\[3mm] \dfrac{\partial w}{\partial x} \cdot \dfrac{\partial w^*}{\partial y} + \dfrac{\partial w}{\partial y} \cdot \dfrac{\partial w^*}{\partial x} \end{array}\right\} - z\left\{\begin{array}{c} \dfrac{\partial^2 w^*}{\partial x^2} \\[3mm] \dfrac{\partial^2 w^*}{\partial y^2} \\[3mm] 2\dfrac{\partial^2 w^*}{\partial x\partial y} \end{array}\right\} \tag{9-37}$$

由虚位移原理，板上载荷所做的虚功 $W^*$ 等于内力的虚功，即：

$$W^* = \int \{\varepsilon^*\}^{\mathrm{T}}\{\sigma\}\,\mathrm{d}V \tag{9-38}$$

将式（9-28）和式（9-37）代入式（9-38），并利用下列等式：

$$\int_{-\frac{h}{2}}^{\frac{h}{2}} z\mathrm{d}z = 0,\ \int_{-\frac{h}{2}}^{\frac{h}{2}} z^2\mathrm{d}z = \frac{h^3}{12},\ \int_{-\frac{h}{2}}^{\frac{h}{2}} \sigma_x^{\mathrm{pl}}\mathrm{d}z = N_x,\ \int_{-\frac{h}{2}}^{\frac{h}{2}} \sigma_y^{\mathrm{pl}}\mathrm{d}z = N_y,\ \int_{-\frac{h}{2}}^{\frac{h}{2}} \tau_{xy}^{\mathrm{pl}}\mathrm{d}z = N_{xy} \tag{9-39}$$

式中　$N_x$，$N_y$，$N_{xy}$——分别为图 9-2 所示的单位长度上的薄膜法向力和剪切力；

　　　　$h$——板厚；

　　　　$\tau_{xy}$——板的横截面剪应力。

于是有：

$$W^* = \frac{h^3}{12}\iint \{\tilde{\varepsilon}^*\}^{\mathrm{T}}[D]\{\tilde{\varepsilon}\}\,\mathrm{d}x\mathrm{d}y + \iint \left[\frac{\partial w^*}{\partial x}\ \ \frac{\partial w^*}{\partial y}\right]\begin{bmatrix} N_x & N_{xy} \\ N_{xy} & N_y \end{bmatrix}\left\{\begin{array}{c} \dfrac{\partial w}{\partial x} \\[3mm] \dfrac{\partial w}{\partial y} \end{array}\right\}\mathrm{d}x\mathrm{d}y \tag{9-40}$$

按有限元法，板单元中任一点的位移 $w$ 可表示为：

$$w = [N]\{\delta\}^{\mathrm{e}} \tag{9-41}$$

式中，$[N]$ 为对应位移模式的形函数矩阵。并可导出：

$$\{\tilde{\varepsilon}\} = [\tilde{B}]\{\delta\}^e \tag{9-42}$$

$$\begin{Bmatrix} \dfrac{\partial w}{\partial x} \\ \dfrac{\partial w}{\partial y} \end{Bmatrix} = [G]\{\delta\}^e \tag{9-43}$$

将式（9-42）和式（9-43）代入式（9-40），得：

$$W^* = (\{\delta^*\}^e)^{\mathrm{T}}\left(\frac{h^3}{12}\iint[\tilde{B}]^{\mathrm{T}}[D][\tilde{B}]\mathrm{d}x\mathrm{d}y + \iint[G]^{\mathrm{T}}\begin{bmatrix} N_x & N_{xy} \\ N_{xy} & N_y \end{bmatrix}[G]\mathrm{d}x\mathrm{d}y\right)\{\delta\}^e \tag{9-44}$$

如果用 $\{R\}^e$ 表示单元等效结点力，则有：

$$W^* = (\{\delta^*\}^e)^{\mathrm{T}}\{R\}^e \tag{9-45}$$

则

$$\left(\frac{h^3}{12}\iint[\tilde{B}]^{\mathrm{T}}[D][\tilde{B}]\mathrm{d}x\mathrm{d}y + \iint[G]^{\mathrm{T}}\begin{bmatrix} N_x & N_{xy} \\ N_{xy} & N_y \end{bmatrix}[G]\mathrm{d}x\mathrm{d}y\right)\{\delta\}^e = \{R\}^e \tag{9-46}$$

记

$$[k] = \frac{h^3}{12}\iint[\tilde{B}]^{\mathrm{T}}[D][\tilde{B}]\mathrm{d}x\mathrm{d}y \tag{9-47}$$

$$[k_\sigma] = \iint[G]^{\mathrm{T}}\begin{bmatrix} N_x & N_{xy} \\ N_{xy} & N_y \end{bmatrix}[G]\mathrm{d}x\mathrm{d}y \tag{9-48}$$

将式（9-47）和式（9-48）代入式（9-46），则有：

$$([k] + [k_\sigma])\{\delta\}^e = \{R\}^e \tag{9-49}$$

式中 $[k]$——板单元刚度矩阵；

$[k_\sigma]$——板单元几何刚度矩阵。

具体板单元几何刚度矩阵的推导详见参考文献［1］的第10章。类似杆的稳定性分析方法，经过单元平衡方程的集合和边界条件的处理，可得板稳定性问题对应的特征值问题表达式为：

$$([K] + \lambda[K_\sigma])\{\delta\} = 0 \tag{9-50}$$

式中 $[K]$——板的整体刚度矩阵；

$[K_\sigma]$——板的整体几何刚度矩阵。

解得的各阶特征对 $\lambda_i$、$\{\phi_i\}$（$i = 1, 2, \cdots, n$），它们分别表示对应薄膜力分布的各阶临界值的因子和屈曲模态。设各单元给定薄膜力为 $\tilde{N}_x$、$\tilde{N}_y$ 和 $\tilde{N}_{xy}$，则各阶临界值为 $N_x = \lambda_i\tilde{N}_x$、$N_y = \lambda_i\tilde{N}_y$ 和 $N_{xy} = \lambda_i\tilde{N}_{xy}$。

【例9.1】桥式起重机偏轨型箱形主梁上的小车轨道位于主腹板的正上方，小车轮压在腹板内产生的薄膜力过大会造成腹板的失稳屈曲，因此往往要进行稳定性分析。本例取一段箱形梁来说明板壳结构的稳定性分析。

图9-4所示为一段由4块横向大肋板分隔成3个区隔组成的箱形梁。梁的上下盖板厚度为10mm，左右腹板和横向肋板厚度为8mm，上下盖板间距为1500mm，左右腹板间距为700mm，肋板间距为2000mm。梁的两端简支，在中间区隔右腹板上作用两个集中力，

用壳单元离散化，形成有限元分析模型。梁的材料为 16Mn，弹性模量为 $2.1 \times 10^5$ MPa，泊松比为 0.3。求结构发生失稳的临界载荷和失稳模态。

分析包含两个步骤。首先取每个集中力为单位载荷或足够大的某一整数载荷，如 10000N，进行一般静力分析，求出各单元的由薄膜力引起的初应力，以便形成式（9-50）中的几何刚度矩阵。然后进行稳定性特征值分析，求得式（9-50）中的最小特征值 $\lambda = 28.033$。由于外载荷和结构内力的线性关系，用 $\lambda$ 去乘前面所取的集中力的值，就得到所求的结构失稳临界集中力为 $28.033 \times 10000$N $= 280330$N。而用此集中力数值进行一般静力学分析，所得最大米塞斯（Mises）等效应力仅 86.19MPa。由此可见，这种薄板结构稳定性分析是必要的。图 9-5 所示为梁的失稳模态，在跨中两个 280330N 的集中力作用下，中部腹板发生了翘曲。

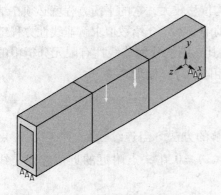

图 9-4  箱形梁分析模型

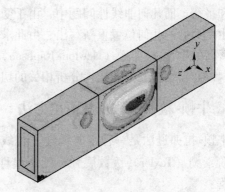

图 9-5  箱形梁的失稳模态

# 10　几何非线性问题的有限元分析

固体力学中的非线性问题分为两类：几何非线性问题和材料非线性问题。材料非线性问题又包含非线性弹性问题和非线性弹塑性问题。几何非线性也是大位移问题，但其材料的应力应变关系仍是线性的。一般工程结构的非线性分析也多是考虑几何非线性。结构的线性分析是在小位移的前提下进行，这时近似认为结构受载后的变形不影响原来的力系的特征和平衡。而几何非线性问题中，由于受载后结构位移较大，它的平衡方程就必须在结构发生变形后的几何位置重新写出，由此求出相应的解。本章介绍数值求解非线性方程组的最著名的牛顿-拉弗逊（Newton-Raphson）法，及其在结构几何非线性有限元分析中的应用，以及与结构几何非线性分析相关的切线刚度矩阵的计算原理。

## 10.1　牛顿-拉弗逊法及其衍生方法

牛顿-拉弗逊法是一种将非线性方程线性化求解的方法。当连续函数 $\Psi(x)$ 在 $x_n$ 点做一阶泰勒（Taylor）级数展开，则非线性方程 $\Psi(x)=0$ 在 $x_n$ 点附近的近似方程是线性方程：

$$\Psi(x_n)+(\Psi'_x)_n(x-x_n)=0 \tag{10-1}$$

设 $(\Psi'_x)_n\neq0$，方程式（10-1）的迭代解为：

$$\left.\begin{array}{l}\Delta x_n=-\Psi(x_n)/(\Psi'_x)_n\\ x_{n+1}=x_n+\Delta x_n\end{array}\right\} \tag{10-2}$$

几何非线性问题中的结构平衡方程为：

$$[K]\{\delta\}-\{R\}=0 \tag{10-3}$$

由于平衡方程是描述变形后的几何位置上的平衡,结构的刚度矩阵与几何变形有函数关系,因此,式(10-3)中

$$[K]=[K(\{\delta\})] \tag{10-4}$$

将牛顿-拉弗逊法应用在几何非线性问题的结构分析中，设

$$\{\Psi(\{\delta\})\}=[K(\{\delta\})]\{\delta\}-\{R\} \tag{10-5}$$

参照式（10-2），则用牛顿-拉弗逊法求解：

$$\{\Psi(\{\delta\})\}=0 \tag{10-6}$$

式（10-6）的根的迭代式可写成：

$$\left.\begin{array}{l}(\Delta\{\delta\})_n=\left(\dfrac{\mathrm{d}\{\Psi(\{\delta\})\}}{\mathrm{d}\{\delta\}}\right)_n^{-1}(\{R\}-[K(\{\delta\}_n)]\{\delta\}_n)\\ \{\delta\}_{n+1}=\{\delta\}_n+(\Delta\{\delta\})_n\end{array}\right\} \tag{10-7}$$

其中，$\{\delta\}_1$ 的值近似取线性问题的解。令

$$[K_\mathrm{T}]=\frac{\mathrm{d}\{\Psi(\{\delta\})\}}{\mathrm{d}\{\delta\}} \tag{10-8}$$

式中　　$[K_T]$——切线刚度矩阵，代表$[K(\{\delta\})]\{\delta\}$变化的斜率。

将式（10-8）代入式（10-7），则迭代公式可写为：

$$\left.\begin{array}{l} (\Delta\{\delta\})_n = [K_T]_n^{-1}(R - [K(\{\delta\}_n)]\{\delta\}_n) \\ \{\delta\}_{n+1} = \{\delta\}_n + (\Delta\{\delta\})_n \end{array}\right\} \tag{10-9}$$

对于单自由度系统，其迭代过程如图10-1所示。

上述牛顿-拉弗逊法的迭代过程中的每一次迭代都要计算一次切线刚度矩阵，计算工作量大。鉴于此，有一种修正的牛顿-拉弗逊法，其迭代公式为：

$$\left.\begin{array}{l} (\Delta\{\delta\})_n = [K_T]_0^{-1}(\{R\} - [K(\{\delta\}_n)]\{\delta\}_n) \\ \{\delta\}_{n+1} = \{\delta\}_n + (\Delta\{\delta\})_n \end{array}\right\} \tag{10-10}$$

每次迭代中，$[K_T]$的值不变，可取线性问题刚度矩阵$[K_T]_0$，减少了计算工作量，但可能收敛较慢。对于单自由度系统，其迭代过程如图10-2所示。

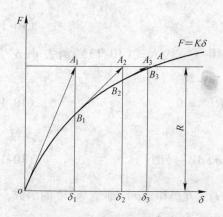

图10-1　牛顿-拉弗逊法迭代过程

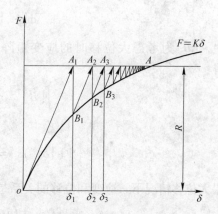

图10-2　修正的牛顿-拉弗逊法迭代过程

另外，有一种求解结构分析几何非线性问题的载荷增量法，可视为牛顿-拉弗逊法的改进。该法将载荷分为若干小的载荷步，每个载荷步中仅做一次牛顿-拉弗逊迭代，有一个切线刚度。不同的载荷步则有不同的切线刚度。实质上就是把非线性问题化为若干个线性问题。其迭代公式为：

$$\left.\begin{array}{l} (\Delta\{\delta\})_n = [K_T]_n^{-1}(\Delta\{R\})_n \\ \{\delta\}_{n+1} = \{\delta\}_n + (\Delta\{\delta\})_n \end{array}\right\} \tag{10-11}$$

对于单自由度系统，其迭代过程如图10-3所示。

还有一种混合法，按载荷增量法将载荷分为若干步，但在每一增量步长内使用几次牛顿-拉弗逊迭代，

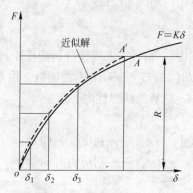

图10-3　载荷增量法迭代过程

以得到较精确的解。在每一载荷步内，第一个子步用上一载荷步的最后子步的解作为初始解，第$n$个载荷步内的迭代公式为：

$$\left.\begin{array}{l} (\Delta\{\delta\})_n^m = ([K_T]_n^m)^{-1}((\Delta\{R\})_n - [K(\{\delta\}_n^m)]\{\delta\}_n^m) \\ \{\delta\}_n^{m+1} = \{\delta\}_n^m + (\Delta\{\delta\})_n^m \end{array}\right\} \tag{10-12}$$

式中　$n$——载荷步数；

　　　$m$——一个载荷步内的子步数。

　　在上述非线性问题求解方法中，对于不同的具体问题，有的可能收敛较慢，有的甚至不收敛。这就要求在具体应用中多选择几种方法试算，或及时更换计算方法。上述迭代公式中都离不开切线刚度矩阵的计算，它是运用牛顿-拉弗逊迭代法及其衍生方法的关键。下面就讨论这一问题。

## 10.2　切线刚度矩阵

　　增量形式的单元平衡的虚位移原理可以表示为：

$$(\mathrm{d}\{\delta^*\}^\mathrm{e})^\mathrm{T}\{R\}^\mathrm{e} = \int \mathrm{d}\{\varepsilon^*\}^\mathrm{T}\{\sigma\}\mathrm{d}V \tag{10-13}$$

式中，虚应变增量可以表示为：

$$\mathrm{d}\{\varepsilon^*\} = [\widetilde{B}]\mathrm{d}\{\delta^*\}^\mathrm{e} \tag{10-14}$$

式中，$[\widetilde{B}]$ 为考虑大位移时的应变矩阵。将式（10-14）代入式（10-13），消去 $\mathrm{d}\{\delta^*\}^\mathrm{e}$，可得：

$$\int [\widetilde{B}]^\mathrm{T}\{\sigma\}\mathrm{d}V - \{R\}^\mathrm{e} = 0 \tag{10-15}$$

令

$$\{\Psi(\{\delta\}^\mathrm{e})\} = \int [\widetilde{B}]^\mathrm{T}\{\sigma\}\mathrm{d}V - \{R\}^\mathrm{e} \tag{10-16}$$

如果大位移情况下，应变和位移的关系是非线性的，$[\widetilde{B}]$ 和 $\{\sigma\}$ 都是 $\{\delta\}^\mathrm{e}$ 的函数，则

$$\mathrm{d}\{\Psi(\{\delta\}^\mathrm{e})\} = \int \mathrm{d}[\widetilde{B}]^\mathrm{T}\{\sigma\}\mathrm{d}V + \int [\widetilde{B}]^\mathrm{T}\mathrm{d}\{\sigma\}\mathrm{d}V \tag{10-17}$$

式中，$[\widetilde{B}]$ 可分解为：

$$[\widetilde{B}] = [B] + [B_1(\{\delta\}^\mathrm{e})] \tag{10-18}$$

式中　$[B]$——线性分析应变矩阵；

$[B_1(\{\delta\}^\mathrm{e})]$——$\{\delta\}^\mathrm{e}$ 的函数，由非线性变形部分引起。

　　材料为线弹性时，有：

$$\{\sigma\} = [D](\{\varepsilon\} - \{\varepsilon_0\}) + \{\sigma_0\} \tag{10-19}$$

式中　$\{\varepsilon_0\}$——初应变列向量；

　　　$\{\sigma_0\}$——初应力列向量。

　　而

$$\mathrm{d}\{\sigma\} = [D]\mathrm{d}\{\varepsilon\} = [D][\widetilde{B}]\mathrm{d}\{\delta\}^\mathrm{e} \tag{10-20}$$

　　由式（10-18）得：

$$\mathrm{d}[\widetilde{B}] = \mathrm{d}[B_1] \tag{10-21}$$

将式（10-20）、式（10-21）代入式（10-17），得：

$$\mathrm{d}\{\Psi\} = \int \mathrm{d}[B_1]^\mathrm{T}\{\sigma\}\mathrm{d}V + \int [\widetilde{B}]^\mathrm{T}[D][\widetilde{B}]\mathrm{d}V\mathrm{d}\{\delta\}^\mathrm{e} \tag{10-22}$$

式（10-22）中，令

$$\int d[B_1]^T\{\sigma\}dV = [k_\sigma]d\{\delta\}^e \tag{10-23}$$

$$\int[\widehat{B}]^T[D][\widehat{B}]dV = [k] + [k_1] \tag{10-24}$$

由式（10-18），式（10-24）中

$$[k] = \int[B]^T[D][B]dV \tag{10-25}$$

$$[k_1] = \int([B]^T[D][B_1] + [B_1]^T[D][B_1] + [B_1]^T[D][B])dV \tag{10-26}$$

将式（10-23）~式（10-26）代入式（10-22），得：

$$d\{\Psi\} = ([k] + [k_\sigma] + [k_1])d\{\delta\}^e = [k_T]d\{\delta\}^e \tag{10-27}$$

即单元的切线刚度矩阵为：

$$[k_T] = [k] + [k_\sigma] + [k_1] \tag{10-28}$$

单元的切线刚度矩阵可通过式（10-23）、式（10-25）、式（10-26）和式（10-28）求出，采用线性问题刚度矩阵的集合方法，可由单元的切线刚度矩阵求得结构的切线刚度矩阵，用于结构的非线性问题的迭代求解。

下面以梁单元为例说明单元切线刚度矩阵的计算。梁单元的线应变包括拉压应变 $\varepsilon_a$ 和弯曲应变 $\varepsilon_b$，其中

$$\varepsilon_a = \frac{du}{dx} + \frac{1}{2}\left(\frac{dv}{dx}\right)^2 \tag{10-29}$$

$$\varepsilon_b = -y\frac{d^2v}{dx^2} \tag{10-30}$$

第 6.2 节中为了区分局部坐标和整体坐标，将局部坐标下的位移以及坐标用带上标的符号 $u'$、$v'$ 和 $x'$ 表示，实际意义与本节的位移符号 $u$、$v$ 以及坐标 $x$ 对应相同。参考第 6.2 节的式（6-44）的第一项 $\varepsilon_a$ 在其右边等号后的对应表达式，上面的式（10-29）中拉压线应变 $\varepsilon_a$ 的表达式多出了第二项。第二项是考虑横向位移引起的单元的轴向伸长，这就是大位移情况下产生的非线性项。第二项的表达式可参考第 9.1 节的式（9-4）和图 9-1。因此，参考式（6-48）和式（6-49），梁单元中的应变可表达为：

$$\begin{aligned}\varepsilon &= \varepsilon_a + \varepsilon_b = \frac{du}{dx} + \frac{1}{2}\left(\frac{dv}{dx}\right)^2 - y\frac{d^2v}{dx^2}\\
&= N'_u(x)\{\delta\}^e - yN''_v(x)\{\delta\}^e + \frac{1}{2}(N'_v(x)\{\delta\}^e)^2\\
&= (N'_u(x) - yN''_v(x))\{\delta\}^e + \frac{1}{2}N'_v(x)\{\delta\}^e N'_v(x)\{\delta\}^e\\
&= [\widehat{B}]\{\delta\}^e\end{aligned} \tag{10-31}$$

对照式（10-18），可见：

$$[B] = N'_u(x) - yN''_v(x) \tag{10-32}$$

$$[B_1(\{\delta\}^e)] = \frac{1}{2}N'_v(x)\{\delta\}^e N'_v(x) \tag{10-33}$$

将式（10-32）和式（10-33）代入式（10-25）和式（10-26），就可求得 $[k]$ 和 $[k_1]$。

另外，对于梁单元，有：

$$\{\sigma\} = \sigma = N/A - M_z y / I_z \tag{10-34}$$

式中  $N$, $M_z$——分别为单元的轴力和弯矩；

$A$, $I_z$——分别为单元的截面积和主惯性矩。

再由式（10-23）和式（10-33）可得：

$$[k_\sigma] \mathrm{d}\{\delta\}^e = \frac{1}{2} \int [N_v'(x)]^{\mathrm{T}} (N/A - M_z y / I_z) [N_v'(x)] \mathrm{d}V \mathrm{d}\{\delta\}^e \tag{10-35}$$

由式（10-35）可见：

$$[k_\sigma] = \frac{1}{2} \int [N_v'(x)]^{\mathrm{T}} (N/A - M_z y / I_z) [N_v'(x)] \mathrm{d}V \tag{10-36}$$

求出了 $[k]$、$[k_1]$ 和 $[k_\sigma]$ 后，就可由式（10-28）求得单元切线刚度矩阵，然后得到结构的切线刚度矩阵。

# 11 结构与其他物理场的耦合分析

工程中的结构在受到力载荷作用的同时，往往还受到周围物理环境的影响或其他物理量的作用。比如高温热流环境中的冶金设备、受到流动液体压力作用的容器等。在这些情况下，结构的性能以及与之相互作用的其他介质或环境因素的性能变化就需要进行不同物理场的耦合分析。不同物理场的耦合分析有强耦合和弱耦合之分。静态强耦合分析可用以下有限元方程表示：

$$\begin{bmatrix} \boldsymbol{K}_{11} & \boldsymbol{K}_{12} \\ \boldsymbol{K}_{21} & \boldsymbol{K}_{22} \end{bmatrix} \begin{Bmatrix} \boldsymbol{\delta}_1 \\ \boldsymbol{\delta}_2 \end{Bmatrix} = \begin{Bmatrix} \boldsymbol{F}_1 \\ \boldsymbol{F}_2 \end{Bmatrix} \tag{11-1}$$

式中　　$\{\delta_1\}$，$\{F_1\}$——分别为一种物理场的未知量列向量和载荷列向量；

$\{\delta_2\}$，$\{F_2\}$——分别为与之耦合的另一种物理场的未知量列向量和载荷列向量。

其耦合效应通过矩阵 $[K_{12}]$ 和 $[K_{21}]$ 来考虑。

静态弱耦合分析的有限元方程为：

$$\begin{bmatrix} \boldsymbol{K}_{11}(\boldsymbol{\delta}_1,\boldsymbol{\delta}_2) & 0 \\ 0 & \boldsymbol{K}_{22}(\boldsymbol{\delta}_1,\boldsymbol{\delta}_2) \end{bmatrix} \begin{Bmatrix} \boldsymbol{\delta}_1 \\ \boldsymbol{\delta}_2 \end{Bmatrix} = \begin{Bmatrix} \boldsymbol{F}_1(\boldsymbol{\delta}_1,\boldsymbol{\delta}_2) \\ \boldsymbol{F}_2(\boldsymbol{\delta}_1,\boldsymbol{\delta}_2) \end{Bmatrix} \tag{11-2}$$

其耦合效应通过 $[K_{11}]$ 和 $[F_1]$ 对 $\{\delta_2\}$ 的相关性，以及 $[K_{22}]$ 和 $[F_2]$ 对 $\{\delta_1\}$ 的相关性来考虑。

与结构有关的耦合分析主要有热-结构分析、流体-结构分析、磁-结构分析、压电分析等。下面主要介绍热-结构分析和流体-结构分析的方法。

## 11.1 热-结构分析

### 11.1.1 一维热传导的有限元分析

对于图 11-1 所示的微元体，根据能量守恒定律有：

$$q_x A \mathrm{d}t + Q A \mathrm{d}x \mathrm{d}t - c(\rho A \mathrm{d}x)\mathrm{d}T - q_{x+\mathrm{d}x} A \mathrm{d}t - q_h l \mathrm{d}x \mathrm{d}t = 0 \tag{11-3}$$

式中　　$T$——微元体的温度；

$q_x$，$q_{x+\mathrm{d}x}$——分别为流入边界表面 $x$ 和流出边界表面 $x+$ $\mathrm{d}x$ 的单位面积热；

$Q$——内热源单位时间单位体积产生的热；

$c$——比热容；

$\rho$——质量密度；

$A$——垂直于热流 $q_x$ 的面积；

$l$——对流表面垂直于 $x$ 方向的周长；

$t$——时间；

$q_h$——边界上由对流形成的单位面积上的热流量；

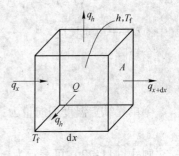

图 11-1　有对流的
一维热传导微元体

$$q_h = h \ (T - T_f) \tag{11-4}$$

式中 $h$——对流系数；

$T_f$——周围流体的温度。

根据傅里叶热传导定律：

$$q_x = -k_{xx}\frac{\mathrm{d}T}{\mathrm{d}x} \tag{11-5}$$

式中 $k_{xx}$——$x$ 方向导热系数。

对式（11-5）应用一阶泰勒级数展开，可得：

$$q_{x+\mathrm{d}x} = -\left[ k_{xx}\frac{\mathrm{d}T}{\mathrm{d}x} + \frac{\mathrm{d}}{\mathrm{d}x}\left( k_{xx}\frac{\mathrm{d}T}{\mathrm{d}x}\right)\mathrm{d}x \right] \tag{11-6}$$

将式（11-4）～式（11-6）代入式（11-3），并除以 $A\mathrm{d}x\mathrm{d}t$，得热传导方程为：

$$\frac{\partial}{\partial x}\left( k_{xx}\frac{\partial T}{\partial x}\right) + Q = \rho c\frac{\partial T}{\partial t} + \frac{hl}{A}\ (T - T_f) \tag{11-7}$$

对温度不随时间改变的稳态热传导，有：

$$\frac{\partial}{\partial x}\left( k_{xx}\frac{\partial T}{\partial x}\right) + Q = \frac{hl}{A}\ (T - T_f) \tag{11-8}$$

对应的可能的边界条件包括：

（1）在已知温度边界 $S_1$ 有：

$$T = T_0 \tag{11-9}$$

（2）在温度梯度已知边界 $S_2$ 有：

$$-k_{xx}\frac{\mathrm{d}T}{\mathrm{d}x} = \tilde{q}_x \tag{11-10}$$

（3）$\tilde{q}_x$ 为常量，在固体/流体界面 $S_3$ 上有：

$$-k_{xx}\frac{\mathrm{d}T}{\mathrm{d}x} = h(T - T_f) \tag{11-11}$$

对于图 11-2 所示的一维热传导单元，选择温度函数：

$$T(x) = N_1 t_1 + N_2 t_2 \tag{11-12}$$

式中 $t_1$，$t_2$——单元结点温度。

类似于杆单元的形函数：

$$N_1 = 1 - \frac{x}{L}, \ N_2 = \frac{x}{L} \tag{11-13}$$

式中 $L$——单元长度。

令矩阵：

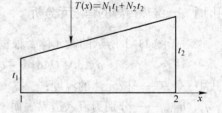

图 11-2 带结点温度的一维单元

$$[N] = \left[ 1 - \frac{x}{L} \quad \frac{x}{L} \right] \tag{11-14}$$

令单元结点温度列向量为：

$$\{t\} = \left[ t_1 \quad t_2 \right]^{\mathrm{T}} \tag{11-15}$$

则式（11-12）可表示为矩阵形式：

$$T = [N]\{t\} \tag{11-16}$$

设温度梯度列向量为：

$$\{g\} = \left\{\frac{\mathrm{d}T}{\mathrm{d}x}\right\} = [B]\{t\} \tag{11-17}$$

将式（11-12）代入式（11-17），并由式（11-13）可知：

$$[B] = \left[\frac{\mathrm{d}N_1}{\mathrm{d}x} \quad \frac{\mathrm{d}N_2}{\mathrm{d}x}\right] = \left[-\frac{1}{L} \quad \frac{1}{L}\right] \tag{11-18}$$

将式（11-5）写成矩阵形式为：

$$q_x = -[D]\{g\} \tag{11-19}$$

此处

$$[D] = k_{xx} \tag{11-20}$$

下面采用变分法推导单元热传导矩阵和方程。变分法是通过求泛函极值的方法求解偏微分方程组的近似方法。如求解弹性力学问题的变分方程就是基于能量（功）极值的原理：受力平衡的弹性体系总位能最小。弹性问题中的泛函就是能量（功），其变分方程就包含了静力平衡方程和边界条件。这里取：

$$\pi_h = U + \Omega_Q + \Omega_q + \Omega_h \tag{11-21}$$

式中

$$U = \frac{1}{2}\iiint\limits_{V}\left[k_{xx}\left(\frac{\mathrm{d}T}{\mathrm{d}x}\right)^2\right]\mathrm{d}V \tag{11-22}$$

$$\Omega_Q = -\iiint\limits_{V}QT\mathrm{d}V \tag{11-23}$$

$$\Omega_q = -\iint\limits_{S_2}\tilde{q}T\mathrm{d}S \tag{11-24}$$

$$\Omega_h = \frac{1}{2}\iint\limits_{S_3}h\,(T - T_f)^2\mathrm{d}S \tag{11-25}$$

式中 $S_2, S_3$——分别为指定热流 $\tilde{q}$（指向表面为正）和对流损失的表面面积；

$V$——单元体积。

对 $\pi_h$ 取极小值，即对温度 $T$ 求导并等于 0，可得到与式（11-8）相当的热传导公式和边界条件（见参考文献 [9]）。可见 $\pi_h$ 是用变分法求解热传导问题的泛函。将式（11-16）、式（11-17）和式（11-20）代入式（11-21）~式（11-25），得：

$$\pi_h = \frac{1}{2}\{t\}^{\mathrm{T}}\iiint\limits_{V}[B]^{\mathrm{T}}[D][B]\mathrm{d}V\{t\} - \{t\}^{\mathrm{T}}\iiint\limits_{V}[N]^{\mathrm{T}}Q\mathrm{d}V - \{t\}^{\mathrm{T}}\iint\limits_{S_2}[N]^{\mathrm{T}}\tilde{q}\mathrm{d}S +$$

$$\frac{1}{2}\iint\limits_{S_3}h[\{t\}^{\mathrm{T}}[N]^{\mathrm{T}}[N]\{t\} - (\{t\}^{\mathrm{T}}[N]^{\mathrm{T}} + [N]\{t\})T_f + T_f^2]\mathrm{d}S$$

$$\tag{11-26}$$

将式（11-26）相对于 $\{t\}$ 取极小值，则有：

$$\frac{\partial \pi_h}{\partial\{t\}} = \iiint\limits_{V}[B]^{\mathrm{T}}[D][B]\mathrm{d}V\{t\} - \iiint\limits_{V}[N]^{\mathrm{T}}Q\mathrm{d}V - \iint\limits_{S_2}[N]^{\mathrm{T}}\tilde{q}\mathrm{d}S +$$

$$\iint\limits_{S_3}h[N]^{\mathrm{T}}[N]\mathrm{d}S\{t\} - \iint\limits_{S_3}[N]^{\mathrm{T}}hT_f\mathrm{d}S = 0 \tag{11-27}$$

令

$$\{R_Q\} = \iiint\limits_{V} [N]^{\mathrm{T}} Q \mathrm{d}V \tag{11-28}$$

$$\{R_q\} = \iint\limits_{S_2} [N]^{\mathrm{T}} \tilde{q} \mathrm{d}S \tag{11-29}$$

$$\{R_h\} = \iint\limits_{S_3} [N]^{\mathrm{T}} h T_{\mathrm{f}} \mathrm{d}S \tag{11-30}$$

$$\{R\}^{\mathrm{e}} = \{R_Q\} + \{R_q\} + \{R_h\} \tag{11-31}$$

又令

$$[k^{\mathrm{th}}]^{\mathrm{e}} = \iiint\limits_{V} [B]^{\mathrm{T}} [D] [B] \mathrm{d}V + \iint\limits_{S_3} h [N]^{\mathrm{T}} [N] \mathrm{d}S \tag{11-32}$$

将式 (11-28) ~式 (11-32) 代入式 (11-27)，得单元传热方程为：

$$\{R\}^{\mathrm{e}} = [k^{\mathrm{th}}]^{\mathrm{e}} \{t\} \tag{11-33}$$

式中　$[k^{\mathrm{th}}]^{\mathrm{e}}$——单元传热矩阵。

对于图 11-2 所示的一维单元，将式 (11-18) 和式 (11-14) 代入式 (11-32)，并注意对 $S_3$ 的积分元 $\mathrm{d}S = l\mathrm{d}x$，得：

$$[k^{\mathrm{th}}]^{\mathrm{e}} = \frac{Ak_x}{L} \begin{bmatrix} 1 & -1 \\ -1 & 1 \end{bmatrix} + \frac{hlL}{6} \begin{bmatrix} 2 & 1 \\ 1 & 2 \end{bmatrix} \tag{11-34}$$

将式(11-14)代入式(11-28) ~式(11-31)，可得：

$$\{R\}^{\mathrm{e}} = \frac{QAL + \tilde{q}lL + hT_{\mathrm{f}}lL}{2} \begin{Bmatrix} 1 \\ 1 \end{Bmatrix} \tag{11-35}$$

对于有自由端的单元，考虑自由端的对流时，对式 (11-34) 表示的传热矩阵要附加一项，即：

$$[k_{\mathrm{hend}}] = \iint\limits_{S_{\mathrm{end}}} h [N]^{\mathrm{T}} [N] \mathrm{d}S = hA \begin{bmatrix} 0 & 0 \\ 0 & 1 \end{bmatrix} \tag{11-36}$$

相应地，$\{R_h\}$ 要附加一项，即：

$$\{R_{\mathrm{hend}}\} = \iint\limits_{S_{\mathrm{end}}} h T_{\mathrm{f}} [N]^{\mathrm{T}} \mathrm{d}S = h T_{\mathrm{f}} A \begin{Bmatrix} 0 \\ 1 \end{Bmatrix} \tag{11-37}$$

在求得各单元的传热矩阵后，应用前述单元刚度矩阵集合成整体刚度矩阵的方法，可得到总体结构传热矩阵为：

$$[K^{\mathrm{th}}] = \sum_{\mathrm{e}=1}^{n} [k^{\mathrm{th}}]^{\mathrm{e}} \tag{11-38}$$

而总体结构传热方程的右端列向量为：

$$\{R^{\mathrm{th}}\} = \sum_{\mathrm{e}=1}^{n} \{R\}^{\mathrm{e}} \tag{11-39}$$

于是得总体结构传热方程为：

$$[K^{\mathrm{th}}] \{T\} = \{R^{\mathrm{th}}\} \tag{11-40}$$

式中　$\{T\}$——整体结构结点温度列向量。

方程式 (11-40) 通过温度和热流的边界条件处理，解方程，即可得到总体结点温度分布，并可由式 (11-17) 和式 (11-19) 分别计算单元温度梯度和热流。

### 11.1.2 二维热传导的有限元分析

以图 11-3 所示的三结点三角形单元为例，温度函数取为：

$$T = \begin{bmatrix} N_i & N_j & N_m \end{bmatrix} \begin{Bmatrix} t_i \\ t_j \\ t_m \end{Bmatrix} = [N]\{t\} \tag{11-41}$$

式中 $t_i$，$t_j$，$t_m$——分别为三个结点的温度。

形函数同式（2-19），即：

$$N_i = \frac{1}{2A}(a_i + b_i x + c_i y) \tag{11-42}$$

对 $N_j$ 和 $N_m$，只需将式（11-42）中等号右端各项下标 $i$ 分别变为 $j$ 和 $m$。$a_i$、$b_i$、$c_i$，$a_j$、$b_j$、$c_j$，$a_m$、$b_m$、$c_m$ 的计算同式（2-17）。温度梯度列向量定义为：

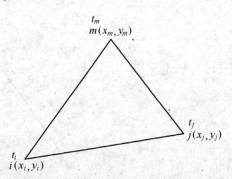

$$\{g\} = \begin{Bmatrix} \dfrac{\partial T}{\partial x} \\ \dfrac{\partial T}{\partial y} \end{Bmatrix} \tag{11-43}$$

图 11-3　带结点温度的三角形单元

将式（11-41）代入式（11-43），得：

$$\{g\} = [B]\{t\} \tag{11-44}$$

式中

$$[B] = \frac{1}{2A} \begin{bmatrix} b_i & b_j & b_m \\ c_i & c_j & c_m \end{bmatrix} \tag{11-45}$$

热流/温度梯度关系式为：

$$\begin{Bmatrix} q_x \\ q_y \end{Bmatrix} = -[D]\{g\} \tag{11-46}$$

式中，材料性能矩阵为：

$$[D] = \begin{bmatrix} k_{xx} & 0 \\ 0 & k_{yy} \end{bmatrix} \tag{11-47}$$

将式（11-41）、式（11-45）和式（11-47）中的 $[N]$、$[B]$ 和 $[D]$ 代入式（11-32），并考虑 $[B]$、$[D]$ 矩阵均为常数，得：

$$[k^{\text{th}}]^e = \frac{\delta}{4A} \begin{bmatrix} b_i & c_i \\ b_j & c_j \\ b_m & c_m \end{bmatrix} \begin{bmatrix} k_{xx} & 0 \\ 0 & k_{yy} \end{bmatrix} \begin{bmatrix} b_i & b_j & b_m \\ c_i & c_j & c_m \end{bmatrix} +$$

$$\iint\limits_{S_3} h \begin{bmatrix} N_iN_i & N_iN_j & N_iN_m \\ N_jN_i & N_jN_j & N_jN_m \\ N_mN_i & N_mN_j & N_mN_m \end{bmatrix} \mathrm{d}S \tag{11-48}$$

式中　$\delta$——单元厚度。

对于方程式（11-33）中 $\{R\}^e$ 的计算，只需将式（11-41）中的 $[N]$ 代入式（11-28）~式（11-31）即可。其余分析步骤同一维热传导。

### 11.1.3　三维热传导的有限元分析

以图 11-4 所示的四结点四面体单元为例，温度函数取为：

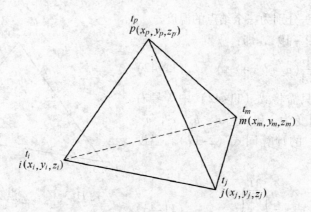

图 11-4　带结点温度的四面体单元

$$T = \begin{bmatrix} N_i & N_j & N_m & N_p \end{bmatrix} \begin{Bmatrix} t_i \\ t_j \\ t_m \\ t_p \end{Bmatrix} = [N]\{t\} \tag{11-49}$$

式中　$t_i$，$t_j$，$t_m$，$t_p$——分别为四个结点的温度，形函数同式（5-11）。

$a_i$、$b_i$、$c_i$、$d_i$，$a_j$、$b_j$、$c_j$、$d_j$，$a_m$、$b_m$、$c_m$、$d_m$，$a_p$、$b_p$、$c_p$、$d_p$ 的计算同式（5-12）。温度梯度列向量定义为：

$$\{g\} = \begin{Bmatrix} \dfrac{\partial T}{\partial x} \\ \dfrac{\partial T}{\partial y} \\ \dfrac{\partial T}{\partial z} \end{Bmatrix} \tag{11-50}$$

将式（11-49）代入式（11-50），得：

$$\{g\} = [B]\{t\} \tag{11-51}$$

式中

$$[B] = \frac{1}{6V} \begin{bmatrix} b_i & -b_j & b_m & -b_p \\ c_i & -c_j & c_m & -c_p \\ d_i & -d_j & d_m & -d_p \end{bmatrix} \tag{11-52}$$

热流/温度梯度关系式为：

$$\left\{\begin{matrix} q_x \\ q_y \\ q_z \end{matrix}\right\} = -[D]\{g\} \tag{11-53}$$

式中，材料性能矩阵为：

$$[D] = \begin{bmatrix} k_{xx} & 0 & 0 \\ 0 & k_{yy} & 0 \\ 0 & 0 & k_{zz} \end{bmatrix} \tag{11-54}$$

将式（11-49）、式（11-52）和式（11-54）中的 $[N]$、$[B]$ 和 $[D]$ 代入式 (11-32)并考虑 $[B]$、$[D]$ 矩阵均为常数，得：

$$[k^{th}]^e = \frac{1}{36V} \begin{bmatrix} b_i & c_i & d_i \\ -b_j & -c_j & -d_j \\ b_m & c_m & d_m \\ -b_p & -c_p & -d_p \end{bmatrix} \begin{bmatrix} k_{xx} & 0 & 0 \\ 0 & k_{yy} & 0 \\ 0 & 0 & k_{zz} \end{bmatrix} \begin{bmatrix} b_i & -b_j & b_m & -b_p \\ c_i & -c_j & c_m & -c_p \\ d_i & -d_j & d_m & -d_p \end{bmatrix} +$$

$$\iint\limits_{S_3} h \begin{bmatrix} N_iN_i & N_iN_j & N_iN_m & N_iN_p \\ N_jN_i & N_jN_j & N_jN_m & N_jN_p \\ N_mN_i & N_mN_j & N_mN_m & N_mN_p \\ N_pN_i & N_pN_j & N_pN_m & N_pN_p \end{bmatrix} dS \tag{11-55}$$

对于方程式(11-33)中 $\{R\}^e$ 的计算，只需将式（11-49）中的 $[N]$ 代入式（11-28）~ 式（11-31）即可。其余分析步骤同一维热传导。

### 11.1.4 热-结构的耦合分析

静态的热-结构耦合分析属于弱耦合分析，而且是单向耦合，即温度的改变会影响结构的变形，但结构的变形不影响温度的改变。因此，按式（11-2），并考虑耦合的单向性，对结构的静力分析，耦合方程可表示为：

$$\begin{bmatrix} K & 0 \\ 0 & K^{th} \end{bmatrix} \left\{\begin{matrix} \delta \\ T \end{matrix}\right\} = \left\{\begin{matrix} R \\ R^{th} \end{matrix}\right\} \tag{11-56}$$

式中 $K$——结构的整体刚度矩阵；

$K^{th}$——总体结构传热矩阵；

$\delta$——总体结构结点位移列向量；

$T$——总体结构结点温度列向量；

$R^{th}$——热传导有限元方程中的热载荷向量；

$R$——结构静力分析中的力载荷列向量 $\{R\}$，且

$$\{R\} = \{F\} + \{Q\} + \{P\} + \{H\} \tag{11-57}$$

式中 $\{F\}$——集中力引起的等效结点力；

$\{Q\}$——表面分布力引起的等效结点力；

$\{P\}$——体积分布力引起的等效结点力；

$\{H\}$——温度改变引起的等效结点力。

因此，方程式（11-56）可以采用顺序求解的方法，先对方程式（11-40）求出各结点温度变化，然后按前面结构静力有限元分析中介绍的计算单元结点温度变化对应的等效载荷的方法，求出载荷列向量 $\{H\}$，叠加到总的载荷列向量 $\{R\}$ 中，求解方程：

$$[K]\{\delta\} = \{R\} \tag{11-58}$$

从而得到考虑热传导影响的结构应力和变形。

【**例 11.1**】 该例取自文献 [10]，两个紧密套在一起的同轴长厚壁圆筒，其尺寸如图 11-5 所示。内表面温度保持在 93.33℃，外表面温度保持在 21.11℃。内圆筒材料为钢，弹性模量 $E = 2.07 \times 10^5 \text{MPa}$，泊松比 $\mu = 0.3$，线膨胀系数 $\alpha = 1.17 \times 10^{-5} \text{℃}^{-1}$，热传导率 $K = 0.273 \text{kcal}/(\text{m} \cdot \text{h} \cdot \text{℃})$（$1\text{cal} = 4.184\text{J}$）；外圆筒材料为铝，弹性模量 $E = 0.73 \times 10^5$ MPa，泊松比 $\mu = 0.33$，线膨胀系数 $\alpha = 2.43 \times 10^{-5} \text{℃}^{-1}$，热传导率 $K = 1.34 \text{kcal}/(\text{m} \cdot \text{h} \cdot \text{℃})$。求两圆筒的温度分布、轴向应力和圆筒的径向应力。

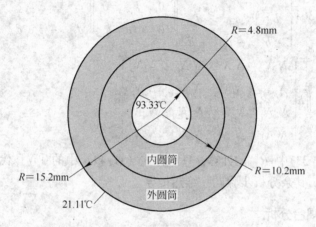

图 11-5  同轴长厚壁圆筒

该问题是一个简单的热-应力分析。由于分析对象是一个长的轴对称实体，沿轴向取单位长度的径向截面，采用轴对称平面单元进行离散化，离散化模型如图 11-6 所示，其中，内圆筒筒壁划分成 5 个单元，外圆筒筒壁划分成 4 个单元。在模型下部边界各结点约束 $y$ 向位移，圆筒内侧（模型左侧）两结点耦合 $x$ 向自由度，上部边界各结点耦合 $y$ 向自由度。圆筒内表面温度加在模型左侧两结点上，外表面温度加在右侧两结点上。

首先进行热传导分析，求得各结点的温度，温度沿圆筒径向（$x$ 方向）分布如图 11-7 所示。然后将各结点温度作为热载荷加到应力分析模型上，从而求得各结点的应力分布。轴向（$y$ 方向）应力沿圆筒径向分布如图 11-8 所示，

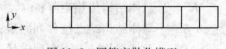

图 11-6  圆筒离散化模型

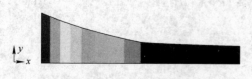

图 11-7  温度沿圆筒径向的分布

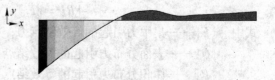

图 11-8  轴向应力沿圆筒径向的分布

径向应力沿圆筒径向分布如图 11-9 所示。图中曲线的走向反映了温度或应力大小的变化趋势，图中灰度的变化原为彩色，可与计算软件提供的色谱对照查看温度或应力的数值。分析结果表明，径向应力均为压应力，轴向应力由内向外从压应力变为拉应力。

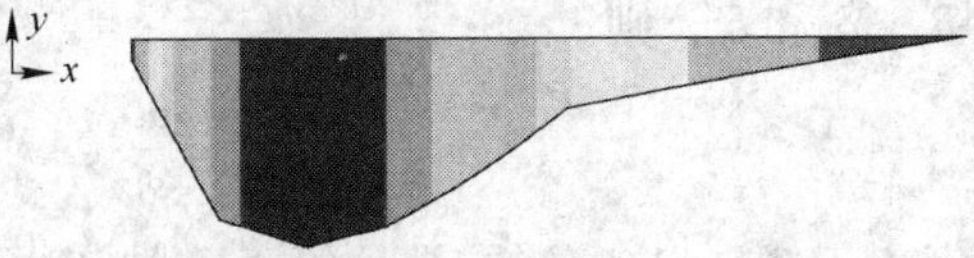

图 11-9    径向应力沿圆筒径向的分布

## 11.2    流体-结构分析

### 11.2.1    理想流体的有限元分析

对无黏、无旋的理想流体，在直角坐标系中，对流体微元正六面体的平衡分析可得 $x$ 方向的平衡方程为：

$$\rho X \mathrm{d}x\mathrm{d}y\mathrm{d}z - \frac{\partial p}{\partial x}\mathrm{d}x\mathrm{d}y\mathrm{d}z - \rho \frac{\mathrm{d}v_x}{\mathrm{d}t}\mathrm{d}x\mathrm{d}y\mathrm{d}z = 0 \tag{11-59}$$

$y$ 方向、$z$ 方向也有类似平衡方程，化简可得：

$$\left.\begin{aligned}
\frac{\partial p}{\partial x} + \rho \frac{\mathrm{d}v_x}{\mathrm{d}t} &= \rho X \\[2mm]
\frac{\partial p}{\partial y} + \rho \frac{\mathrm{d}v_y}{\mathrm{d}t} &= \rho Y \\[2mm]
\frac{\partial p}{\partial z} + \rho \frac{\mathrm{d}v_z}{\mathrm{d}t} &= \rho Z
\end{aligned}\right\} \tag{11-60}$$

式中    $v_x$，$v_y$，$v_z$——分别为流体质点在三个方向的速度；

$\qquad\qquad p$——液体单位面积压力；

$\qquad\qquad \rho$——液体密度；

$\qquad X, Y, Z$——分别为液体受到的三个方向的单位体积质量力。

式（11-59）等号左边三项分别是微元体在 $x$ 方向受到的质量力、总表面力和惯性力。由于 $v_x$ 是 $t$、$x$、$y$、$z$ 的函数，流体质点在 $x$ 方向加速度为：

$$\frac{\mathrm{d}v_x}{\mathrm{d}t} = \frac{\partial v_x}{\partial t} + v_x \frac{\partial v_x}{\partial x} + v_x \frac{\partial v_x}{\partial y} + v_x \frac{\partial v_x}{\partial z} \tag{11-61}$$

$y$ 方向和 $z$ 方向加速度也有类似表达式，将它们代入式（11-60），可得：

$$\left.\begin{aligned}
\frac{\partial p}{\partial x} + \rho \left( \frac{\partial v_x}{\partial t} + v_x \frac{\partial v_x}{\partial x} + v_y \frac{\partial v_x}{\partial y} + v_z \frac{\partial v_x}{\partial z} \right) &= \rho X \\[2mm]
\frac{\partial p}{\partial y} + \rho \left( \frac{\partial v_y}{\partial t} + v_x \frac{\partial v_y}{\partial x} + v_y \frac{\partial v_y}{\partial y} + v_z \frac{\partial v_y}{\partial z} \right) &= \rho Y \\[2mm]
\frac{\partial p}{\partial z} + \rho \left( \frac{\partial v_z}{\partial t} + v_x \frac{\partial v_z}{\partial x} + v_y \frac{\partial v_z}{\partial y} + v_z \frac{\partial v_z}{\partial z} \right) &= \rho Z
\end{aligned}\right\} \tag{11-62}$$

在小挠动的情况下，略去式（11-62）中的乘积项，则有：

$$\left.\begin{aligned}
\frac{\partial p}{\partial x} + \rho \frac{\partial v_x}{\partial t} &= \rho X \\[2mm]
\frac{\partial p}{\partial y} + \rho \frac{\partial v_y}{\partial t} &= \rho Y \\[2mm]
\frac{\partial p}{\partial z} + \rho \frac{\partial v_z}{\partial t} &= \rho Z
\end{aligned}\right\} \tag{11-63}$$

在小扰动条件下，设流体质点相对于静力平衡位置在 $x$、$y$ 和 $z$ 三个方向的位移分别为 $\delta_x$、$\delta_y$ 和 $\delta_z$，则

$$v_x = \frac{\partial \delta_x}{\partial t}, \quad v_y = \frac{\partial \delta_y}{\partial t}, \quad v_z = \frac{\partial \delta_z}{\partial t} \tag{11-64}$$

由于式（11-63）右端项等于 0 的齐次形式的解就是液动压力，将式（11-64）代入式（11-63）对应的齐次方程，有：

$$\left.\begin{aligned} \frac{\partial p}{\partial x} &= -\rho \frac{\partial^2 \delta_x}{\partial t^2} \\ \frac{\partial p}{\partial y} &= -\rho \frac{\partial^2 \delta_y}{\partial t^2} \\ \frac{\partial p}{\partial z} &= -\rho \frac{\partial^2 \delta_z}{\partial t^2} \end{aligned}\right\} \tag{11-65}$$

对可压缩液体，设其体积压缩模量（压缩单位体积需要的压力值）为 $K$，则由体积应变公式得：

$$\frac{\partial \delta_x}{\partial x} + \frac{\partial \delta_y}{\partial y} + \frac{\partial \delta_z}{\partial z} = -\frac{p}{K} \tag{11-66}$$

将式（11-65）中各式对各坐标变量求导、相加，并利用式（11-66），可得：

$$\frac{\partial^2 p}{\partial x^2} + \frac{\partial^2 p}{\partial y^2} + \frac{\partial^2 p}{\partial z^2} = \frac{\rho}{K} \frac{\partial^2 p}{\partial t^2} \tag{11-67}$$

令 $c = \sqrt{K/\rho}$，并利用拉普拉斯算子，式（11-67）简化为：

$$\nabla^2 p - \frac{1}{c^2}\ddot{p} = 0 \tag{11-68}$$

将流体离散化后单元中近似的液动压力分布 $p_0$ 用单元结点液动压力表示为：

$$p_0(x,y,z,t) = \sum_{i=1}^{m} N_i(x,y,z) p_i(t) = \{N\}^{\mathrm{T}}\{p\} \tag{11-69}$$

式中　$m$——单元结点数；

　　$\{N\}$——液动压力形函数列向量；

　　$\{p\}$——液动压力列向量。

$$\{N\} = \begin{Bmatrix} N_1(x,y,z) \\ N_2(x,y,z) \\ \vdots \\ N_m(x,y,z) \end{Bmatrix}, \quad \{p\} = \begin{Bmatrix} p_1(t) \\ p_2(t) \\ \vdots \\ p_m(t) \end{Bmatrix} \tag{11-70}$$

这里形函数的设定与固体力学的有限元分析类似，只不过所描述的物理量不同而已。由于 $p_0$ 是近似的，代入式（11-68）左端，必然不等于零，有：

$$\nabla^2 p_0 - \frac{1}{c^2}\ddot{p}_0 = R \tag{11-71}$$

式中　$R$——误差残余数。

现在采用伽辽金（Galerkin）法推导 $\{p\}$ 的解。伽辽金法是求解微分方程的加权余数法的一种，在设定一个近似解形式的基础上，选择近似解的形函数为权函数，使残余数 $R$ 加权积分为零，从而求得具体的解。这里应用上述原理，有：

$$\iiint_V N_i \left( \nabla^2 p_0 - \frac{1}{c^2} \ddot{P}_0 \right) \mathrm{d}V = 0 \quad (i = 1,2,\cdots,m) \tag{11-72}$$

式中 $V$——单元体积。

方程式（11-72）写成向量方程为：

$$\iiint_V \{N\} \nabla^2 p_0 \mathrm{d}V - \frac{1}{c^2} \iiint_V \{N\} \ddot{p}_0 \mathrm{d}V = \{0\} \tag{11-73}$$

由分部积分法，并应用格林公式，式（11-73）变为：

$$\iint_S \{N\} \frac{\partial p_0}{\partial n} \mathrm{d}S - \iiint_V \nabla\{N\} \cdot \nabla p_0 \mathrm{d}V - \frac{1}{c^2} \iiint_V \{N\} \ddot{p}_0 \mathrm{d}V = \{0\} \tag{11-74}$$

式中 $S$——单元表面积；

$n$——$S$ 上点的外法线方向。

算子

$$\nabla = \frac{\partial}{\partial x} \boldsymbol{i} + \frac{\partial}{\partial y} \boldsymbol{j} + \frac{\partial}{\partial z} \boldsymbol{k} \quad (\boldsymbol{i}, \boldsymbol{j}, \boldsymbol{k} \text{ 分别为 } x, y, z \text{ 方向的单位矢量}) \tag{11-75}$$

将式（11-69）代入式（11-74），并分解第一项，得：

$$\iiint_V \nabla\{N\} \cdot \nabla\{N\}^{\mathrm{T}} \{p\} \mathrm{d}V + \frac{1}{c^2} \iiint_V \{N\} \{N\}^{\mathrm{T}} \ddot{p} \mathrm{d}V - \iint_{S_i} \{N\} \frac{\partial p_0}{\partial n} \mathrm{d}S_i -$$
$$\iint_{S_f} \{N\} \frac{\partial p_0}{\partial n} \mathrm{d}S_f - \iint_{S_b} \{N\} \frac{\partial p_0}{\partial n} \mathrm{d}S_b - \iint_{S_r} \{N\} \frac{\partial p_0}{\partial n} \mathrm{d}S_r = \{0\} \tag{11-76}$$

式中 $S_i, S_f, S_b, S_r$——分别为单元上可能存在的流体—结构交界表面、流体的自由表面、流体的固定边界面和远离结构的流体边界面面积。

在流体力学中，流体质点速度用速度势 $\Phi(x, y, z, t)$ 表示为：

$$v_x = \frac{\partial \Phi}{\partial x}, v_y = \frac{\partial \Phi}{\partial y}, v_z = \frac{\partial \Phi}{\partial z} \tag{11-77}$$

由伯努利定律：

$$p = -\rho \frac{\partial \Phi}{\partial t} - \frac{\rho}{2}(v_x^2 + v_y^2 + v_z^2) - \rho g z \tag{11-78}$$

式中 $g$——重力加速度。

在小扰动情况下，式（11-78）中等号右端第二项可略去。因此，式（11-78）表明液体压力主要分为两部分，一部分为静压力，即式（11-78）中等号右端第三项；而另一部分就是前面所说的液动压力，即式（11-78）中等号右端第一项。但在流体—结构界面上，液动压力又由两项组成：一项是在无结构物情况下仅做流体分析可以确定的液动压力 $p_i$，另一项则是由结构振动造成的流体的附加动压力 $p_a$。设 $\ddot{\delta}_n$ 为结构物在液固界面上的法向加速度，则由式（11-78）中等号右端第一项和式（11-77），可得：

$$\frac{\partial p_a}{\partial n} = -\rho \ddot{\delta}_n \tag{11-79}$$

另外，设

$$\{q_0\} = \iint_{S_i} \{N\} \frac{\partial p_i}{\partial n} \mathrm{d}S_i \tag{11-80}$$

则式（11-76）等号左端第三项为：

$$\iint_{S_i} \{N\} \frac{\partial p_0}{\partial n} \mathrm{d}S_i = \{q_0\} - \iint_{S_i} \{N\} \rho \ddot{\delta}_n \mathrm{d}S_i \tag{11-81}$$

在液体自由表面 $z=0$ 处，设液体质点的垂直位移为 $w_0$，因液面压力恒等于零，因此，由式 (11-78) 得：

$$\left. \frac{\partial \Phi}{\partial t} \right|_{z=0} = -g w_0 \tag{11-82}$$

在小扰动情况下，液面上质点沿垂直方向的速度分量为：

$$v_z = \frac{\partial w_0}{\partial t} \tag{11-83}$$

由式 (11-77) 速度与速度势的关系，有：

$$\frac{\partial \Phi}{\partial z} = \frac{\partial w_0}{\partial t} \tag{11-84}$$

再由式 (11-82)，并考虑 $w_0$ 很小，可得：

$$\left( \frac{\partial \Phi}{\partial z} + \frac{1}{g} \cdot \frac{\partial^2 \Phi}{\partial t^2} \right)_{z=0} = 0 \tag{11-85}$$

因此，对表面 $S_f$，由式 (11-78)，液动压力：

$$p_0 = -\rho \frac{\partial \Phi}{\partial t} \tag{11-86}$$

代入式 (11-85)，有：

$$\frac{\partial \Phi}{\partial z} = \frac{1}{g\rho} \cdot \frac{\partial p_0}{\partial t} \tag{11-87}$$

再由式 (11-86) 和式 (11-87)，得：

$$\frac{\partial p_0}{\partial z} = -\rho \frac{\partial \left( \frac{\partial \Phi}{\partial t} \right)}{\partial z} = -\rho \frac{\partial \left( \frac{\partial \Phi}{\partial z} \right)}{\partial t} = -\frac{1}{g} \ddot{p}_0 \tag{11-88}$$

将式 (11-88) 代入式 (11-76) 中等号左端第四项，并利用式 (11-69)，得：

$$\iint_{S_f} \{N\} \frac{\partial p_0}{\partial n} \mathrm{d}S_f = -\frac{1}{g} \iint_{S_f} \{N\} \{N\}^{\mathrm{T}} \{\ddot{p}\} \mathrm{d}S_f \tag{11-89}$$

另外，根据 Sommerfeld 辐射条件，对可压缩液体，在流体自由液面发生局部小扰动时，在远离结构物处的边界有：

$$\frac{\partial \Phi}{\partial n} = -\frac{1}{c} \cdot \frac{\partial \Phi}{\partial t} \tag{11-90}$$

结合式 (11-86)，即有：

$$\frac{\partial p_0}{\partial n} = -\frac{1}{c} \cdot \frac{\partial p_0}{\partial t} = -\frac{1}{c} \dot{p}_0 \tag{11-91}$$

将式 (11-91) 代入式 (11-76) 等号左端第六项，并考虑式 (11-69)，得：

$$\iint_{S_r} \{N\} \frac{\partial p_0}{\partial n} \mathrm{d}S_r = -\frac{1}{c} \iint_{S_r} \{N\} \{N\}^{\mathrm{T}} \{\dot{p}\} \mathrm{d}S_r \tag{11-92}$$

对固定边界，因为 $v_n \equiv 0$，由式 (11-86) 可见：

$$\frac{\partial p_0}{\partial n} = -\rho \frac{\partial \left( \dfrac{\partial \Phi}{\partial t} \right)}{\partial n} = -\rho \frac{\partial \left( \dfrac{\partial \Phi}{\partial n} \right)}{\partial t} = -\rho \frac{\partial v_n}{\partial t} = 0 \tag{11-93}$$

因此,式 (11-76) 等号左端第五项等于 0。

将式 (11-81)、式 (11-89) 和式 (11-92) 代入式 (11-76),得:

$$\iiint\limits_{V} \nabla\{N\} \cdot \nabla\{N\}^{\mathrm{T}}\{p\}\mathrm{d}V + \frac{1}{c^2}\iiint\limits_{V}\{N\}\{N\}^{\mathrm{T}}\{\ddot{p}\}\mathrm{d}V + \iint\limits_{S_i}\{N\}\rho\ddot{\delta}_n\mathrm{d}S_i +$$

$$\frac{1}{g}\iint\limits_{S_f}\{N\}\{N\}^{\mathrm{T}}\{\ddot{p}\}\mathrm{d}S_f + \frac{1}{c}\iint\limits_{S_r}\{N\}\{N\}^{\mathrm{T}}\{\dot{p}\}\mathrm{d}S_r - \{q_0\} = \{0\} \tag{11-94}$$

设结构单元的位移形函数列向量为 $\{N_s\}$,单元上流固界面的法向和整体坐标系的变换矩阵为 $[T]$,则结构在流固界面上一点的加速度为:

$$\ddot{\delta}_n = \{N_s\}^{\mathrm{T}}[T]\{\ddot{\delta}\}^e \tag{11-95}$$

令

$$[k^{\mathrm{p}}] = \iiint\limits_{V} \nabla\{N\} \cdot \nabla\{N\}^{\mathrm{T}}\mathrm{d}V \tag{11-96}$$

$$[c^{\mathrm{p}}] = \frac{1}{c}\iint\limits_{S_r}\{N\}\{N\}^{\mathrm{T}}\mathrm{d}S_r \tag{11-97}$$

$$[m^{\mathrm{p}}] = \frac{1}{c^2}\iiint\limits_{V}\{N\}\{N\}^{\mathrm{T}}\mathrm{d}V + \frac{1}{g}\iint\limits_{S_f}\{N\}\{N\}^{\mathrm{T}}\mathrm{d}S_f \tag{11-98}$$

$$[m^{\mathrm{fs}}] = \rho\iint\limits_{S_i}\{N\}\{N_s\}^{\mathrm{T}}\mathrm{d}S_i[T] \tag{11-99}$$

将式 (11-95)~式 (11-99) 代入式 (11-94),得

$$[m^{\mathrm{p}}]\{\ddot{p}\} + [c^{\mathrm{p}}]\{\dot{p}\} + [k^{\mathrm{p}}]\{p\} + [m^{\mathrm{fs}}]\{\ddot{\delta}\}^e - \{q_0\} = \{0\} \tag{11-100}$$

式 (11-100) 就是考虑了液体的可压缩性和边界结构振动的流体单元平衡方程。根据类似结构静力有限元分析的单元向整体的集合原理,由单元各系数矩阵和向量的集合,可以得到:

$$\left.\begin{array}{l} [K^{\mathrm{p}}] = \displaystyle\sum_{e=1}^{n}[k^{\mathrm{p}}] \\[3mm] [C^{\mathrm{p}}] = \displaystyle\sum_{e=1}^{n}[c^{\mathrm{p}}] \\[3mm] [M^{\mathrm{p}}] = \displaystyle\sum_{e=1}^{n}[m^{\mathrm{p}}] \\[3mm] [M^{\mathrm{fs}}] = \displaystyle\sum_{e=1}^{n}[m^{\mathrm{fs}}] \end{array}\right\} \tag{11-101}$$

和

$$\{\ddot{P}\} = \sum_{e=1}^{n}\{\ddot{p}\}, \{\dot{P}\} = \sum_{e=1}^{n}\{\dot{p}\}, \{P\} = \sum_{e=1}^{n}\{p\}, \{Q_0\} = \sum_{e=1}^{n}\{q_0\}, \{\ddot{\delta}\} = \sum_{e=1}^{r}\{\ddot{\delta}\}^e \tag{11-102}$$

式中　$n$——流体离散化后的单元数;

　　　$r$——界面处结构单元数。

于是，流体分析的整体有限元方程为：

$$[M^p]\{\ddot{P}\} + [C^p]\{\dot{P}\} + [K^p]\{P\} + [M^{fs}]\{\ddot{\delta}\} - \{Q_0\} = \{0\} \qquad (11\text{-}103)$$

对不可压缩流体，由于式（11-97）中 $c = \infty$，式（11-103）中等号左端第二项为 0，且第一项的系数矩阵对应的式（11-98）等号右端第一项为 0；在不考虑流体边界结构振动和无扰动的稳态流动的情况下，式（11-103）等号左端第一项、第四项和第五项都为 0，这样式（11-103）变为：

$$[K^p]\{P\} = \{0\} \qquad (11\text{-}104)$$

这就是一个稳态流体有限元分析方程，引入一定的边界条件，就可求解流体中的稳定压力分布值。

## 11.2.2 流体-结构的耦合分析

对于结构作为流体的边界和结构绕流问题，特别是考虑结构振动影响的情况，必须做流体-结构的耦合分析。这时不仅流体的动压力影响结构的应力分布，结构振动造成液体的扰动也影响流体的动压力分布。这种情况下，流体-结构的耦合是强耦合。流体和结构的有限元方程都有相关的耦合项，且应该交替求解。方程式（11-103）等号左端第四项就是耦合项。由式（8-54），并考虑流体动压的影响，可写出考虑流体耦合的结构分析方程为：

$$[M]\{\ddot{\delta}\} + [C]\{\dot{\delta}\} + [K]\{\delta\} = \{F_p\} + \{R\} \qquad (11\text{-}105)$$

相对于式（8-54），式（11-105）等号右端增加了一项 $\{F_p\}$，它就是液固界面处液体作用在结构上的结点动压力列向量。设液固界面所在的结构单元在界面 $S_i$ 上任一点的法向虚位移为 $\delta_n^*$，结构位移形函数向量为 $\{N_s\}$，单元结点法向虚位移列向量为 $\{\delta_n^*\}$，则：

$$\delta_n^* = \{N_s\}^T\{\delta_n^*\} = \{\delta_n^*\}^T\{N_s\} \qquad (11\text{-}106)$$

则由式（11-69），液动压力 $p_0$ 对虚位移 $\delta_n^*$ 所做的虚功为：

$$W^* = \iint\limits_{S_i} \delta_n^* p_0 \mathrm{d}S_i = \{\delta_n^*\}^T \left( \iint\limits_{S_i} \{N_s\}\{N\}^T \mathrm{d}S_i \right)\{p\} \qquad (11\text{-}107)$$

按虚功原理，可得液动分布压力等效移置的结构单元结点法向力列向量为：

$$\{F_{pn}\}^e = \left( \iint\limits_{S_i} \{N_s\}\{N\}^T \mathrm{d}S_i \right)\{p\} \qquad (11\text{-}108)$$

而整体坐标下的单元等效结点力列向量为：

$$\{F_p\}^e = [T]^{-1} \iint\limits_{S_i} \{N_s\}\{N\}^T \mathrm{d}S_i\{p\} \qquad (11\text{-}109)$$

式中，$[T]$ 为式（11-95）中的坐标变换矩阵，令

$$[k^{fs}] = [T]^{-1} \iint\limits_{S_i} \{N_s\}\{N\}^T \mathrm{d}S_i \qquad (11\text{-}110)$$

则

$$\{F_p\}^e = [k^{fs}]\{p\} \qquad (11\text{-}111)$$

将单元等效结点力集合成整体结构的等效结点力，则得：

$$\{F_p\} = \sum_{e=1}^{r} [k^{fs}]\{p\} = [K^{fs}]\{P\} \tag{11-112}$$

式中 $\{P\}$——流体结点压力列向量。

$$[K^{fs}] = \sum_{e=1}^{r} [k^{fs}] \tag{11-113}$$

将式（11-112）代入式（11-105），并与方程式（11-103）联立，可得流体—结合方程为：

$$\begin{bmatrix} [M] & 0 \\ [M^p] & [M^{fs}] \end{bmatrix}\begin{Bmatrix} \{\ddot{\delta}\} \\ \{\ddot{P}\} \end{Bmatrix} + \begin{bmatrix} [C] & 0 \\ 0 & [C^p] \end{bmatrix}\begin{Bmatrix} \{\dot{\delta}\} \\ \{\dot{P}\} \end{Bmatrix} + \begin{bmatrix} [K] & -[K^{fs}] \\ 0 & [K^p] \end{bmatrix}\begin{Bmatrix} \{\delta\} \\ \{P\} \end{Bmatrix} = \begin{Bmatrix} \{R\} \\ \{Q_0\} \end{Bmatrix}$$

$$\tag{11-114}$$

式中有两个耦合矩阵 $[M^{fs}]$ 和 $-[K^{fs}]$用来考虑在结构和液体交界处的相互影响，可以采用交替求解的方法，通过迭代求出允许的结果误差内的结构和液体的响应值。比如，将求解时间分成几个时间步长，在每一时间步长，先按初始条件估计的液动压力的初值，用逐步积分法，求解矩阵方程式（11-114）展开后的第一式（结构分析方程），求得的结构位移值和加速度值代入矩阵方程式（11-114）展开后的第二式（流体分析方程）求出液动压力值，与其初值进行比较，如两者之差超过允许误差，则以求出的液动压力值再代入结构分析方程求解结构新的位移值和加速度值，再代入流体分析方程，求出新的液动压力值，再与第一次求出的压力值比较，决定是否再一次循环求解，直至前后两次求出的压力值的差值在允许的误差范围内，然后再转入下一时间步长，再按上述方法求解，直到最后。如前所述，对于不可压缩理想液体，无结构振动、无液体扰动情况，式（11-114）等号左端只剩下第三项，成为一组弱耦合的结构静力和稳态流动方程，可以先求解流体分析方程，得到压力分布后代入结构分析方程求解结构位移。但是在结构–流体界面位移较大的情况下，结构位移和流体压力分布也会互相有较大的影响，仍然需要交替迭代求解。需不断根据求得的结构界面位移大小修改流体区域，来进行流体方程的求解，直至相继的两次流体压力求解值之差和结构位移求解值之差分别在要求的收敛范围内。

在结构静力和不可压缩理想流体稳态流动的耦合问题中，流体压力还可通过流体压力–速度的耦合算法求取。通过对流体连续性方程

$$\frac{\partial v_x}{\partial x} + \frac{\partial v_y}{\partial y} + \frac{\partial v_z}{\partial z} = 0 \tag{11-115}$$

应用伽辽金（Galerkin）法，导出流体有限元速度方程，根据速度边界条件求解流体结点速度。再对式（11-62）应用伽辽金（Galerkin）法，导出用结点压力梯度和相邻结点速度表示的结点速度表达式，代替上述由式（11-115）导出的流体有限元速度方程中的速度，并用结点压力和加权函数代替结点压力梯度，使结点速度方程转化为结点压力方程，从而根据压力边界条件求解出流体全部结点压力。详细原理可参阅参考文献［12］。

【例11.2】 该例题取自参考文献［13］，本书对流体和结构的材料属性做了一点修改。如图 11-10 所示，半径为 0.3m 的水管中有一个径向悬伸 0.2m 的软板，入口水流速度为 0.35m/s，出口压力为零，其余边界条件如图 11-10 所示，流体密度为 1000kg/m³，软板的弹性模量为 $2.82 \times 10^6$Pa，泊松比为 0.49967。取流体压力收敛误差为 $1 \times 10^{-8}$，结

构最大位移收敛误差为 0.005。求水管中的相对压力分布和软板的应力。

　　这是一个稳态流体和非线性大变形结构的耦合问题。流体采用平面流体单元，软板采用平面实体单元，其初始离散化模型如图 11-11 所示。在软板的上下游两侧，流体预先划分出一块区域（模型中段曲线网格部分）供求解过程中进行网格修改。流体边界条件按图11-10，出口边界各结点的压力值已知为零，其余边界已知速度边界条件，可按流体压力 - 速度的耦合算法求出流体压力分布。软板固定端结点在平面坐标系的两个方向都约束。

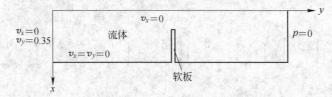

图 11-10　流体边界条件

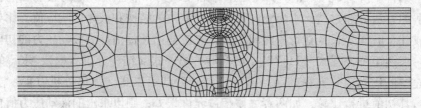

图 11-11　流体 - 结构耦合分析的初始离散模型（局部）

　　流体和结构耦合分析采用交替迭代求解的方法。开始按软板未变形形状进行流体压力求解，将求得的压力值加到软板边界上进行结构位移求解，根据求得的软板边界结点的位移值修改流体的有限元网格，再进行新一轮的流体压力求解，将求得的新的压力值再加到初始状态的软板边界结点上，再求软板的位移，取求得的软板新的位移最大值与上一次求得的软板的位移最大值之差和流体压力前后求解值之差的绝对值，分别与设定的相应的收敛误差进行比较，如超过，再进行新一轮的修改流体网格—求解流体压力—求解软板结构位移—进行误差分析的循环，直至达到软板结构最大位移值和流体压力值的收敛要求。图 11-12 所示为流体求解的局部区域的压力分布结果，图 11-13 所示为软板在流体压力作用下的应力分布结果。图 11-13 中，MX 表示最大应力发生部位。

图 11-12　流体压力分布

图 11-13　软板应力分布

# 结构分析有限元法软件及其应用

本篇主要介绍有限元软件的基本使用方法。首先对有限元技术及软件的发展进行简要介绍，使读者能够对有限元技术的产生、发展及今后的趋势形成一个基本的了解，同时对使用有限元软件进行分析的基本过程进行梳理，以便于读者对后续所介绍的利用有限元软件进行实际问题分析的过程形成一种初步的认识。本篇选取了ANSYS、MSC.Nastran、Algor以及HyperMesh四个有限元分析系统作为重点介绍的软件系统，分章节对它们分别进行介绍，每章介绍一个软件。对每个软件介绍着重在于使读者了解并掌握该软件的基本使用过程和技巧。每一章首先对有限元软件的功能、组成、特点进行简单介绍，然后给出一个完整的操作实例。每一个例子都是在依据模型的几何特点，并结合每一种软件不同操作模式的基础上，采用了一些不同的网格模型创建方法，一步一步地对从几何模型创建、网格划分、约束和载荷的施加、载荷步的创建、模型求解一直到分析结果提取的完整过程进行详细介绍，并在关键位置处给出相关的说明，最后对计算结果进行简单分析。

# 12 结构分析有限元方法的工程应用

## 12.1 概述

结构的有限元分析最早被运用于航空航天和核工业领域，因为这些行业中结构的安全是至关重要的。之后，有限元分析的应用领域也逐渐渗入汽车、电子、土木、机械、兵器、医疗器械、铁道、石油和化工等行业。随着计算机技术的迅猛发展，出现了专门的有限元软件，这些软件由赋有材料属性的计算模型或带有载荷和分析结果的图形构成，既可以用于在制造或建设前期对设计按照规范进行验证，又可以用于调整现有的产品或结构使其满足新的服务条件。目前，商用的有限元软件已经能够解决非常复杂的问题，而不仅仅是结构的问题。需要说明的是，不管商业软件的功能和扩展能力有多么强大，它的本质都是将技术的理解和物理过程融入到分析中，只有这样才能选择合适的、准确的分析模型，并给出正确的定义和解释。

有限元软件具有通用性和有效性，它一直受到工程技术界的高度重视。伴随着计算机科学和技术的发展，它已成为计算机辅助设计（CAD）和计算机辅助制造（CAM）的重要组成部分，并发展成为计算机辅助工程（CAE）。

CAE（computer aided engineering）是用计算机辅助求解复杂工程和产品结构强度、刚度、屈曲稳定性、动力响应、热传导、三维多体接触、弹塑性等力学性能的分析计算以及结构性能的优化设计等问题的一种近似数值分析方法，它是以有限单元法、有限差分法及有限体积法为数学基础发展起来的，相应的 CAE 软件包含了数值计算技术、计算机图形技术、数据库技术及工程分析与仿真在内的综合型软件系统。

CAE 是 CAD 的前端技术，更准确地说，CAE 是 CAD 的"先行"技术。在新产品设计周期里，CAD 付诸实施之前，CAE 已经行动了。通过 CAE 与 CAD、CAM 等技术的结合，企业能对现代市场产品的多样性、复杂性、可靠性、经济性等做出迅速反应，增强了企业的市场竞争能力。在工业发达国家的许多行业中，CAE 已经作为产品设计与制造流程中不可逾越的一种强制性的工艺规范加以实施，例如，在国外的大型汽车制造企业，绝大多数的汽车零部件设计都必须经过多方面的计算机仿真分析，否则根本通不过设计审查，更谈不上试制和投入生产。因此，CAE 现在已不仅仅作为科学研究的一种手段，在生产实践中也已作为必备工具普遍应用。结构有限元分析是 CAE 中不可或缺的主要组成部分。

## 12.2 有限元软件发展历史

### 12.2.1 国外有限元软件

有限元方法思想的萌芽可以追溯到 18 世纪末，欧拉在创立变分法的同时就曾用与现代有限元相似的方法求解轴力杆的平衡问题，但那个时代缺乏强大的运算工具来解决其计算量大的困难。从应用数学的角度考虑，有限元法的起源可以追溯到美国著名数学家 R. Courant

在 1943 年的工作。他首先尝试应用在一系列三角形区域上定义的分片连续函数和最小位能原理相结合的方法，来求解 St. Venant 扭转问题，但未能引起足够重视。此后，不少应用数学家、物理学家和工程师分别从不同角度对有限元法的离散理论、方法及应用进行了研究。波音飞机工程师 Turner、Clough 等人在 1956 年首次将有限元法用于飞机机翼的结构分析，并于当年发表了一篇文章，提出了数值分析的广义定义，吹响了有限元的号角。1956 年，他们将刚架分析中的位移法推广到弹性力学平面问题，首次给出了用三角形单元求解平面应力问题的正确答案。1960 年，Clough 进一步求解了平面弹性问题，并第一次提出了有限元法的名称。值得说明的是，上述研究工作进入了利用电子计算机求解复杂弹性力学问题的新阶段，因此可以说，有限元法的实际应用是随着电子计算机的出现而开始的。

早期有限元的重要贡献主要来自各个高校和实验室，Berkeley 大学就是其中的著名代表。第一个有限元程序是 Berkeley 大学的 Ed. Wilson 编写并发布的，其他的重要研究成员还包括 J. R. Hughes，Robert Tayor，Juan Simo 等人。这时开发的程序通常没有名字，并被称为第一代有限元程序，在 Berkeley 开发的第二代线性程序称为 SAP（structural analysis program）。由 Berkeley 的工作发展起来的第一个非线性程序是 NONSAP，它具有隐式积分进行平衡求解和瞬时问题求解的功能。

位于洛杉矶的 MSC 公司自 1963 年创立并开发了结构分析软件 SADSAM，在 1966 年 NASA 的招标项目中参与了 Nastran 的开发。1969 年 NASA 推出第一个 Nastran 版本，MSC 对原始的 Nastran 做了大量的改进并于 1971 年推出自己的专利版本 MSC. Nastran，1983 年 MSC 股票上市并开始了一系列并购重组的活动。

第一批非线性有限元方法的主要贡献者有 Argyris（1965），Pedro Marcal 和 King（1967），其中 Pedro Marcal 毕业于 Berkeley 大学，任教于 Brown 大学，于 1969 年创建了第一家非线性有限元软件公司——MARC 公司，该公司在 1999 年被 MSC 公司收购。

在早期的商用软件舞台上，另外两个主要人物是 David Hibbitt 和 Jurgen Bathe。David Hibbitt 是 Pedro Marcal 在 Brown 大学的博士生，两人合作到 1972 年，之后 David Hibbitt 与 Karlsson 和 Sorensen 共同建立 HKS 公司，推出了 Abaqus 商业软件。Abaqus 软件凭借强大的非线性技术、出色的前后处理和可拓展的二次开发功能，稳占欧美国家高校和研究所的市场。因为该程序是能够引导研究人员增加用户单元和材料模型的早期有限元程序之一，所以它给软件行业带来了实质性的冲击。Jurgen Bathe 是在 Ed. Wilson 的指导下在 Berkeley 大学获得博士学位的，不久之后开始在 MIT 任教，期间他在 NONSAP 的基础上发表了著名的非线性求解器 ADINA（Automatic Dynamic Incremental Nonlinear Analysis），其源代码因为长时期广泛流传而很容易获得。有人在比较 ADINA 和 Abaqus 的时候认为，ADINA 的技术更先进，求解能力更强大，只是其前后处理能力较差，因而导致其商业化程度较低。

相同时期，John Swanson 博士在 Westinghouse 公司为核能应用方面发展了一个非线性有限元程序（主要是关注非线性材料），于 1970 年创建 SASI（Swanson Analysis System Inc）公司，后来重组更名为 ANSYS 公司。ANSYS 是著名的多物理材料非线性有限元软件，通过并购发展迅速壮大，模块越来越多，商业化程度和市场占有率很高。尽管 ANSYS 主要是关注非线性材料而非求解完全的非线性问题，但多年来仍垄断了商业有限元软件的市场。

上述商用有限元软件主要集中在静态解答和隐式方法的动态解答，与之平行的显式有限元方法的研究及其程序的开发也在并行展开着。Wilkins（1964）在 DOE 实验室的工作强烈地影响了早期的显式有限元方法，Costantino（1967）在芝加哥的 IIT 研究院开发了可能是第一个显式有限元程序。

显式有限元技术经过发展和积累迎来了其里程碑式的工作。美国 Lawrence Livermore 国家实验室在 John Hallquist 主持下于 1975 年开始为核武器弹头设计开发分析工具，他吸取了前面许多人的成果，并且与 Berkeley 的研究员包括 Jerry Goundreau，Bob Taybor，Tom Hughes 和 Juan Simo 等紧密交流合作，并于次年发布 DYNA 程序。之后，经过 DYNA 程序不断扩充和改进，并得到美国能源部的大力资助和 ANSYS，MSC，ETA 等著名公司的加盟。在 20 世纪 80 年代，DYNA 程序首先被法国 ESI 公司商业化，命名为 PAM – CRASH。1988年，John Hallquist 创建了 LSTC（Livermore Software Technology Corporation）公司，发行和扩展了 DYNA 程序的商业化版本 LS – DYNA。同样是 1988 年，MSC 在 DYNA3D 的框架下开发了 MSC. Dyna，并于 1990 年发布第一个版本。另外在 1989 年，MSC 收购了荷兰的流体软件公司 PISCES，将 DYNA 的 Lagrange 格式的 FEM 算法和 PISCES 的 Euler 格式的 FVM 及流体 - 结构耦合算法充分融合后于 1993 年发布了以强大的 ALE 算法而著名的 MSC. Dytran。其后 MSC. Dytran 一直致力于单元库、数据结构、前后处理等方面的修改，力图使其与 MSC. Nastran 完全一致，因此其技术领先的地位开始丧失。2003 年，MSC 与 LSTC 达成全面合作的协议，将 LS- DYNA 最新版的程序完全集入到 MSC. Dytran 之中。1999 年，MSC 在收购了 Marc 之后开始着手于将 Nastran，Marc，Dytran 完全融合地工作，并于 2006 年发布了多物理平台 MD. Nastran。

PAM- CRASH 和 LS- DYNA 在发展和完善了自己的 ALE 算法之后更引进了先进的无网格技术，PAM- CRASH，LS- DYNA 以及 AUTODYN（高速瞬态动力分析软件，原为 Century Dynamics 公司，后被 ANSYS 收购，已被植入 ANSYS 11）均包含了 SPH 算法，其中，AUTODYN 的 SPH 算法支持各向异性材料，LS – DYNA 另外包含 EFG 算法。

## 12.2.2 国内有限元软件的发展情况和前景

1979 年美国的 SAP 5 线性结构静、动力分析程序向国内引进移植成功，这掀起了应用通用有限元程序来分析计算工程问题的高潮。这个高潮一直持续到 1981 年 ADINA 非线性结构分析程序引进，一时间许多一直无法解决的工程难题都迎刃而解了。大家也都开始认识到有限元分析程序的确是工程师应用计算机进行分析计算的重要工具。但是，当时限于国内大中型计算机很少，大约只有杭州汽轮机厂的 Siemens 7738 和沈阳鼓风机厂的 IBM 4310 安装有上述程序，所以用户算题非常不方便，而且费用昂贵。PC 机的出现及其性能奇迹般的提高，为移植和发展 PC 版本的有限元程序提供了必要的运行平台。可以说国内 FEA 软件的发展一直是围绕着 PC 平台做文章。在国内开发比较成功并拥有较多用户（100 家以上）的有限元分析系统有大连理工大学工程力学系的 FIFEX 95、北京大学力学与科学工程系的 SAP 84、中国农机科学研究院的 MAS 5.0 和杭州自动化技术研究院的 MFEP4 等。2007 年 3 月 28日，中国科学院数学与系统科学研究院和北京飞箭软件有限公司在北京联合宣布，专门为高性能计算机编制的"有限元程序自动生成系统"（FEPG 6.0）软件研制成功。FEPG 系列软件具有自主知识产权，是全球唯一的开放源码的有限元软件、互联网通用的有限元系统和并行有限元程序生成平台，为高性能个人计算机和大型计算机的应用提供了更高效的有限元应用软件。最新版本的 FEPG 有 FEPG. PC 和 FEPG. NET 两个系列共 5 个版本，能够适应从各种个人计算机到各种服务器和并行机的有限元计算需求。

### 12.2.3 有限元软件的发展趋势

纵观当今国际上 CAE 软件的发展情况，可以看出有限元软件的一些发展趋势：

（1）与 CAD 软件的无缝集成。当今有限元分析软件的一个发展趋势是与通用 CAD 软件的集成使用，即在用 CAD 软件完成部件和零件的造型设计后，能直接将模型传送到有限元软件中进行有限元网格划分并进行分析计算。如果分析的结果不符合设计要求则重新进行构造和计算，直到满意为止，从而极大地提高了设计水平和效率。为了满足工程师快捷地解决复杂工程问题的要求，许多商业化有限元分析软件都开发了和著名的 CAD 软件（例如 Pro/ENGINEER、Unigraphics、Solid Edge、SolidWorks、IDEAS、Bentley 和 AutoCAD 等）的接口。有些 CAE 软件为了实现和 CAD 软件的无缝集成而采用了 CAD 的建模技术，如 ADINA 软件由于采用了基于 Parasolid 内核的实体建模技术，能和以 Parasolid 为核心的 CAD 软件（如Unigraphics、Solid Edge、SolidWorks）实现真正无缝的双向数据交换。借助无缝集成技术，今天的工程师可以在集成的 CAD 和数值模拟软件环境中快捷地解决一个在以前无法应付的复杂工程分析问题。

（2）增强可视化的前置建模和后置数据处理功能。有限元法求解问题的基本过程主要包括：分析对象的离散化、有限元求解、计算结果的后处理三部分。早期有限元软件的研究重点在于推导新的高效率求解算法和高精度的单元。随着数值分析方法的逐步完善，尤其是计算机运算速度的飞速发展，整个计算系统用于求解运算的时间越来越少，而数据准备和运算结果的表现问题却日益突出。同时，人们越来越意识到，结构离散后的网格质量将直接影响到求解时间及求解结果的正确性，因此，各软件开发商都加大了前置建模和后置数据处理功能的研究。据统计，工程师在分析计算一个工程问题时有 80% 以上的精力都花在数据准备和结果分析上。目前，大多数成熟的商品化软件产品都建立了非常友好的 GUI（图形用户界面），使用户能以可视化方式直观快速地进行网格自动划分，生成有限元分析所需数据，并按要求将大量的计算结果整理成变形图、等值分布图，便于极值搜索和所需数据的列表输出。当然，现有软件的前、后处理模块还存在诸多问题，例如：六面体的自适应性网格划分等。自适应性网格划分是指在现有网格基础上，根据有限元计算结果估计计算误差、重新划分网格和再计算的一个循环过程。对于许多工程实际问题，在整个求解过程中，模型的某些区域将会产生很大的应变，引起单元畸变，从而导致求解不能进行下去或求解结果不正确，因此必须进行网格自动重划分。自适应网格往往是许多工程问题如裂纹扩展、薄板成型等大应变分析的必要条件。除了个别软件之外，大多数软件都不能提供令人满意的六面体自适应性网格划分功能。

（3）由求解线性问题发展到求解非线性问题。随着科学技术的发展，线性理论已经远远不能满足设计的要求，许多工程问题如材料的破坏与失效、裂纹扩展等仅靠线性理论根本不能解决，必须进行非线性分析求解，例如薄板成型就要求同时考虑结构的大位移、大应变（几何非线性）和塑性（材料非线性）；而对塑料、橡胶、陶瓷、混凝土及岩土等材料进行分析或需考虑材料的塑性、蠕变效应时则必须考虑材料非线性。众所周知，非线性问题的求解是很复杂的，它涉及很多专门的数学问题和运算技巧，很难为一般工程技术人员所掌握。为此，近年来国外一些公司花费了大量的人力和投资，开发了诸如 LS-DYNA3D、Abaqus 和

AUTODYN 等专长于求解非线性问题的有限元分析软件，并广泛应用于工程实践。它们的共同特点是具有高效的非线性求解器、丰富而实用的非线性材料库，其中，ADINA 还同时具有隐式和显式两种时间积分方法。

（4）由单一结构场求解发展到耦合场问题的求解。有限元分析方法最早应用于航空航天领域，主要用来求解线性结构问题，并逐步推广到板、壳和实体等连续体固体力学分析，实践证明这是一种非常有效的数值分析方法。现在用于求解结构线性问题的有限元方法和软件已经比较成熟，发展方向是结构非线性、流体力学、温度场、电传导、磁场、渗流和声场等问题的求解计算以及多物理耦合场问题的求解。例如，由于摩擦接触而产生的热问题，金属成型时由于塑性功而产生的热问题，需要结构场和温度场的有限元分析结果交叉迭代求解，即"热-力耦合"问题。当流体在弯管中流动时，流体压力会使弯管产生变形，而管的变形又反过来影响到流体的流动，这就需要对结构场和流场的有限元分析结果交叉迭代求解，即"流-固耦合"问题。由于有限元的应用越来越深入，人们关注的问题越来越复杂，耦合场的求解必定成为 CAE 软件的发展方向。

（5）软件的开放性。随着商业化的提高，各软件开发商为了扩大自己的市场份额，满足用户的需求，在软件的功能、易用性等方面花费了大量的投资。但由于用户的要求千差万别，不管他们怎样努力也不可能满足所有用户的要求，因此必须给用户一个开放的环境，允许用户根据自己的实际情况对软件进行扩充，包括用户自定义单元特性、用户自定义材料本构（结构本构、热本构、流体本构）、用户自定义流场边界条件、用户自定义结构断裂判据和裂纹扩展规律等。另一方面，由于有限元软件的开发是一项长期而艰巨的任务，开发一个通用软件是十分困难的，各家开发的软件由于应用背景的不同而各有千秋，随着数值仿真软件商业化的进展，一些软件公司为扩大市场，追求共同的利润，进行了强强联合。典型的如 ANSYS 公司与 LS-DYNA3D 联合，MSC 公司对 Abaqus、LS-DYNA3D 及 PISCES 等的购买。

## 12.3 主要有限元分析软件介绍

国际上早在 20 世纪 60 年代初就开始投入大量的人力和物力开发有限元分析程序，但真正商品化的软件出现于 20 世纪 70 年代初期，而近 15 年则是有限元软件的快速发展阶段。软件开发商们为满足市场需求和适应计算机硬、软件技术的迅速发展，在大力推销其软件产品的同时，对软件的功能、性能、用户界面和前、后处理能力等诸多方面都进行了大幅度的改进与扩充，这就使得目前市场上知名的有限元软件在功能、性能、易用性、可靠性以及对运行环境的适应性方面，基本上满足大多数用户的当前需求，同时也为科学技术的发展和工程应用作出不可磨灭的贡献。

有限元软件通常可分为通用软件和行业专用软件。通用软件可对多种类型的工程和产品的物理力学性能进行分析、模拟、预测、评价和优化，以实现产品技术创新，它以覆盖的应用范围广而著称。目前在国际上被市场认可的通用有限元软件主要包括：MSC 公司的 Nastran、Marc 和 Dytran，ANSYS 公司的 ANSYS，HKS 公司的 Abaqus，ADINA 公司的 ADINA，SRAC 公司的 COSMOS，ALGOR 公司的 Algor，EDS 公司的 I-DEAS，LSTC 公司的 LS-DYNA，NEI 公司的 NEINastran，比利时 Samtech 公司的 Samcef 等，这些软件都有各自的特点。在行业内，一般将其分为线性分析软件、一般非线性分析软件和显式高度非线性分析软件，例如 Nastran、ANSYS、Samcef、I-DEAS 都在线性分析方面具有自己的优势，而 Marc、Abaqus/

Standard、Samcef/Mecano 和 ADINA 则在隐式非线性（Implicit Nonlinear）分析方面各具特点，其中 Marc 被认为是优秀的隐式非线性求解软件。MSC. Dytran、LS-DYNA、Abaqus/Explicit、PAMCRASH 和 Radioss 则是显式算法非线性（Explicit Nonlinear）分析软件的代表。LS-DYNA 在结构分析方面见长，是汽车碰撞仿真（crash）和安全性分析（safety）的首选工具，而 MSC. Dytran 则在流-固耦合分析方面见长，在汽车缓冲气囊和国防领域应用广泛。除了按照线性程度划分之外，还有一些有限元软件用于解决专门问题的计算，例如铸造模拟软件 procast、anycasting 和华铸 CAE 等，疲劳分析软件 MSC. Fatigue，岩土工程设计分析软件 GeoStudio，材料加工模拟软件 deform，电磁场仿真软件 ansoft 等。

　　由于有限元技术的特点，使得有限元软件的前处理和后处理成为了相对独立而又十分重要的部分，从这个角度来说，有限元软件又可分为前处理软件、求解器和后处理软件。目前，在国际上被公认的优秀的、广泛应用的前后处理软件首推 MSC 公司的 Patran，其次还有 Altair 公司的 HyperMesh、EDS 公司的 FEMAP、Samtech 公司的 Samcef Field 和 Beta CAE 公司的 ANSA 等。此外，也有几个专门从事有限元后处理的软件，比如挪威 Ceetron 公司的 GLview Pro 和 CEI 公司的 EnSight 等软件。一般情况下，前、后处理软件要求与多种 CAD 软件和有限元求解器具有良好的接口，还要有优秀的网格划分功能。

　　也有一些大型的 CAD 软件内部集成了有限元模块，其优势在于几何模型的建立，但其一般都不提供个性化的网格划分功能，有限元求解器的功能也不能与专门的有限元软件相媲美。

## 12.4　典型的有限元分析流程

### 12.4.1　有限元分析的基本步骤

　　对于不同物理性质和数学模型的问题，有限元求解法的基本步骤是相同的，只是具体公式推导和运算求解不同。有限元求解问题的基本步骤通常为：

　　（1）问题及求解域定义。根据实际问题近似确定求解域的物理性质和几何区域。

　　（2）求解域离散化。将求解域近似为具有不同有限大小和形状且彼此相连的有限个单元组成的离散域，习惯上称为有限元网格划分。理论上，单元越小（网格越细）则离散域的近似程度越好，计算结果也越精确，但计算量及误差都将增大，因此求解域的离散化是有限元法的核心技术之一。

　　（3）确定状态变量及控制方法。一个具体的物理问题通常可以用一组包含问题状态变量边界条件的微分方程式表示，为适合有限元求解，通常将微分方程转化为等价的泛函形式。

　　（4）单元推导。对单元构造一个适合的近似解，即推导有限单元的列式，其中包括选择合理的单元坐标系、建立单元形函数、以某种方法给出单元各状态变量的离散关系等内容，从而形成单元矩阵（结构力学中称为刚度矩阵或柔度矩阵）。为保证问题求解的收敛性，单元推导有许多原则要遵循。对工程应用而言，重要的是应注意每一种单元的解题性能与约束。例如，单元形状应以规则为好，畸形时不仅精度低，而且有缺秩的危险，最终将导致无法求解。

　　（5）总装求解。将单元总装形成离散域的总体矩阵方程（联合方程组），反映对近似求解域的离散域的要求，即单元函数的连续性要满足一定的连续条件。总装是在相邻单元节点之间进行的，因此状态变量及其导数连续性建立在节点处。

（6）联立方程组求解和结果解释。有限元法的离散和总装最终导致联立方程组的生成，联立方程组的求解可用直接法、选代法和随机法。求解结果是单元结点处状态变量的近似值。对于计算结果的质量，将通过与设计准则提供的允许值比较来评价并确定是否需要重复计算。

### 12.4.2　有限元软件应用的典型流程

上述过程为求解有限元问题的理论描述，如果借助有限元软件，则有限元分析可分成 4 个阶段：分析计划、前处理、求解和后处理。后三者均在有限元软件环境进行，其中：前处理是建立有限元模型，完成单元网格划分；后处理则是采集处理分析结果，使用户能简便提取信息，了解计算结果。

#### 12.4.2.1　分析计划

分析计划对于任何分析都是最重要的部分，所有的影响因素必须被考虑，同时要确定它们对最后结果的影响是不是应该考虑或者被忽略。分析计划的主要目的是模拟在系统载荷作用下的结构行为，其最大好处是有助于对问题进行准确的理解和建模。然而，该过程也是实际工作中最容易被人遗漏的环节。

#### 12.4.2.2　前处理

通常的有限元软件在前处理阶段包含下面的内容：

（1）明确问题名称。这是可以选择的，但是非常有用，尤其是对在相同模型基础上完成的重复设计。

（2）设置使用的分析类型。例如结构、流体、热或电磁等，有时候仅仅通过选择一种单元类型就能够确定分析的类型。

（3）创建模型。几何模型和有限元模型可在适当的单位制下，在一维、二维或三维设计空间中创建或生成。这些模型可在有限元前处理软件中创建，或者从其他的 CAD 软件包中以中性文件的格式（IGES，ACIS，Parasolid，DXF 等）输入进来。值得注意的是，有限元模型的长度单位通常不具备实际中的物理含义，因此创建模型时需要注意使用一致的单位定义。

（4）定义单元类型。定义单元是一维、二维还是三维的，或者执行特定的分析类型。例如需要使用热单元进行热分析。

（5）网格划分。网格划分是一个将分析的连续体划分为离散部件或有限元网格的过程。网格质量越好，计算结果越精确，分析的时间就越长，所以需要在保证准确性和求解速度之间进行折中选择。网格可以手工创建，也可以由软件自动生成，手工创建方法具有更大的适应性。在创建网格过程中，零件连接位置以及应力突变的地方网格应该细化，这样能够更准确地保证该位置的应力准确性。

（6）分配属性。材料属性（杨氏模量、泊松比、密度、膨胀系数、摩擦系数、热传导率、阻尼衰减等）必须被定义。另外，单元属性也需要被设定，例如一维梁单元需要定义梁截面特性，板壳单元需要定义单元厚度属性、方向和中性面的偏移量参数等。特殊的单元（质量单元、接触单元、弹簧单元、阻尼单元等）都需要定义其各自使用的属性（明确单元类型），这些属性在不同的软件中的定义也是不同的。

（7）施加载荷。将某些类型的载荷施加到网格模型上，将得到有限元分析模型。应力分析中的载荷可以是点载荷、压强载荷或位移的形式，热分析中载荷可能是温度或热流量，流体分析中载荷可能是流体压强或速度。载荷可能被应用在一个点、一条边、一个面甚至一个完整的体上。载荷的单位必须与几何模型和材料属性的单位统一。当然，对于模态和屈曲分析情况，分析中并不需要明确载荷。

（8）应用边界条件。为了在计算机模拟过程中阻止其无限的加速，至少需要施加一个约束或边界条件。结构的边界条件通常以零位移的形式构成，热的边界条件通常是明确温度，流体的边界条件通常是明确压强，一个边界条件需要明确所有方向或特定的方向。边界条件可以被放置在节点、关键点、面或线上。在线上的边界条件可以是对称或反对称形式。正确施加边界条件是准确求解设计问题的关键。

### 12.4.2.3  求解

通常，求解过程是完全自动的。有限元求解从逻辑上被分为 3 个主要部分：前置求解（pre-solver）、数学引擎（mathematical-engine）和后置求解（post-solver）。在仿真过程中，前置求解读取在前处理阶段创建的数学模型并形成模型的数学描述，所有在前处理阶段定义的参数都被使用在这里，如果前处理阶段遗漏了一些事情，在前置求解阶段将取消调用数学引擎。如果模型是正确的就会形成求解所需要的问题的单元刚度矩阵，并通过调用数学引擎产生计算结果（位移、温度、压强等）。这个结果被送到求解器中，通过后置求解来计算节点和单元应变、应力、热流量、速度等，所有这些结果信息被发送到一个结果文件中，并通过后处理进行读取。

### 12.4.2.4  后处理

后处理阶段主要进行计算结果的解释和分析，通常可以通过列表、等值云图、零部件变形等方式描述，如果分析中包含了频率分析也可以以固有频率变形等方式进行描述。对于流体、热和电磁分析类型也可以获取其他的计算结果。对于结构类问题，等值云图通常是一种最有效的结果展示，并可以通过切开三维模型查看模型内部应力情况。此外，曲线也常被作为后处理的一部分，可以描述位移、速度、加速度和应力、应变等结果随时间和频率或者空间位置的变化。

有限元方法非常强大，而且通过恰当的后处理技术，能够非常直观地了解计算结果。有限元计算结果的好坏完全依赖于分析模型的好坏和物理问题描述的准确性，周密的计划是成功分析的关键。

## 12.5  有限元软件的使用要求

如何正确使用有限元软件，是分析工程师必须面对的现实问题。对大多数分析工程师而言，对所接受的设计工程师的几何模型都要进行简化和修改，有时还可能需要分析工程师自己建立几何模型。因此，分析工程师既要有力学背景，也要有工程背景；要熟练掌握大型商业有限元分析软件的功能特点和应用技巧，还要掌握必要的数学知识和其他的计算机软件（如 CAD）的知识。有限元软件给相关的工作人员提出了以下要求：

（1）要求分析工程师有坚实的力学基础，透彻了解典型问题的理论解；

（2）具有有限元的理论以及离散的理论基础；

（3）了解解的稳定性、可靠性和有效性；

（4）能通过已有指标或自行设定指标检查模型的正确性；

（5）能对工程问题的力学本质进行准确的抽象或概括；

（6）要对要解决的问题反复论证；

（7）对大多数工程问题，要有可靠的实验数据；

（8）勤于查阅相关文献，吸取他人的经验；

（9）对分析程序能熟练地驾驭；

（10）要对分析的结果准确判断正误并应随时修正已有模型，最终给出准确的分析报告。

# 13　ANSYS 软件应用基础

## 13.1　概述

### 13.1.1　ANSYS 发展历史

　　ANSYS 是一种应用广泛的商业套装工程分析软件。20 世纪 60 年代末期，美国匹兹堡大学史沃森博士开发了具有机构件优化设计功能的有限元分析软件；并于 1970 年在宾夕法尼亚州匹兹堡创立了 ANSYS 公司；1983 年，开发出世界上第一个基于 PC 机的有限元分析程序。1995 年 5 月，ANSYS 在设计分析类软件中第一个通过了 ISO9001 的质量体系认证，之后成为美国机械工程师协会（ASME）、美国核安全局（NQA）及近 20 种专业技术协会认证的标准分析软件，从此在世界 CAE 行业迅速发展。同年，ANSYS 在中国通过了全国压力容器委员会的严格考核，成为唯一与中国压力容器分析设计标准相适应的有限元分析软件，并在国务院 17 个部委推广使用。1996 年 LSTC 公司和 ANSYS 公司合作，将 ANSYS 的功能进一步扩大，使其在金属成型（物料的滚压、挤压、挤拉、超塑成型和板料的拉深成型）、爆炸载荷对结构作用的动力响应分析、高速碰撞模拟、机械零部件碰撞的动力分析等领域也能广泛应用。经过 30 多年的不断发展，ANSYS 公司不断吸取世界最先进的计算方法和计算机技术，其软件功能不断完善，性能愈趋稳定，逐渐发展成为集结构、热、流体、电磁、声等学科于一体的大型通用有限元分析软件。目前，ANSYS 软件已经广泛应用于航空航天、汽车、建筑、电力、能源设施、制造、核能、塑料、石油及钢铁工业，此外，还有许多咨询公司及上百所的大学利用 ANSYS 进行分析研究与教学。

### 13.1.2　ANSYS 软件的主要功能

　　ANSYS 软件是融结构分析、热分析、流体分析、电磁分析、耦合场分析于一体的大型通用有限元软件，可广泛地用于核工业、铁道、石油化工、航空航天、机械制造、能源、汽车交通、国防军工、电子、土木工程、生物医学、水利、日用家电等一般工业及科学研究。该软件提供了不断改进的功能清单，具体包括：结构高度非线性分析、电磁分析、计算流体力学分析、设计优化、接触分析、自适应网格划分及利用 ANSYS 参数设计语言扩展宏命令功能；具有多种不同版本，可以运行在从个人机到大型机的多种计算机设备上，如 PC，SGI，HP，SUN，DEC，IBM，CRAY 等；提供了 100 种以上的单元类型，用来模拟工程中的各种结构和材料。

#### 13.1.2.1　结构分析

　　ANSYS 中的结构分析主要包括以下类型：
　　（1）静力分析，用于静态载荷，可以考虑结构的线性及非线性等；
　　（2）模态分析，计算线性结构的自振频率及振型，谱分析是模态分析的扩展，用于计算由随机振动引起的结构应力和应变（也称为响应谱或 PSD）；

（3）谐响应分析，确定线性结构随时间按正弦曲线变化的载荷的响应；

（4）瞬态动力学分析，确定结构对随时间任意变化的载荷的响应；

（5）特征屈曲分析，用于计算线性屈曲载荷并确定屈曲模态形状。

### 13.1.2.2 热分析

ANSYS 中的热分析主要包括以下类型：

（1）相变，即金属合金在温度变化时的相变；

（2）内热源，即存在的热源问题，如电阻热发热等；

（3）热对流、热传导、热辐射等。

### 13.1.2.3 电磁场分析

ANSYS 中的电磁场分析主要有以下类型：

（1）静磁场分析，计算直流电或永磁体产生的磁场；

（2）交变磁场分析，计算由于交流电产生的磁场；

（3）瞬态磁场分析，计算由时间随机变化的电流或外界引起的磁场；

（4）电场分析、高频电磁场分析等。

### 13.1.2.4 流体分析

ANSYS 中的流体分析主要有以下类型：CFD 耦合流体分析、声学分析、容器内流体分析、流体动力学耦合分析等。

### 13.1.2.5 耦合场分析

ANSYS 中的耦合场分析主要考虑两个或多个物理场之间的相互作用。如果两个物理场之间相互作用影响，单独求解一个物理场是不可能得到正确结果的，因此，需要一个能够将两个物理场组合到一起求解的分析软件。例如，在压电力分析中，需要同时求解电压分布（电场分析）和应变（结构分析）。

## 13.1.3 ANSYS 软件的主要特点

ANSYS 软件的主要特点是：

（1）能实现多场及多场耦合分析；

（2）实现前后处理、求解及多场分析统一数据库的一体化大型 FEA 软件；

（3）具有多物理场优化功能的 FEA 软件；

（4）具有强大的非线性分析功能；

（5）多种求解器分别适用于不同的问题及不同的硬件配置；

（6）支持异种、异构平台的网络浮动，在异种、异构平台上用户界面统一、数据文件全部兼容；

（7）强大的并行计算功能支持分布式并行及共享内存式并行；

（8）多种自动网格划分技术；

（9）开放式分析软件，支持用户化开发。

## 13.2　ANSYS 中的有关术语

### 13.2.1　直接法和间接法

ANSYS 中有限元模型的建立可分为直接法和间接法。直接法为直接根据机械结构的几何外形建立节点和单元，主要适应于简单的机械结构系统。间接法通过点、线、面、体积，先建立有限元模型，再进行网格划分，以完成有限元模型的建立，该方法适应于节点及元素数目较多的复杂几何外形机械结构系统。

### 13.2.2　坐标系统及工作平面

空间任何一点通常可用笛卡尔坐标（Cartesian）、圆柱坐标（Cylindrical）或球面坐标（Spherical）来表示该点的坐标位置，不管哪种坐标系都需要三个参数来表示该点的正确位置。在进行有限元分析前，需要通过坐标系对所要生成的模型进行空间定位。坐标系在ANSYS 建模、加载、求解和结果处理中都有重要的地位。ANSYS 根据不同的用途，为用户提供了多种坐标系，用户可以根据具体情况选择使用。如：

（1）整体和局部坐标系。确定几何形状参数（节点、关键点等）在空间中的位置，用来对几何体进行空间定位。

（2）节点坐标系。每一个节点都有一个附着的坐标系。节点坐标系在系统缺省时默认为笛卡尔坐标系并且与全局笛卡尔坐标系平行。节点力和节点边界条件（约束）指的是节点坐标系的方向。

（3）单元坐标系。定义单元各材料属性、施加面荷载的方向（例如复合材料的铺层方向），这对后处理也是很有用的，诸如提取梁和壳单元的膜力。单元坐标系的朝向在单元类型的描述中可以找到。

（4）显示坐标系。对列表圆柱和球节点坐标非常有用（例如径向、周向坐标）。屏幕上的坐标系是笛卡尔坐标系，显示坐标系为柱坐标系，圆弧将显示为直线，因此在以非笛卡尔坐标系列表节点坐标之后将显示坐标系恢复到总体笛卡尔坐标系。

（5）结果坐标系。节点或单元结果数据在列表或显示时所采用的特殊坐标系，默认时为整体坐标系。

每一坐标系统都有确定的代号，进入 ANSYS 的默认坐标系是笛卡尔坐标系（即直角坐标系）。为方便建立模型，根据模型特点，用户可以选择 ANSYS 预定义的几种坐标系中的任意一种输入几何数据，也可以使用自己定义的（局部）坐标系。

工作平面是一个参考平面，类似于绘图板，可根据用户的需要进行移动。ANSYS 中工作平面（working plane）是创建几何模型的参考（$x$，$y$）平面，在前处理器中用来建模（几何和网格）。

### 13.2.3　节点

有限元模型的建立是将机械结构转换为多节点和单元相连接，所以节点即为机械结构中一个点的坐标，指定一个号码和坐标位置。在 ANSYS 中所建立的对象（坐标系、节点、点、线、面、体积等）都有编号。

### 13.2.4 单元

当节点建立完成后，必须使用适当元素，将机械结构按照节点连接成元素，并完成其有限元模型。单元选择正确与否，将决定其最后的分析结果。ANSYS 提供了 120 多种不同性质与类别的单元，每一个单元都有其固定的编号，例如 LINK1 是第 1 号单元、SOL-ID45 是第 45 号单元。每个单元前的名称可判断该单元适用范围及其形状，基本上单元类别可分为一维线单元、二维平面单元及三维立体单元。一维线单元用两点连接而成，二维单元由三点连成三角形或四点连成四边形，三维单元可由八点连接成六面体、四点连接成角锥体或六点连接成三角柱体。每个单元的用法在 ANSYS 的帮助文档中都有详细的说明，可用 HELP 命令查看。

建立单元前必须先行定义单元型号、单元材料特性、单元几何特性等，为了程序的协调性，一般在前处理建立几何模型前就定义单元型号及相关资料，只要在划分单元前说明使用哪种单元即可。

### 13.2.5 负载

ANSYS 中有不同的方法施加负载以达到分析的需要。负载可分为边界条件（boundary condition）和实际外力（external force）两大类。在不同领域中，负载的类型有：

（1）结构力学：位移、集中力、压力（分布力）、温度（热应力）、重力；

（2）热学：温度、热流率、热源、对流、无限表面；

（3）磁学：磁声、磁通量、磁源密度、无限表面；

（4）电学：电位、电流、电荷、电荷密度；

（5）流体力学：速度、压力。

以特性而言，负载可分为六大类：DOF 约束、力（集中载荷）、表面载荷、体积载荷、惯性力、耦合场载荷。

（1）DOF 约束（DOF constraint）将指定模型的某一约束条件。例如，结构分析中约束被指定为位移和对称边界条件；在热力学分析中指定为温度和热通量平行的边界条件。

（2）力（force）为施加于模型节点的集中载荷。如在模型中被指定的力和力矩。

（3）表面载荷（surface load）为施加于某个面的分布载荷。例如在结构分析中为压力。

（4）体积载荷（body load）为体积或场载荷。在结构分析中为温度和密度。

（5）惯性载荷（interia loads）为由物体惯性引起的载荷。如重力和加速度、角速度和角加速度。

（6）耦合场载荷（coupled-field loads）为以上载荷的一种特殊情况，从一种分析得到的结果作为另一种分析的载荷。

## 13.3 ANSYS 软件基本使用方法

### 13.3.1 工作模式

ANSYS 有两种模式：一种是交互模式（interactive mode），另一种是非交互模式

(batch mode)。

交互模式（即 GUI 模式）是初学者和大多数使用者采用的模式，该模式下建模、保存文件、打印图形及结果分析等工作均是在图形界面下利用鼠标、键盘等输入设备进行一步一步地处理。交互模式的缺点是进行分析会导致工作效率大大降低，而且这种方式不利于分析者之间相互交流。

非交互模式（即 APDL 模式）也就是命令流输入模式，它是将 ANSYS 的建模、分析、结果后处理等命令以命令流的形式进行保存、执行。APDL 模式避免了 GUI 模式的不足之处，使分析问题变得更轻松愉快，方便分析者交流。非交互模式的主要优点为：

（1）提高工作效率，如网格重划分、重分析、建立参数化零件库和制作宏等；

（2）方便交流，交流时可使用参数和程序块；

（3）不受操作系统的限制，可在 Windows 和 UNIX 等系统下使用；

（4）不受 ANSYS 版本限制，除了极少数命令略有差别，APDL 能在各个版本 ANSYS 中直接使用；

（5）进行交互模式无法实现的分析，如优化设计、用户子程序等。

### 13.3.2　ANSYS 架构

按照解决问题的基本流程，ANSYS 软件主要包括 3 个部分：前处理模块、求解处理模块和后处理模块。

#### 13.3.2.1　前处理模块

前处理模块（general preprocessor，PREP7）主要提供一个强大的实体建模及网格划分工具，用户可以利用该模块方便地构造有限元模型。前处理模块主要完成以下工作：

（1）建立有限元模型所需输入的资料，如节点、坐标资料、元素内节点排列次序；

（2）设定材料属性；

（3）元素切割的产生。

#### 13.3.2.2　求解处理模块

求解处理模块（solution processor，SOLU）包括结构分析（可进行线性分析、非线性分析和高度非线性分析）、流体动力学分析、电磁场分析、声场分析、压电分析以及多物理场的耦合分析，可模拟多种物理介质的相互作用，具有灵敏度分析及优化分析能力。求解处理模块中可以完成以下工作：

（1）施加载荷条件；

（2）施加边界约束条件；

（3）计算模型求解。

#### 13.3.2.3　后处理模块

后处理是指以图形的形式显示和输出之前求解获得的数据。后处理模块（general postprocessor，POST1 或 Time Domain Postprocessor，POST26）可将计算结果以彩色等值线、梯度、矢量、粒子流迹、立体切片、透明及半透明（可看到结构内部）等图形方式显示出来，也可将计算结果以图表、曲线形式显示或输出。

ANSYS 中，POST1 用于静态结构分析、屈曲分析及模态分析，将解题部分所得的解答如应力、应变、反力等数据，通过图形接口以各种不同表示方式显示出来。POST26 仅用于动态结构分析，用于与时间相关的时域处理。

### 13.3.3 基本界面

进入 ANSYS 系统后会有 6 个窗口，提供使用者与软件之间的交流，凭借这 6 个窗口可以非常容易地输入命令、检查模型的建立、观察分析结果及图形输出与打印。整个窗口系统称为 GUI（Graphical User Interface）。以 ANSYS 10.0 为例，其图形用户界面如图 13-1 所示。

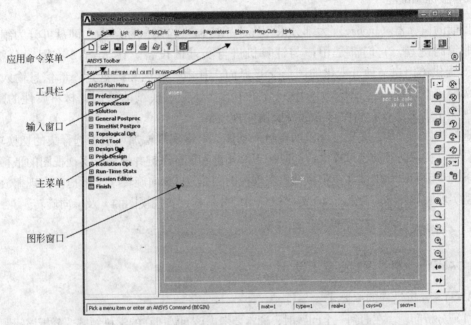

图 13-1　ANSYS 10.0 图形用户界面

各部分的功能为：

（1）应用命令菜单（Utility Menu）。包含各种应用命令，如文件控制（File）、对象选择（Select）、资料列式（List）、图形显示（Plot）、图形控制（PlotCtrls）、工作界面设定（Work Plane）、参数化设计（Parameters）、宏命令（Macro）、窗口控制（MenuCtrls）及辅助说明（Help）等。

（2）主菜单（Main Menu）。包含分析过程的主要命令，如建立模型、施加外力和边界条件、分析类型的选择、求解等。此外，还包含了不同处理器下的基本 ANSYS 功能，它是基于操作的顺利排列的，比较好的操作方式是完成一个处理器下的所有操作再进入下一个处理器。

（3）工具栏（Toolbar）。执行命令的快捷方式，可依照各人爱好自行设定。

（4）输入窗口（Input Window）。该窗口是输入命令的地方，同时可监视命令的历程。

（5）图形窗口（Graphic Window）。显示使用者所建立的模块及查看结果分析。

（6）输出窗口（Output Window）。该窗口叙述了输入命令执行的结果，该窗口为 dos 窗口。

此外，用户界面下方还有操作提示栏，为初学者提供操作参考。

### 13.3.4　ANSYS 文件及工作文件名

ANSYS 在分析过程中需要读写文件，文件格式为 jobname. ext，其中，jobname 是设定的工作文件名，ext 是由 ANSYS 定义的扩展名，用于区分文件的用途和类型，默认的工作文件名是 file。ANSYS 分析中有一些特殊的文件，其中主要的几个是数据库文件 jobname. db、记录文件 jobname. log、输出文件 jobname. out、错误文件 jobname. err、结果文件 jobname. rxx 及图形文件 jobname. grph。

### 13.3.5　鼠标和键盘

目前的鼠标器（mouse）大部分采用光学感应器来检测鼠标运动，键盘可分为编码键盘和非编码键盘，它们都是用户与计算机进行交互的设备。在 ANSYS 有限元分析中，ANSYS 提供给用户一种可视化的图形交互界面，其中，鼠标和键盘是外部信息输入计算机内部的传输设备。在 ANSYS 有限元分析中，实体分析模型的绘制、材料属性的赋予、后处理器中结果的查看和检查等都需要这两种设备。

选择构件图元集时，鼠标左键实现点取功能，右键实现增加或减少选择集的切换功能；鼠标右键可实现图形的窗口放大；同时按下 Ctrl 键和鼠标左键并拖移可实现视图的平移；同时按下 Ctrl 键和鼠标中键并拖移鼠标可实现视图的缩放或 $z$ 向旋转（上下拖动实现缩放，左右拖动实现旋转）；同时按下 Ctrl 键和鼠标中键并拖移可实现视图的 $x$ 及 $y$ 向旋转。

## 13.4　分析实例

### 13.4.1　ANSYS 分析过程的主要步骤

ANSYS 分析过程的主要步骤是：

（1）分析问题。在遇到一个问题时，通常要考虑该问题所在的学科领域、分析该问题所要达到的目标等，制定分析方案是很重要的，它是对问题的整体把握，具体考虑以下几点：

1）分析领域；

2）分析目标；

3）线性/非线性问题；

4）静态/动态分析问题；

5）分析细节的考虑；

6）几何模型的对称性。

制订方案的好坏直接影响分析的精度和成本，所以在提出一个问题后，首先要对其进行分析，制订合理的分析方案。

（2）创建有限元模型。

1）创建几何模型或导入几何模型。创建的几何模型分为一维、二维和三维几何模型，在创建中要考虑通过点、线、面和体等几何体素来构建几何模型，要合理使用工作平面来辅助几何体素的创建，通过布尔操作实现不同几何体素的相加、相减、相交等操作，从而形成完整的几何模型。也可以在其他的三维软件中建立好需要分析的实体模型，保存为 ANSYS 可读的格式，然后导入到 ANSYS 中。

2）定义单元属性：材料属性、单元类型、实常数等。ANSYS 结构静力分析中常用的单元类型见表 13-1。

表 13-1 ANSYS 结构静力分析中常用的单元类型

| 类别 | 形状和特性 | 单 元 类 型 |
|---|---|---|
| 杆 | 普通 | LINK1，LINK8 |
| | 双线性 | LINK10 |
| 梁 | 普通 | BEAM3，BEAM4 |
| | 截面渐变 | BEAM54，BEAM44 |
| | 塑性 | BEAM23，BEAM24 |
| | 考虑剪切变形 | BEAM188，BEAM189 |
| 管 | 普通 | PIPE16，PIPE17，PIPE18 |
| | 浸入 | PIPE59 |
| | 塑性 | PIPE20，PIPE60 |
| 2D 单元 | 四边形 | PLANE42，PLANE82，PLANE182 |
| | 三角形 | PLANE2 |
| | 超弹性单元 | HYPER84，HYPER56，HYPER74 |
| | 黏弹性 | VISCO88 |
| | 大应变 | VISO106，VISO108 |
| | 谐单元 | PLANE83，PPNAE25 |
| | P 单元 | PLANE145，PLANE146 |
| 3D 单元 | 块 | SOLID45，SOLID95，SOLID73，SOLID185 |
| | 四面体 | SOLID92，SOLID72 |
| | 层 | SOLID46 |
| | 各向异性 | SOLID64，SOLID65 |
| | 超弹性单元 | HYPER86，HYPER58，HYPER158 |
| | 黏弹性 | VISO89 |
| | 大应变 | VISO107 |
| | P 单元 | SOLID147，SOLID148 |
| 壳 | 四边形 | SHELL93，SHELL63，SHELL41，SHELL43，SHELL181 |
| | 轴对称 | SHELL51，SHELL61 |
| | 层 | SHELL91，SHELL99 |
| | 剪切板 | SHELL28 |
| | P 单元 | SHELL150 |

3）对几何模型进行划分网格。

（3）施加载荷并求解。

1）施加载荷及设定约束条件；

2）求解。

（4）查看结果。

1）查看分析结果；

2）检查结果是否正确。

### 13.4.2 静力学分析实例

#### 13.4.2.1 问题的描述及分析

一个平面问题的分析计算模型如图 13-2 所示，采用上面的分析过程对其进行整体建模和结构应力、变形的有限元分析 (不考虑自重)。

问题分析如下：采用统一单位制，如长度单位为 mm，力单位为 N，应力单位为 MPa，质量单位为 t，密度单位为 $t/mm^3$。端部拉力 $p = 10N/mm^2 = 10MPa$；薄板厚度 $\delta = 10mm$；杨氏模量 $E = 210000N/mm^2 = 210000MPa$；密度 $\rho = 2.7 \times 10^3 kg/m^3 = 2.7 \times 10^{-9} t/mm^3$ (如不考虑自重，密度不要求输入)。

该问题归属为平面应力问题的有限元分析，准确地说是带孔平板的有限元分析。

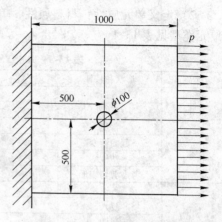

图 13-2　平面问题的分析计算模型

### 13.4.2.2　建立有限元实体模型

**A　启动 ANSYS 10.0 软件并设置保存路径和名字**

(1) 启动 ANSYS 软件，依次选择：开始→所有程序→ANSYS 10.0→ANSYS Product Launcher；或者选择：开始→所有程序→ANSYS 10.0→ANSYS。

(2) 设置 ANSYS 分析建模保存路径：开始→所有程序→ANSYS 10.0 →ANSYS Product Launcher→Working Directory，再点击 "Browse" 选择要保存的文件夹。

(3) 进入 ANSYS 后，为分析文件设定名字，单击：Utility Menu→File→Change Jobname，弹出设置名字的对话框并输入 "plate"，如图 13-3 所示，单击 "OK" 按钮关闭对话框。

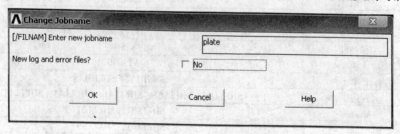

图 13-3　设置文件名称操作界面

**B　设置计算类型**

(1) 选择主菜单的 "Preferences" 命令，弹出设置计算类型的对话框如图 13-4 所示。

(2) 选择结构分析 "Structural" 类型，并单击 "OK" 按钮关闭对话框。

**C　选择单元类型**

(1) ANSYS Main Menu：Preprocessor→Element Type→Add/Edit/Delete，弹出 "Element Type" 对话框，单击 "Add" 按钮，弹出 "Library of Element Type" 对话框，选择 "Structural→Solid→Quad 4node 42"，即四结点四边形平面 Plane 42 单元，点击 "OK"，关闭 "Library of Element Type" 对话框，回到 "Element Type" 对话框。然后点击 "Element Type" 对话框中的 "Options" 按钮，弹出 "Element Type Options" 对话框，将单元性能 K3 选为输入厚度的平面应力 "Plane stres w/thk"。如图 13-5 和图 13-6 所示。

(2) 单击 "OK"，关闭 "Element Type Options" 对话框，单击 "Close"，关闭 "Element Types" 对话框。

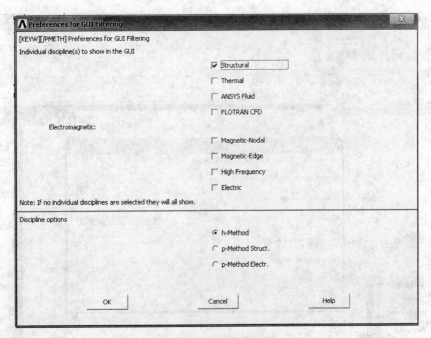

图 13-4　设置计算类型操作界面

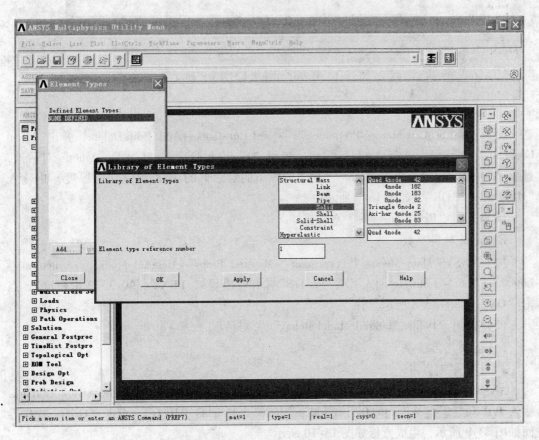

图 13-5　选择单元类型为 Quad 4node 42

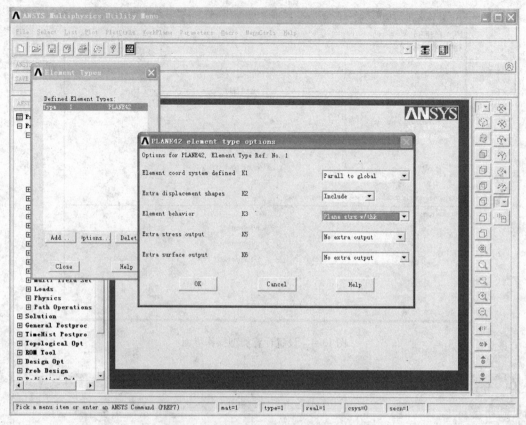

图 13-6　选择单元性能 K3 为输入厚度

D　定义实常数

（1）ANSYS Main Menu：Preprocessor→Real Constants→Add/Edit/Delete，弹出"Real Constants"对话框，单击"Add"按钮，弹出"Element Type for Real Constants"对话框，选取"Type1"单元，单击"OK"，在随后弹出的对话框的 THK 项（单元厚度）中输入"10"，单击"OK"，如图 13-7 所示。

（2）关闭"Real Constants"对话框。

E　定义材料参数

（1）ANSYS Main Menu：Preprocessor→Material Props→Material Models→Structural→Linear→Elastic→Isotropic 输入 EX："2.1e5"（弹性模量），PRXY："0.3"（泊松比），点击"OK"，如图 13-8 所示。

（2）关闭"Define Material Model Behavior"对话框。

F　生成几何模型

a　生成平面方板

ANSYS Main Menu：Preprocessor→Modeling Create→Areas→Rectangle→By 2 Corners，输入 WP X："0"、WP Y："0"、Width："1000"、Height："1000"，点击"OK"，操作界面如图 13-9 所示，生成方板如图 13-10 所示。

b　生成圆孔平面

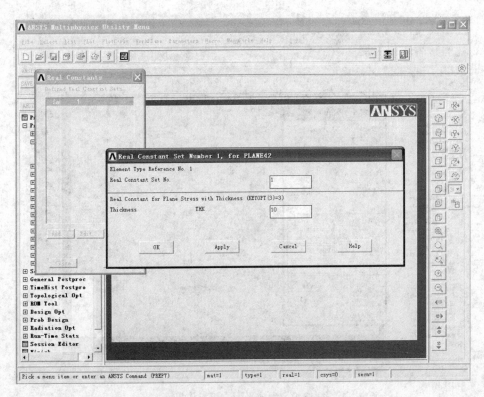

图 13-7 定义实常数（单元厚度）

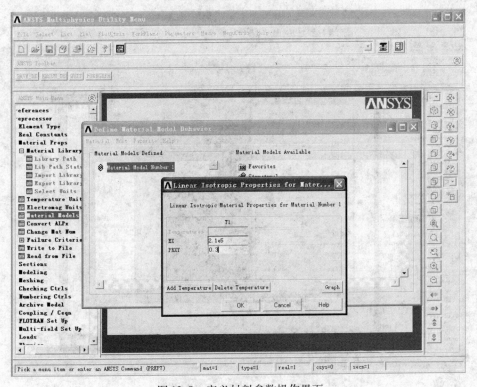

图 13-8 定义材料参数操作界面

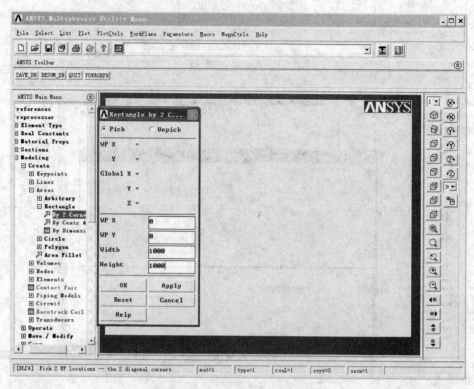

图 13-9 生成平面方板操作界面

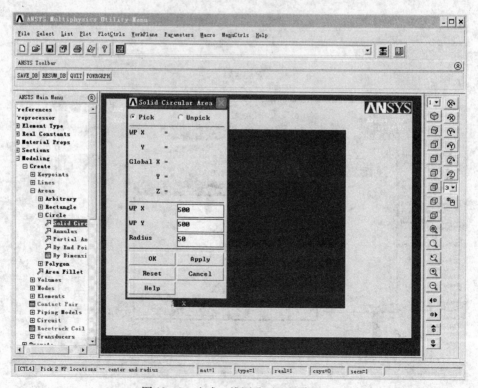

图 13-10 生成二维圆孔平面操作界面

ANSYS Main Menu：Preprocessor→Modeling Create→Areas→Circle→Solid Circl，输入 WP X："500"、WP Y："500"、Radius："50"，点击"OK"，操作界面如图13-10所示。

c 生成带孔方板

使用布尔运算相减命令，将圆孔面从方板面中减掉平面。

ANSYS Main Menu：Preprocessor→Modeling Operate→Booleans Subtract→Areas→ pick area 1（方板，见图13-11），点击"OK"，然后点击"pick area 2"（圆孔面，见图13-12），接着点击"OK"，再点击"OK"，生成带孔平板几何模型，如图13-13所示。

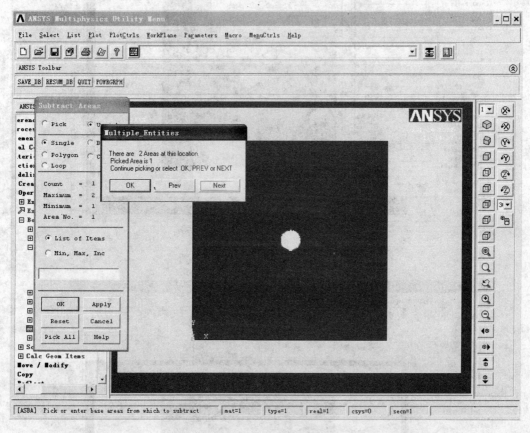

图13-11　选取方板平面

G 单元网格划分

ANSYS Main Menu：Preprocessor→Meshing→Size Cntrls→SmartSize→Adv Opts 输入 FAC Scaling Factor："1.1"（见图13-14），点击"OK"（设置网格渐变）；

ANSYS Main Menu：Preprocessor→Meshing→MeshTool→Size Controls：Globl Set→ 输入 SIZE："100"（见图13 – 15），点击"OK"（返回"MeshTool"对话框），单击"Mesh"按钮，弹出下级界面，单击"Pick All"按钮（见图13 – 16），点击"Close"（关闭"MeshTool"对话框）（见图13 – 17）。

H 模型施加约束和载荷

a 左边线施加 $x$ 方向和 $y$ 方向的全约束

ANSYS Main Menu：Solution→Define Loads→Apply→Structural→Displacement→On Line→

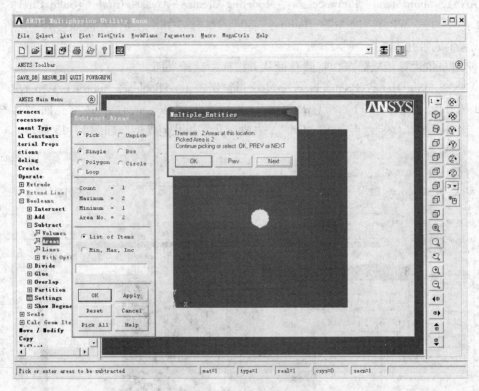

图 13-12 选取圆孔平面

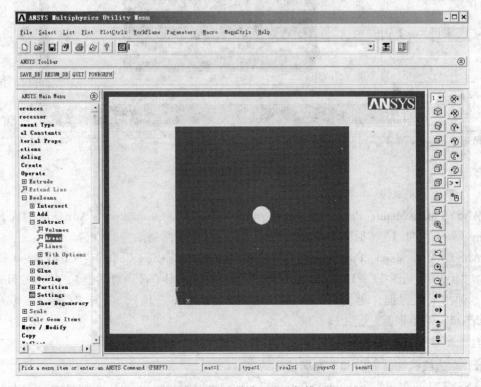

图 13-13 生成带孔平板几何模型

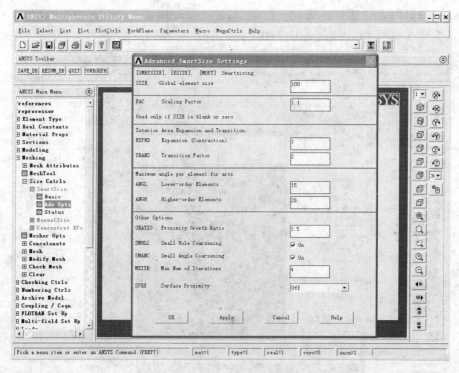

图 13-14  定义网格尺寸

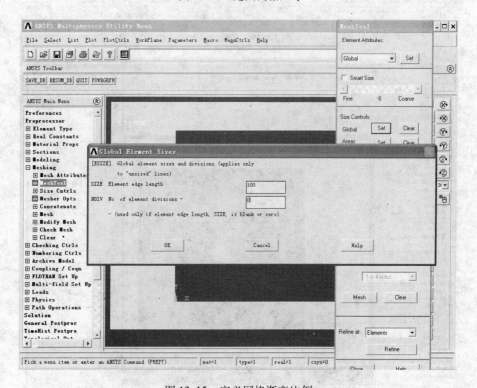

图 13-15  定义网格渐变比例

弹出边线选取对话框，在其中确定 Single 选取方式，用鼠标选取左边线（见图 13-18），点击"OK",弹出约束对话框,选取全约束方向:"ALL DOF",填入约束位移值 VALUE,不填默认为零(见图 13-19),点击"OK"。

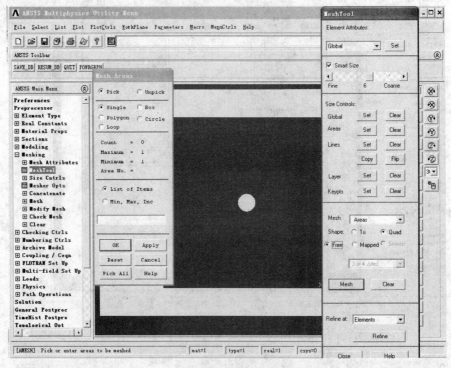

图 13-16 划分网格

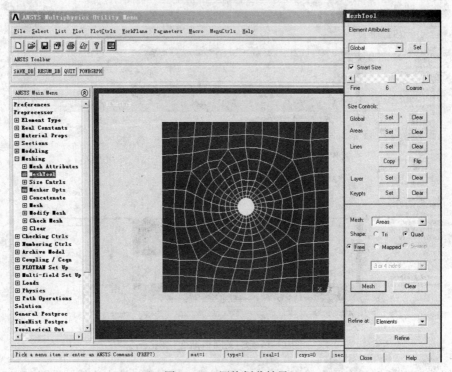

图 13-17 网格划分结果

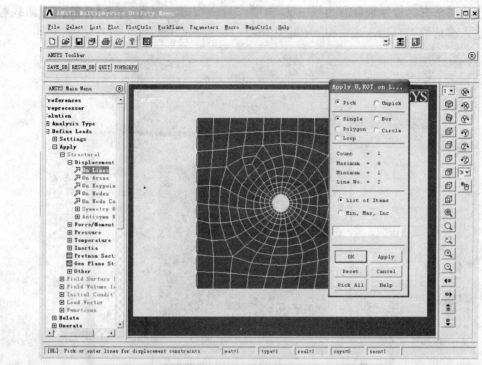

图 13-18　选取位移约束位置（左边）

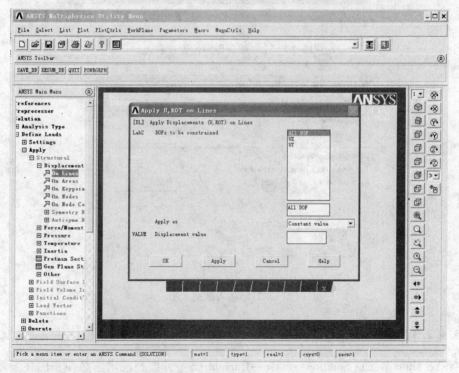

图 13-19　指定左边约束性质

b　右边加 $x$ 方向的载荷

ANSYS Main Menu：Solution→Define Loads→Apply→Structural→Pressure→On Lines→弹

出线条选取对话框，鼠标选取右边线（见图13-20），点击"OK"，在弹出的压力加载对话框中输入载荷值VALUE："-10"（见图13-21），点击"OK"（关闭对话框）。

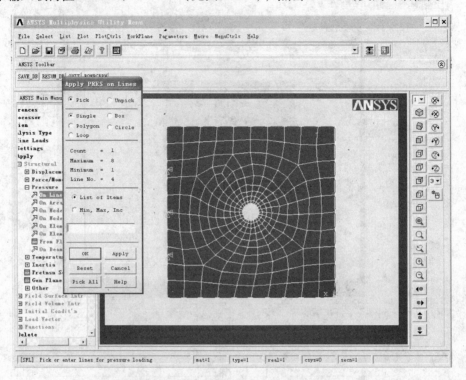

图13-20　选取载荷作用位置（右边）

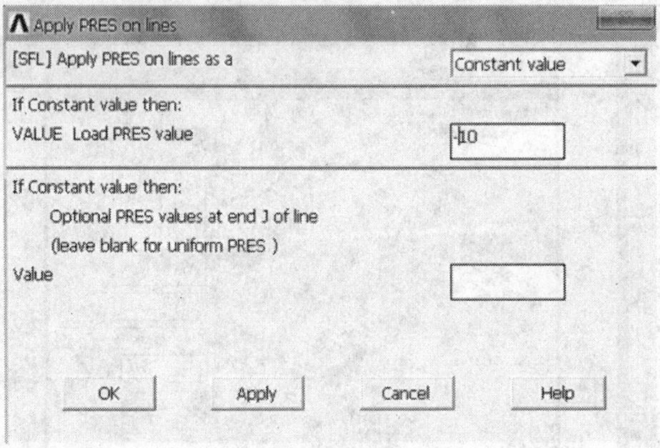

图13-21　输入载荷大小

### 13.4.2.3　分析计算

ANSYS Main Menu：Solution→Solve→Current LS→弹出当前求解载荷步的主要参数信息供校核（见图13-22），如校核无误，点击"OK"（关闭信息框），系统进入求解，求解完毕，系统显示"Solution is done!"（见图13-23）单击"Close"，关闭信息显示框。

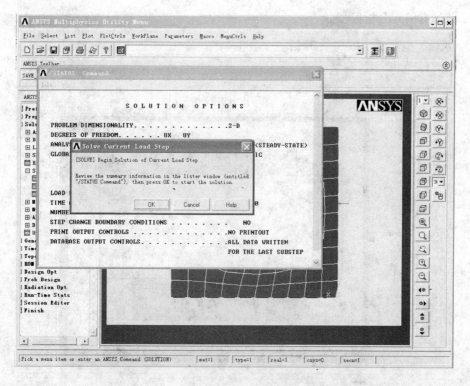

图 13-22　执行求解

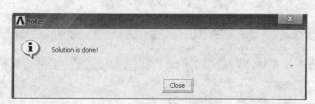

图 13-23　求解完成

#### 13.4.2.4　结果分析

ANSYS Main Menu：General Postproc→Plot Results→Deformed Shape→选择 Def + Undeformed（见图 13-24），点击"OK"（图形显示窗口显示结构变形结果），Contour Plot – Nodal Solu→选择"von Mises stress"（见图 13-25），点击"OK"（图形显示窗口显示结构等效应力分布云图）。变形结果和等效应力分布分别如图 13-26 和图 13-27 所示。

#### 13.4.2.5　保存分析结果并退出系统

ANSYS Utility Menu：File→Exit→Save Everything（见图 13-28），点击"OK"。分析模型及结果都存入文件 plate. db。

### 13.4.3　动力学分析实例

求解第 13.4.2 节模型的固有频率和振型。启动 ANSYS 分析软件，点击主界面上方的按钮 RESUME_ DB 或命令 ANSYS Utility Menu：File→Resume jobname. db 打开已保存的第

13.4.2 节的有限元分析模型。

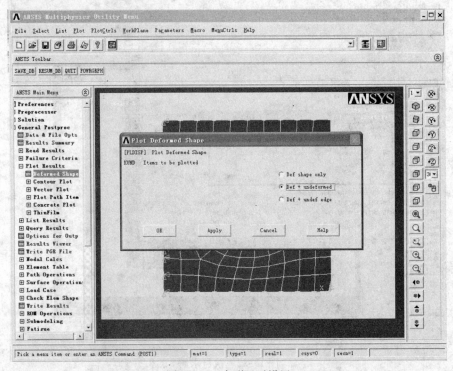

图 13-24　变形显示设置

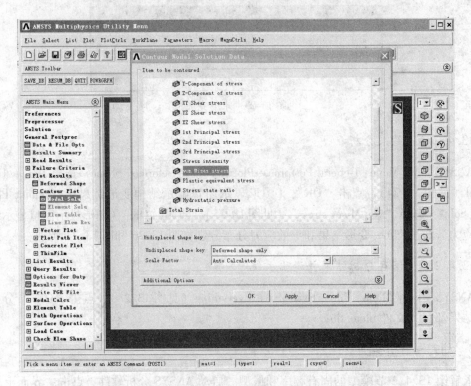

图 13-25　设置显示等效应力

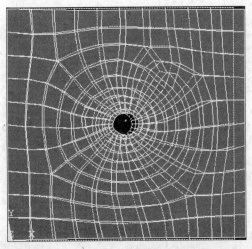

图 13-26 变形结果

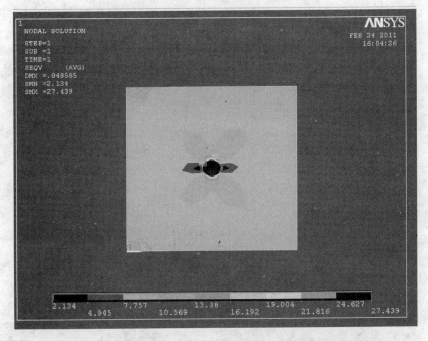

图 13-27 等效应力分布

### 13.4.3.1 输入材料密度

进行模态分析：计算结构的固有频率和相应振型，必须输入材料密度。点击 ANSYS Main Menu：Preprocessor → Material Props → Material Models → Structural → Density，输入 DENS："2.7e − 9"，如图 13-29 所示。

### 13.4.3.2 重新选择分析类型

点击 ANSYS Main Menu：Solution→Analysis Type→New Analysis，打开图 13-30 所示界面，选择模态分析 "Modal"。点击 "OK"，关闭该界面。

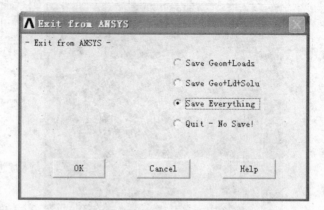

图 13-28 保存分析结果并退出 ANSYS

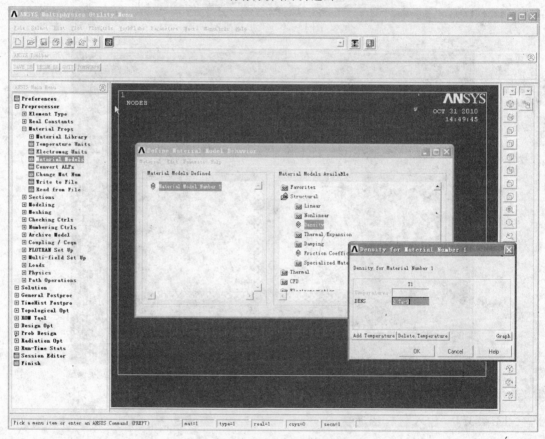

图 13-29 输入材料密度

### 13.4.3.3 选择模态分析方法以及需求解的固有频率及振型对数

紧接上步,点击 ANSYS Main Menu:Solution→Analysis Typ→Analysis Options,弹出图 13-31 所示界面,可选择子空间迭代法"Subspace",如求前 5 阶固有频率及对应的振型,在"No. of modes to extract"和"No. of modes to expand"中均输入"5","Expand mode shapes"选"Yes"。

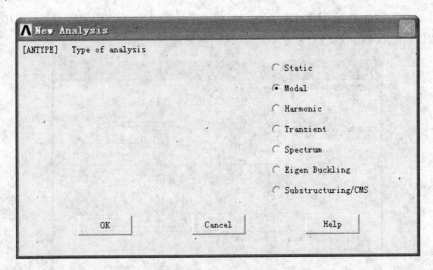

图 13-30　选择模态分析

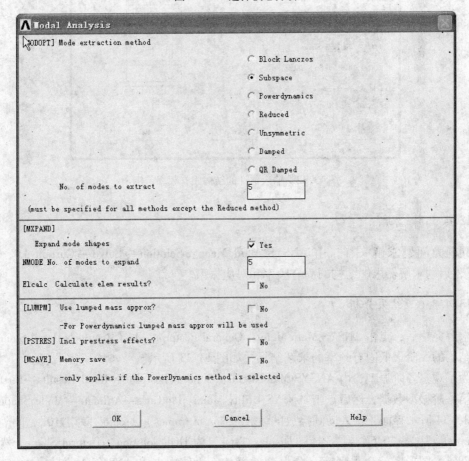

图 13-31　选择模态分析方法及求解频率及振型对数

### 13.4.3.4　输入估计的结构固有频率范围

在图 13-31 界面中输入相关参数后，点击"OK"，将会弹出图 13-32 所示界面。输入估计的频率范围，如开始频率 FREQB，输入 "0"，截止频率 FREQE，输入 "1000000"。其余参数保持默认值。然后点击 "OK"，返回主界面。

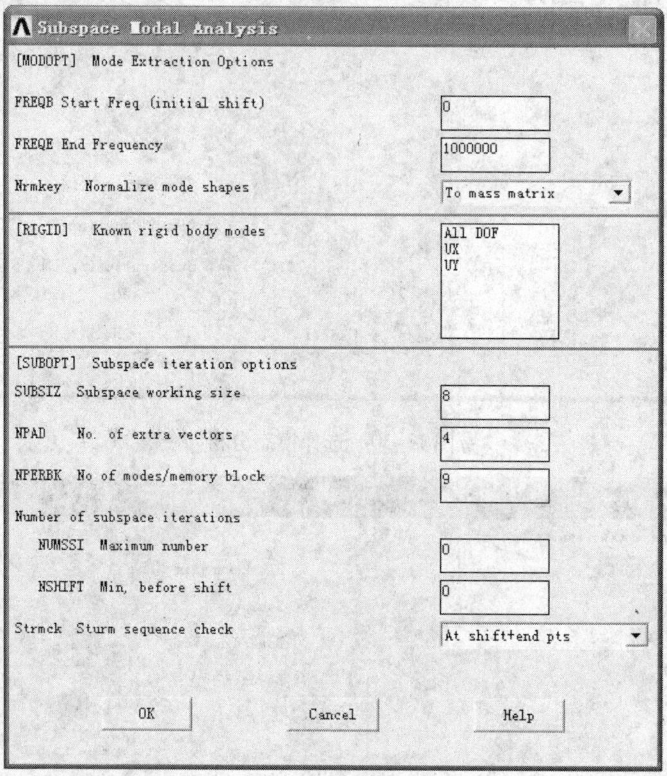

图 13-32 输入估计的结构固有频率范围

### 13.4.3.5 求解

同静力问题求解一样，由 ANSYS Main Menu：Solution→Solve→Current LS，点击 "OK"，启动求解器求解结构的固有频率和对应振型。

### 13.4.3.6 结果分析

求解完毕后，点击 ANSYS Main Menu：General Postproc→List Results→Detail Summary，弹出结构的 5 阶最低固有频率的求解结果，如图 13-33 所示。

为了观察各阶振型，由 ANSYS Main Menu：General Postproc→Read Results→First Set，读入第一阶振型数据，然后点击 ANSYS Utility Menu：PlotCtrls→Animate→Mode Shape，弹出图 13-34 所示界面，输入动画播放的帧数 "No. of frames to create" 为 "10"，间隔时间 "Time delay" 为 "0.5" s，选择 "Display Type" 为 DOF solution→Deform Shape，然后点击 "OK"，图形区就会出现第一阶振型的播放。再依次点击 ANSYS Main Menu：General Postproc→Read Results→Next Set，读入下几阶振型数据，重复上述启动动画步骤，可以在图形区依次显示后几阶振型的播放。图 13-35 和图 13-36 所示分别为第 1 阶和第 5 阶振型。因为是平面问题，振型都是平面内的变形。

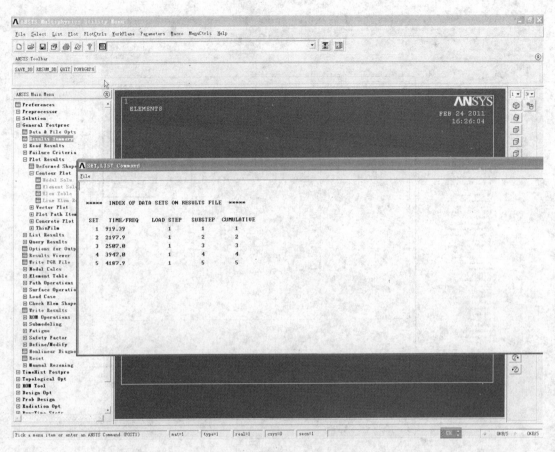

图 13-33  结构的固有频率求解结果

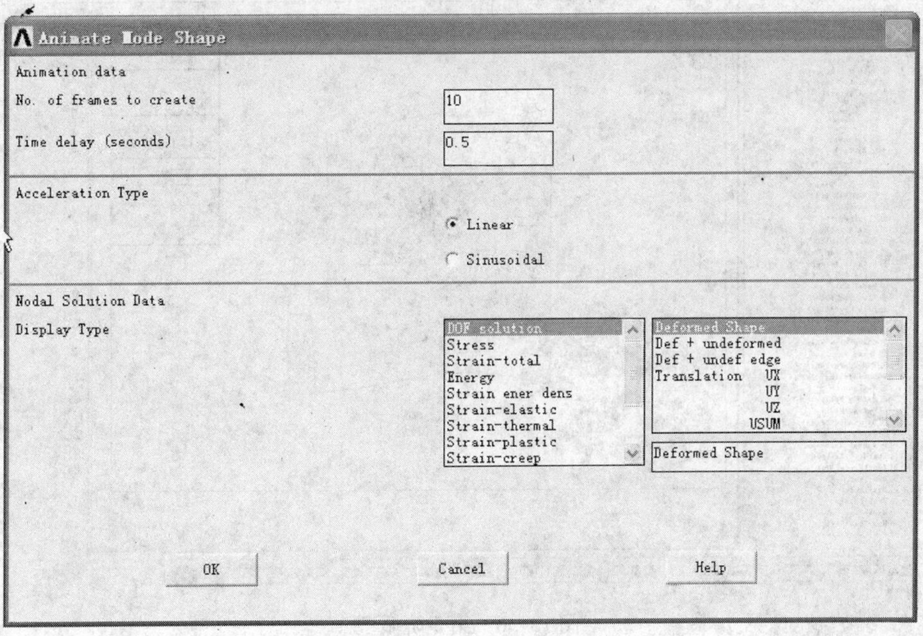

图 13-34  输入动画播放参数

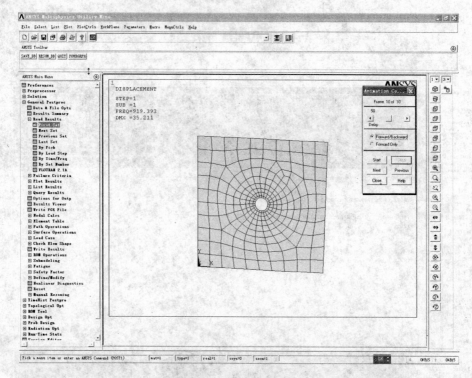

图 13-35　第 1 阶振型

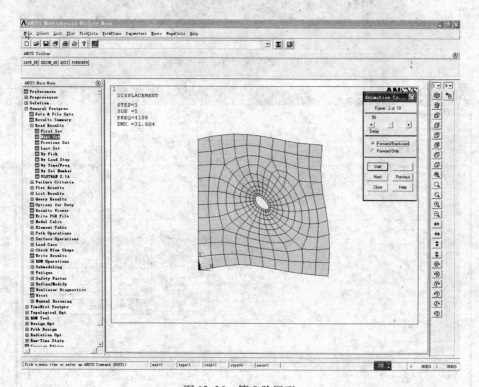

图 13-36　第 5 阶振型

# 14　MSC. Nastran 软件应用基础

## 14.1　Nastran 程序的历史

Nastran 是美国国家航空航天局（National Aeronautics and Space Administration，简称 NASA）为适应各种工程分析问题而开发的多用途有限元分析程序。

20 世纪 60 年代初，美国宇航局为登月需要，决定使用有限元法开发大型结构分析系统，并能在当时所有大型计算机上运行。为此，以虚构名 Tom Butler 命名的 NASA 小组采用了当时并不成熟的高级语言 Fortran 制定了一套全新的通用分析系统规范。开发小组包括 Computer Science Corporation 和 MacNeal-Schwendler Corporation（MSC 公司，1999 年更名为 MSC Software Corporation）。Nastran 程序最早在 1969 年通过 COSMIC（Computer Software Management and Information Center）对外发行，一般称为 COSMIC. Nastran。之后又有各种版本的 Nastran 程序发行，其中以 MSC 公司所开发的 MSC. Nastran 程序应用最为广泛。同时，为了便于计算机辅助设计（CAD）、计算机辅助工程分析（CAE）、计算机辅助制造（CAM）以及产品管理系统等一系列商业化软件产品之间的数据传输，MSC 公司除不断完善和扩充 MSC. Nastran 外，还开发有前、后处理软件 MSC. Patran 以及其他一些专用模块。MSC. Patran 软件可使用户通过图形交互界面方便地读取 CAD 模型或创建几何模型和有限元模型，以及设置模型参数等工作，也能够将计算结果以多种方式提供给用户，实现计算结果的可视化。

## 14.2　MSC 公司主要产品

MSC. Software 公司通过几十年的开发、调试和应用，目前已经向用户提供了多方位的、最有权威的、优秀的仿真工具，可以极大地提高用户产品的设计质量，降低风险，缩短开发周期，并据此赢得了业界的公认。

MSC 公司的有限元程序与其他公司的有限元程序相比，具有以下优点：

（1）能分析大部分的工程问题，有广泛的用户群。

（2）程序效率高，对存储空间的安排清楚而有效。

（3）输入格式清楚而易于了解，程序具有输入数据的查错能力，易于控制输出数据的格式。

（4）程序可塑性高，用户可用 DMAP（Direct Matrix Abstraction Programming）来增加或改变程序的功能及执行过程。

（5）程序可靠度高，可直接使用 MSC. Patran 进行前后处理。

### 14.2.1　MSC. Patran 简介

MSC. Patran 是属于 MSC. Software 公司的产品，是一个通用 CAE 前后处理及分析仿真系统。前后处理系统虽不属于有限元软件系统的核心部分，但却是面向用户的最为实用和直观的部分。它的主要功能是将用户所要求解的真实结构转化为有限元求解所需要的数字文件和相对应的视觉图形；同时又将有限元分析结果的大量数据文件转化为用户所需要的图、表，以便用户直观、形象、动态地了解计算结果。

### 14.2.1.1　概况

MSC. Patran 最早由美国宇航局（NASA）倡导开发，是工业领域最著名的并行框架式有限元前后处理及分析系统，其开放式、多功能的体系结构可将工程设计、工程分析、结果评估、用户化设计和交互图形界面集于一身，构成一个完整的 CAE 集成环境。MSC. Patran 拥有良好的用户界面，既容易使用又方便记忆，只要拥有一定的 CAE 软件使用经验，就可以很快成为该软件的熟练使用者，从而帮助用户实现从设计到制造全过程的产品性能仿真。

### 14.2.1.2　功能

MSC. Patran 作为一个优秀的前后置处理器，具有良好的适用性。它提供了完善的独立几何建模和编辑工具，具有很多灵活、方便的智能化工具，拥有自动网格划分以及工业界最先进的映射网格划分功能，支持用户快速完成他们想做的工作，灵活地完成模型准备。同时也提供直接几何访问技术（DGA），使用户直接从其他的 CAD/CAM 系统中获取几何模型，甚至参数和特征，而减少重复建模，为用户节约了宝贵的时间。此外，MSC. Patran 允许用户直接在几何模型上设定载荷、边界条件、材料和单元特性，并将这些信息自动地转换成相关的有限元信息，以最大限度地减少设计过程的时间消耗。后处理方面，MSC. Patran 能够提供图、表、文本、动态模拟等多种结果形式，形象逼真、准确可靠。丰富的结果后处理功能可以为用户直观地显示所有分析结果，从而找出问题所在，快速修改，为产品的开发赢得时间，提高市场的竞争力。

在软件接口方面，MSC. Patran 将不同类型的分析软件和技术集于一体，为用户提供了一个集成的环境，这样可以使用户不必担心不同软件之间的兼容问题。用户也能够根据多种类型的仿真结果对产品的整体设计给出正确的判断，进行相应的改进，从而大大提高了设计效率。

MSC. Patran 还是一个良好的二次开发平台，支持用户自主开发新的功能。用户可将MSC. Patran 作为自己的前后置处理器，并利用其强大的 PCL（patran command language）语言和编程函数库把自行开发的应用程序和功能及针对特殊要求开发的内容直接嵌入MSC. Patran 的框架系统，单独或与其他系统联合使用。这样，可以为用户提供更强大和更专业的功能。

### 14.2.1.3　特点

A　开放式的几何建模

a　方便的图形用户界面

MSC. Patran 采用符合 Open Software Fundation（OSF）Motif 标准全新的图形用户界面，直观的鼠标驱动菜单和可用于输入命令的表格系统。友好的用户界面，条理清晰，最多不超过三级的菜单按"事件"激发，用户可随意接通任何分析任务。丰富的电子表格工具，如弹出或下拉式菜单与表格、滑动条、图形图标、按钮。数据的输入和管理可采用鼠标"单击和拖动"方式或多功能屏幕拾取选择方式。各类表格均使用普通的工程术语，而不是特定代码命令语法和缩写，当需要时，辅助表格或自动弹出，或自动消失，整个界面系统始终保持一致。为便于用户使用，MSC. Patran 的整个用户手册系统全部处于"等待激活状态"，并可在分析任务需要帮助的任意时刻被激活，提供读取信息。

　　b　强大的几何造型功能

MSC. Patran 提供了一系列的几何造型和编辑功能，不但可以编辑读入的 CAD 几何造型，对其划分有限元网格，而且可以独立创建各种复杂的几何模型。统一的菜单形式提供了以下主要建模功能。

　　支持的几何要素包括：点、曲线、曲面、实体、裁剪曲面、三参数实体、边界表示法描述的实体。

　　多种生成选项包括：平移或复制，转动，比例缩放，镜像，滑动拉伸，法向拉伸，抽取点、线、面，导角，直接定义 $x$、$y$、$z$ 坐标，任意方向拉伸，旋转生成，复杂要素分解为简单要素，要素相交产生新的要素，重叠在指定的面上产生线、面，投影点、线、面，由有限元网格生成曲面，通过组的变换生成几何项，几何项序号的重新排序，曲线、曲面的合并，局部坐标系（笛卡尔、圆柱和球坐标）设定，重心、形心、转动惯量等几何模型的质量和几何特性计算等。

　　c　丰富的软件接口

有限元分析模型可从 CAD 几何模型上快速地直接生成，从而省去在分析软件系统中重新构造几何模型的传统过程。MSC. Patran 支持不同的几何转换标准，包括 Parasolid，IGES，STEP，STLVDA 等格式，而在 2004 后续版本中，MSC. Patran 可以直接读取 CATI-AV4 和 V5EUCLID3，Ⅰ- DEAS，Pro/E INGNER，Unigraphics 的几何模型文件。其中，对于 Unigraphics 的特征不但可以读入 MSC. Patran，而且可以在 MSC. Patran 中根据分析的要求进行更改，随后特征仍可返回 UG 供 CAD 设计修改使用。使用独特的几何模型直接访问技术（direct geometry access，简称 DGA），工程师可以直接在 MSC. Patran 框架内访问现有 CAD/CAM 系统的数据库，读取、转换、修改和操作正在设计的几何模型而不用复制。

　　B　方便的有限元建模

MSC. Patran 提供了功能方便灵活的、可满足各种分析精度要求的复杂有限元的建模功能。其综合、全面、先进的网格划分技术，可以根据不同的几何模型为用户提供多种不同的生成和定义有限元模型工具，包括多种网格划分器、有限元模型的编辑处理、单元设定、任意梁截面建模、边界和载荷定义以及交互式计算结果后处理。

　　a　多种网格划分器

MSC. Patran 提供了针对不同分析目的的多种网格划分器，可以帮助设计人员快速生成分析用的有限元网格。这些网格划分器包括如下几种：

　　（1）快速曲面网格划分器。它的功能主要有：实现对任意二维曲面生成网格并对网格进行缝合匹配；用户只需要定义局部或全局单元尺寸，系统会自动对所划分的网格进行光顺处理，以确保网格质量；实现对网格密度的控制（包括曲率检查）；实现无曲面的面网格生成；系统自动选用预定的算法，保证在边界和特殊区域的网格形状最佳。

(2) 自动实体网格划分器。它的功能主要有：实现对任意几何体三维网格划分；具有强大的网格密度控制功能，包括曲率控制和基于邻近面的网格划分（Proximity- based Meshing）；采用预定的系统内部算法保证在边界及重要区域网格有最佳形状；具有实体网格诊断功能，可准确定位几何缺陷，并将信息提示给用户。

(3) 可靠的映射网格划分器。它的功能主要有：实现一维、二维、三维的有限元网格划分；采用单一命令实现多种网格划分选项，包括均匀和非均匀（包括单方向、双方向及基于曲率的网格划分）控制选项、网格过渡控制选项、网格种子控制选项、用户控制的网格光顺处理选项等；能够实现在两条线之间生成面单元功能。

(4) 扫掠网格划分器。它的功能主要有：实现利用一维网格通过扫掠生成二维网格，利用二维网格扫掠生成三维网格；MSC. Patran 的扫掠采用广义扫掠定义，扫掠方法有很多种，包括圆弧方向扫掠、柱面径向扫掠、拉伸扫掠、球面径向扫掠等。

b 有限元模型的编辑处理

除优异的网格划分技术外，MSC. Patran 还拥有一些独特的网格处理功能，如网格的优化处理、单元验证试验、节点和单元编辑等。具体包括：自动点生成，能自动产生高阶单元的边中心节点、面中心节点或体中心节点；单元平移、转动、镜像和比例缩放以及复制和管理单元、节点；单元网格细化；重复节点的合并，系统可以根据拓扑或几何关系对整个模型的网格节点或局部网格节点进行检查，对重合节点进行预览或删除操作；网格连续性检查，对模型中的网格之间连接的节点进行共用性检查，并对网格独立边界进行显示，帮助用户对网格连续性进行判断。

c 单元检查

为了确保所有分析模型的完整性，一般要对模型进行单元检查，主要包括以下内容：壳单元的细长比、翘曲、扭曲、阶梯性及法向的一致性检查；高阶壳单元的法向和切向偏置检查；实体单元的细长比、内角、扭曲、表面扭曲、表面阶梯性、表面翘曲、四面体间隙、单元连接及重合检查；雅可比测试；单元特性、材料及边界条件的图形显示；单元自由边和自由面的图形显示。

有限元网格可以随时与几何点、线、面或体相关联，这对生成网格时未做几何关联或网格从外部读入的情况非常有用。另外，还可通过组的变换生成网格，或利用别的单元的表面或边生成新的单元。节点可投影到平面、曲面、曲线或指定的空间位置；单元网格可进行打开和闭合控制。

d 任意梁截面定义

梁是工程领域中最为常用的一种结构形式，因此它在结构分析中也占据了十分重要的地位。在 MSC. Patran 中，不仅拥有常规的梁单元库，MSC. Patran 还特别提供了任意梁截面计算和模型处理方法，使得设计工程师能够随心所欲地选择各种形状的梁截面，设计出他们认为更合理的结构产品。另外，设计人员还可以十分方便地处理各种梁或梁的有限元组合模型，对于通用的标准梁截面，如 I 形、L 形等，还可以通过三维摆放保证分析模型的正确性。

C 边界条件定义

当网格划分完成之后，紧接着就需要在分析模型上定义相应的单元特性、材料特性、载荷等。MSC. Patran 能够将各种单元、材料、载荷、边界条件直接添加到有限元网格或任何 CAD 几何类型上。如果分析信息定义到 CAD 几何模型上，单元和材料特性、载荷和边界条件将与几何保持相关性，并且当网格改变或修改时无需重新定义。

a 载荷边界条件

结构分析所施加的载荷和边界条件可直接作用于几何或有限元模型上，具体包括：连续集中于一点；沿一条边；在一个平面、柱面或球面内；通过一个曲面；通过一个实体。

分析用到的载荷和约束选项也非常丰富，主要包括：力和力矩；压力和面分布力；强迫位移或约束；温度；点、面或体积热源；对流；热通量。

此外，其他功能还包括：多个点或单元与其他点或单元相联系的表格可由用户输入区域；数学函数表达的域可用于施加变化载荷；不同的有限元网格之间计算结果插值；多个载荷和边界条件作用时产生多个工况。

b 材料

MSC. Patran 中定义了多种材料模型，其中涵盖了当前工程中所使用的各种材料类型，包括各向同性材料、正交各向异性材料、各向异性材料、复合材料、热各向同性材料、热正交各向异性材料和热各向异性材料。对于密度和材料主方向随空间位置变化的材料属性，可直接加在几何或有限元模型上。

MSC. Software 公司独有的 MSC. Mvision 材料数据库信息系统可完全集成到 MSC. Patran 中，并通过 MSC. Patran 材料选择器将来自材料数据库的材料信息直接嵌入到有限元模型或 CAD 几何模型中，如非金属材料、复合材料、塑料、陶瓷、各类金属及合金材料的性能及制造特性信息等。目前，MSC. Software 公开发售的 MSC. Mvision 材料数据库信息系统包括来自全球各地各大材料制造商（公司）、材料研究机构、国防及军事研制部门、航空航天材料试验中心等数万种材料信息（含各类的材料性能数据、试验环境数据、表格、成分、图像、供应厂商、材料牌号等）。对于更为复杂的材料，如定义诸如时间、载荷和温度相关材料特性，还可通过 MSC. Patran 的 PCL 宏命令语言完成，既可直接显示在 MSC. Patran 模型上，也可用电子表格或坐标图表示。

D 交互式的结果可视化后处理

MSC. Patran 提供了多种计算分析结果可视化工具，能够帮助分析师快速、灵活地理解结构在载荷作用下复杂的行为，如结构受力、变形、温度场、疲劳寿命、流体流动等。分析的结果同时可与其他有限元程序联合使用。MSC. Patran 可以以等值图、彩色云图、连续色彩云带、混合云带、单元填充显示、矢量显示、张量显示、值显示、变形形状显示、等值面显示、流线显示、流面显示、记号显示、X- Y 曲线显示、阈值显示等不同的方式来显示分析结果。MSC. Patran 对分析结果彩色云图显示中的参考彩色谱对照表定义十分方便，可以采用半自动、手工显示出最小、最大或同时显示出最小和最大值等方式对参考彩色谱对照表进行定义。MSC. Patran 可以通过分析得到的变形后的几何叠加在未变形的几何上同时显示出来，原始未变形几何可以以线框或隐藏线方式显示，同时允许用户对可视化分析结果进行显示比例的调整，便于用户对结果的分析。MSC. Patran 可以将可视化的分析结果图以 BMP、JPEG、MPEG 动画文件、PNG、TIFF、VRML 等格式进行输出，以便于用户脱离 MSC. Patran 系统直接对结果图进行分析。

E 多种分析的集成

MSC. Patran 提供了按"事件分类"的求解器选择功能，分析时可以根据不同分析软件的特点和要求在 MSC. Patran 中设置相应的工作环境，无需再像以前那样当一个模型要进行不同类型的分析时必须针对选用的不同分析软件的特点重复建模。MSC. Patran 界面内可直接选择的求解器见表 14-1。

表 14-1 MSC. Patran 界面内可直接选择的求解器

| MSC. Nastran | MSC. Superforge | MSC. Fatigue |
|---|---|---|
| MSC. Dytran | MSC. Mvision | Star- CD |
| MSC. Droptest | CFX | Fluent |
| MSC. Marc | Abaqus | ANSYS |
| MSC. Filghtloads and Dynamics | LS-DYNA3D | PAMCRASH |
| SAMCEF | SINDA | |

另外，MSC. Patran 还可以选择自身的求解器和分析功能，包括：通用结构分析 MSC. Fea、非线性结构分析 MSC. Afea、专业热分析包 MSC. Therma、专业疲劳分析包 MSC. Fatigue、高级分析管理器 MSC. AnaysisManager、高级层板复合材料建模器 MSC. LaminateModer。

### 14.2.2 MSC. Nastran 简介

MSC. Nastran 是由 MSC. Software 公司推出的一个大型结构有限元求解软件，其第一个版本是于 1969 年推出的 Nastran Level 12，经过几十年的不断发展和完善，最高版本为 2010，后续软件进行集成后更名为 MD. Nastran。

MSC 公司自 1963 年开始从事计算机辅助工程领域 CAE 产品的开发和研究，1966 年美国国家航空航天局（NASA）为了满足当时航空航天工业对结构分析的迫切需求，主持开发大型应用有限元程序的招标，MSC 中标并参与了整个 Nastran 的开发过程。1969 年，NASA 推出了其第一个 Nastran 版本 Nastran Level 12。1973 年 Nastran Level 15.5 发布，MSC 公司被指定为 Nastran 的特邀维护商。

1971 年，MSC 公司对原始的 Nastran 做了大量改进，采用了新的单元库，增强了程序的功能，改进了用户界面，提高了运算精度和效率。特别对矩阵运算方法做了重大改进，并推出了自己的专利版本：MSC. Nastran。1989 年，MSC 公司发布了性能改良的 MSC. Nastran 66 版本。该版本包含了新的执行系统、高效的数据库管理、自动重启动及更易理解的 DMAP 开发手段等新特点，同时引入 FEM 领域的杰出研究成果，使 MSC. Nastran 变得更加通用。之后，MSC 公司对 Nastran 不断进行改进和升级，其性能和适用性都有了质的飞跃。

MSC. Nastran 具有开放式的结构，全模块化的组织结构使其不但拥有很强的分析功能还保证了很好的灵活性，使用者可根据自己的工程问题和系统需求通过模块选择、组合获取最佳的应用系统。针对实际工程应用，MSC. Nastran 中有近 70 余种单元独特的单元库，所有这些单元可满足 MSC. Nastran 各种分析功能的需要，且保证求解的高精度和高可靠性。模型建好后，MSC. Nastran 即可进行分析，如动力学、非线性分析、灵敏度分析、热分析等。此外，MSC. Nastran 的新版本中还增加了更为完善的梁单元库，同时新的基于 P 单元技术的界面单元的引入，可有效地处理网格划分的不连续性（如实体单元与板壳单元的连接），并自动地进行 MPC 约束。MSC. Nastran 的 RSSCON 连接单元可将壳—实体自动连接，使组合结构的建模更加方便。

### 14.2.2.1  静力分析

静力分析是工程结构设计人员使用最为频繁的分析手段，主要用来求解结构在静载荷（如集中/分布静力、温度载荷、强制位移、惯性力等）作用下的响应，并得出所需的节点位移、节点力、约束（反）力、单元内力、单元应力和应变能等。MSC. Nastran 支持全范围的材料模式，包括均质各向同性材料、正交各向异性材料、各向异性材料、随温度变化的材料等。MSC. Nastran 可以方便地实现载荷与载荷工况的组合计算。载荷组合是指 MSC. Nastran 可以将计算模型上的点、线和面载荷、热载荷、强迫位移等各种载荷进行加权组合形成新的载荷；载荷工况组合是指 MSC. Nastran 可以将计算模型已有的分析、计算工况进行加权组合形成新的载荷工况，施加于计算模型中。

在静力分析中除线性外，MSC. Nastran 还可处理一系列具有非线性属性的静力问题，主要有几何非线性、材料非线性及考虑接触状态的非线性如塑性、蠕变、大变形、大应变和接触问题等（需非线性模块）。

### 14.2.2.2  屈曲分析

屈曲分析主要用于研究结构在特定载荷下的稳定性以及确定结构失稳的临界载荷，MSC. Nastran 中屈曲分析包括线性屈曲和非线性屈曲分析。线弹性失稳分析又称为特征值屈曲分析，可以考虑固定的预载荷。非线性屈曲分析包括几何非线性失稳分析、弹塑性失稳分析、非线性后屈曲分析。在算法上，MSC. Nastran 采用微分刚度概念，考虑高阶应变-位移关系，结合 MSC. Nastran 特征值抽取算法可精确地判别出相应的失稳临界点。该方法较限定载荷量级法具有更高的精确度和可靠性。此外，MSC. Nastran 提供了另外 3 种不同的 Arc-Length 方法，特别适用于非稳定段和后屈曲问题的求解，不但可帮助准确地找出失稳点，还可跟踪计算结构的非稳定阶段及后屈曲点后的响应。

### 14.2.2.3  动力学分析

结构动力学分析是 MSC. Nastran 的主要应用之一。结构动力分析不同于静力分析，常用来确定变载荷对整个结构或部件的影响，同时还要考虑阻尼及惯性效应的作用。MSC. Nastran 的动力学分析功能包括：正则模态及复特征值分析；频率及瞬态响应分析；（噪）声学分析；随机响应分析；响应及冲击波分析；动力灵敏度分析等。针对于中小及超大型问题不同的解题规模，可选择 MSC. Nastran 不同的动力学方法加以求解。例如，在处理大型结构动力学问题时，可采用特征缩减技术使解题效率大为提高。

为求解动力学问题，MSC. Nastran 提供了求解所需的动力和阻尼单元，如瞬态响应分析非线性弹性单元、各类阻尼单元、（噪）声学阻滞单元及吸收单元等。阻尼类型包括：结构阻尼、材料阻尼、不同的模态阻尼（含等效黏滞阻尼）、（噪）声阻滞阻尼和吸收阻尼、可变的模态阻尼（等效黏性阻尼、临界阻尼的分数、品质因数）、离散的黏性阻尼单元、随频率变化的非线性阻尼器以及动力传递函数、直接矩阵输入、动力传递函数定义等。

MSC. Nastran 可在时域或频域内定义各种动力学载荷，包括动态定义所有的静载荷、强迫位移、速度和加速度、初始速度和位移、延时、时间窗口、解析显式时间函数、实复相位和相角、作为结构响应函数的非线性载荷、基于位移和速度的非线性瞬态加载、随载荷或受迫运动不同而不同的时间历程等。模态凝聚法有 Guyan 凝聚（静凝聚）、广义动态凝聚、部分模态综合、精确分析的残余向量。

MSC. Nastran 的高级动力学功能还可分析更深层、更复杂的工程问题，如控制系统、流固耦合分析、传递函数计算、输入载荷的快速傅里叶变换、陀螺及进动效应分析（需 Direct Matrix Abstraction Program 模块）、模态综合分析（需超单元模块）。所有动力计算数据可利用矩阵法、位移法或模态加速法快速地恢复，或直接输出到机构仿真或相关性测试分析系统中去。

MSC. Nastran 的主要动力学分析功能有特征模态分析、直接复特征值分析、直接瞬响应分析、模态瞬态响应分析、响应谱分析、模态复特征值分析、直接频率响应分析、模频率响应分析、非线性瞬态分析、模态综合、动力灵敏度分析等。

### 14.2.2.4　非线性分析

在很多情况下，结构响应与所受的外载荷并不成比例。由于材料的非线性的存在，不可避免地产生非线性的问题。要解决这些问题，就必须考虑材料和几何、边界和单元等非线性因素。MSC. Nastran 通过精确的非线性分析，可以提高材料利用率，减轻结构质量。非线性分析包含以下几种情况：

（1）几何非线性分析。几何非线性分析研究结构在载荷作用下几何模型发生变形、如何变形、几何变形的大小等问题。所有这些均取决于结构受载时的刚性或柔性。非稳定段过渡、回弹，后屈曲分析的研究都属于几何非线性的应用。在几何非线性分析中，应变与位移关系是非线性的，这意味着结构本身会产生大位移或大的转动，应力应变关系或是线性或是非线性。对于极短时间内的高度非线性瞬态问题，以大应变及显式积分为主的 MSC. Dytran 等可以进一步对 MSC. Nastran 进行补充。在几何非线性中，可包含大变形、旋转、温度载荷、动态或定常载荷、拉伸刚化效应等。

（2）材料非线性分析。当材料的应力和应变关系是非线性时要用到这类分析。非线性材料包括非线性弹性（含分段线弹性）、超弹性、热弹性、弹塑性、塑性、黏弹/塑率相关塑性及蠕变材料，材料非线性适用于各类各向同性、各向异性、具有不同拉压特性（如绳索）及与温度相关的材料等。

（3）非线性边界（接触问题）分析。分析过程中经常遇到一些接触问题，如齿轮传动、冲压成形、橡胶减振器、紧配合装配等。当一个结构与另一个结构或外部边界相接触时，通常要考虑非线性边界条件。由接触产生的力同样具有非线性属性。对这些非线性接触力，MSC. Nastran 提供了两种方法，一是三维间隙单元（GAP），支持开放、封闭或带摩擦的边界条件；二是三维滑移线接触单元，支持接触分离，摩擦及滑移边界条件。另外，在 MSC. Nastran 的新版本中还将增加全三维接触单元。

（4）非线性瞬态分析。非线性瞬态分析可用于分析三种类型的非线性结构的非线性瞬态行为。这三种类型分别为：考虑结构的材料非线性行为、几何非线性行为（如大位移、超弹性材料的大应变）、边界条件的非线性行为（如结构与结构的接触、缝隙的开与闭合、考虑与不考虑摩擦、强迫位移）。

### 14.2.2.5　热传导分析

热传导分析通常用来校验结构零件在热边界条件或热环境下的产品特性，利用 MSC. Nastran 可以计算出结构内的热分布状况，并直观地看到结构内部热点位置及分布状况。MSC. Nastran 提供温度相关的热传导分析支持能力，可以解决包括传导对流、辐射、相变、热控系统在内的热传导现象，并真实地仿真各类边界条件，对各种复杂的材料和几何模型模拟热控系统，进行热-结构耦合分析。

### 14.2.2.6　空气动力弹性及颤振分析

气动弹性问题是航空航天工业中非常重要的问题之一，涉及气动、惯性及结构力间的相互作用，求解相当复杂。像飞机、导弹、火箭、高层建筑等都需要气动弹性方面的计算。MSC. Nastran 的气动弹性分析功能主要包括静态和动态气弹响应分析、气动颤振分析及气弹优化分析。

### 14.2.2.7　流-固耦合分析

流-固耦合分析主要用于解决流体与结构之间的相互作用效应。MSC. Nastran 中拥有多种方法求解完全的流-固耦合分析问题，包括流-固耦合法、水弹性流体单元法、虚质量法。

A　流-固耦合法

流-固耦合法广泛用于声学和噪声控制领域中，如发动机噪声控制、汽车车厢和飞机客舱内的声场分布控制和研究等。分析过程中，利用直接法和模态法进行动力响应分析，流体假设是无旋的和可压缩的。分析的基本控制方程是三维波方程，两种特殊的单元可被用来描述流-固耦合边界。（噪）声学载荷由节点的压力来描述，其可以是常量，也可以是与频率或时间相关的函数，还可以是声流容积、通量、流率或功率谱密度函数。不同的结构件产品的噪声影响结果可以以不同的形式被分别输出。

B　水弹性流体单元法

水弹性流体单元法通常用来求解具有结构界面、可压缩性及重力效应的广泛流体问题。水弹性流体单元法可用于标准的模态分析、瞬态分析、复特征值分析和频率响应分析。当流体作用于结构时，要求必须指出耦合界面上的流体节点和相应的结构节点。自由度在结构模型中是位移和转角，而在流体模型中则是在轴对称坐标系中调和压力函数的傅里叶系数。类似于结构分析，流体模型产生"刚度"和"质量"矩阵，但具有不同的物理意义。载荷、约束、节点排序或自由度凝聚不能直接用于流体节点上。

C　虚质量法

虚质量法主要用于流-固耦合问题的分析，如结构沉浸在一个具有自由液面的无限或半无限液体里，容器内盛有具有自由液面的不可压缩液体，或以上两种情况的组合，如船在水中而舱内又装有不充满的液体。

### 14.2.2.8　多级超单元分析

超单元分析是一种求解大型问题十分有效的手段，特别是当工程师打算对现有结构件做局部修改和重分析时。超单元分析主要是把整体结构分化成很多小的子部件来进行分析，即将结构的特征矩阵（刚度、传导率、质量、比热容、阻尼等）压缩成一组主自由度。子结构方法具有更强的功能且更易于使用，子结构可使问题表达简单，计算效率提高，计算机的存储量降低。超单元分析则在子结构的基础上增加了重复和镜像映射和多层子结构功能，不仅能单独运算，还可与整体模型混合使用，结构中的非线性与线性部分分开处理，可以减小非线性问题的规模。应用超单元，工程师仅需对那些所关心的受影响大的超单元部分进行重新计算，从而使分析过程更经济、更高效，避免了总体模型的修改和对整个结构的重新计算。

多级超单元分析是 MSC. Nastran 的主要功能之一，适用于所有的分析类型，如线性静力分析、刚体静力分析、正则模态分析、几何和材料非线性分析、响应谱分析、直接特征值法响应分析、频率响应分析、瞬态响应分析、模态特征值响应分析、模态综合分析（混合边界方法和自由边界方法）、设计灵敏度分析、稳态传热分析、非稳态传热分析、线性传热分析、非线性传热分析等。

### 14.2.2.9　高级对称分析

针对结构的对称、反对称、轴对称或循环对称等不同的特点，MSC. Nastran 提供了不同的算法。类似超单元分析，高级对称分析可大大压缩大型结构分析问题的规模，提高计算效率。

#### A　结构对称分析

如果结构具有对称性，则有限元模型可以被减小，进而节省计算时间。每增加一个对称面，有限元模型就相应地减小近乎一半，例如，当结构有一个对称面时，只要计算一半模型，而当结构有两个对称面时，只需计算 1/4 模型就可得到整个模型的受力状况。对称分析一般包括对称和反对称分析两种。MSC. Nastran 可以在结构或有限元模型上施加各种对称或反对称载荷及边界条件。

#### B　轴对称分析

压力容器及其他一些类似的结构通常是由板壳或平面绕某一轴线旋转而得到的，具有轴对称性。此时结构的位移仅仅沿着半径方向，有限元模型简化到只需要分析结构的一个截面就够了。轴对称分析一般适用于线性及超弹性问题的分析。

#### C　高级循环对称分析

很多结构，包括旋转机械乃至太空中的雷达天线，经常是一些由绕某一轴循环有序周期性排列的特定的结构件组成，对于这类结构，通常就要用循环对称或称为旋转对称的方法进行结构分析。在分析时，仅需要选取特定的结构件即可获得整个组件结构的计算结果，可以减少计算和建模的时间。这部分结构可绕某一轴旋转生成整个结构。循环对称可分两种对称类型，即简单循环对称和循环复合对称。简单旋转对称中，对称结构件没有平面镜像对称面，且边界可以有双向弯曲曲面；复合循环对称中，每个对称结构件具有一个平面镜像对称面，且对称结构件之间的边界是平面。循环对称分析通常可解决线性静力、模态、屈曲及频率响应分析等问题。

### 14.2.2.10　设计灵敏度及优化分析

设计优化是为满足特定优化目标如最小质量、最大第一阶固有频率或最小噪声级等的综合设计过程，这些优选目标称为设计目标或目标函数。优化实际上含有折中的含义，例如，结构设计的质量更轻就要用更少的材料，但这样一来结构就会变得脆弱，因此就要限制结构件在最大许用载荷下或最小失稳载荷等条件下的外形及尺寸厚度。类似地，如果要保证结构的安全性，就要在一些关键区域增加材料，但同时也意味着结构会加重，最大或最小许用极限限定被称为约束。

设计变量是一组在设计过程中为产生一个优化设计可不断改变的参数。MSC. Nastran 中的设计变量包含形状和尺寸两大部分。形状设计变量（如边长、半径等）直接与几何形状有关，在设计过程中可改变结构的外形尺寸；尺寸设计变量（如板厚、凸缘、腹板等）则一般不与几何形状直接发生关系，也不影响结构的外形尺寸。设计优化意味着有在满足约束的前提下产生最佳设计的可能性。MSC. Nastran 拥有较强的设计优化能力，其优化过程由设计灵敏度分析及优化两大部分组成，可对静力、模态、屈曲、瞬态响应、频率响应、气动弹性和颤振分析进行优化。优化允许在模型中存在上百个设计变量和响应。除了具有这种用于结构优化和零部件详细设计过程的形状和尺寸优化设计的能力外，MSC. Nastran 也具有适于产品概念设计阶段的拓扑优化功能，以最小平均柔度或指定阶数的最大特征频率、计算频率与指定频率的最小频率差为目标函数，在一定体积约束下，寻找最优的孔洞尺寸和壳体或实体单元的方向厚度，可用于静力和模态分析的拓扑形状优化。

### 14.2.3 MSC. Fatigue 简介

MSC. Fatigue 是专业的耐久性疲劳寿命分析软件。可用于结构的初始裂纹分析、裂纹扩展分析、应力寿命分析、焊接寿命分析、整体寿命预估分析、疲劳优化设计、振动疲劳分析、多轴疲劳分析、点焊疲劳分析、虚拟应变片测量及数据采集等各种分析。同时，该软件还拥有丰富的疲劳断裂相关材料库、疲劳载荷和时间历程库等，能够可视化疲劳分析的各类损伤、寿命结果。MSC. Fatigue 的主要功能为：

（1）MSC. Fatigue Pre&Post，即疲劳寿命分析前后处理器。通过 MSC. Fatigue Pre&Post，用户可直接访问 MSC. Fatigue 提供的所有分析功能选项，并利用其先进的交互式图形功能方便地建立疲劳寿命计算所需的 MCAE 环境。其强大的可视化后处理功能可方便地透视和诊断各种疲劳寿命问题。此外，MSC. Fatigue 的各种分析功能也可完全集成在 MSC. Patran 内。

（2）MSC. Fatigue Basic，即全寿命及初始裂纹分析。它可根据有限元模型提供的结构应力或应变分布、结构载荷的变化，以及材料的疲劳特性等条件，预测结构寿命。分析中既可采用传统的载荷－寿命方法，也可采用更加现代的局部应变法或初始裂纹法。

（3）MSC. Fatigue Fracture，即裂纹扩展分析。它可根据有限元模型提供的结构应力分布、结构载荷的变化，以及材料的疲劳特性等条件，预测裂纹的扩展速率和时间。研究裂纹扩展常采用传统的线弹性断裂力学（LEFM）。

（4）MSC. Fatigue Utilities，即高级疲劳和加载功能。它可根据有限元模型提供的结构应力或应变分布、结构载荷的变化，以及材料的疲劳特性等条件，预测结构的疲劳寿命。Utilities 模块所包含的高级适用的应用程序，可帮助 MSC. Fatigue 用户收集、分析和处理诸如应力或应变时间历程的测量值等数据，为进一步分析做好准备。

（5）MSC. Fatigue Vibration，即振动疲劳分析。它可用于预测结构或部件在随机振动条件下的疲劳寿命。主要用于振动敏感系统，可以根据有限元分析所得应力的功率谱密度函数或者传递函数，预估结构的疲劳寿命。

（6）MSC. Fatigue SpotWeld，即点焊的疲劳寿命分析。它是基于 MSC. Nastran 的有限元分析，可预测两块金属板在点焊连接处的疲劳寿命。利用杆单元横截面所受的力和力矩来计算焊接处的应力，然后采用载荷－寿命方法，完成结构的全寿命疲劳分析。

（7）MSC. Fatigue MLAtiaxial，即多轴初始裂纹分析。它可根据有限元模型提供的结构应力或应变分布、结构载荷的变化，以及材料的疲劳特性等条件，预测结构寿命。MLAtiaxial 采用了非比例、多轴应力状态假设，并通过裂纹扩展法预估结构寿命，分析结构的安全系数。

（8）MSC. Fatigue Strain Gauge，即虚拟应变片测量。它可在 MSC. Nastran 有限元模型中创建软件形式的虚拟应变片，从而得出有限元模型在随时间变化的多种载荷作用下所产生的响应时间历程的理论结果。

## 14.3　Patran 和 Nastran 建模和分析过程

Nastran 软件作为一个有限元分析求解器，既可与 Patran 紧密完全集成，又可以独立使用。完全集成意味着在 Patran 中完成前处理后直接递交给 Nastran 进行求解；独立使用意味着只要有 Nastran 所需要的数据文件，就可以启动 Nastran 进行计算。

### 14.3.1　一般使用流程

#### 14.3.1.1　读入几何模型或建立几何模型

首先应建立几何模型，或者从其他 CAD 软件中直接读入，再利用 Patran 的 Geometry 工具栏打开 Geometry 面板，用该面板中提供的功能，对读入的模型进行编辑修改。几何对象将以图形的形式显示在编辑区中。

#### 14.3.1.2　选择分析解算器

不同的分析程序间虽然有许多共性，比如有限元网格划分、模型检查等，但在单元类型、分析过程等方面各有特点，因此，在创建分析模型之前要选定所要用的分析程序。在完成几何模型后，应该确定本次工作要进行哪种类型的分析，比如线性静态计算，然后根据所要进行的分析类型，选用适当的解算器。在 Preferences 菜单中，用 Analysis 菜单项打开 Analysis Pereference 面板，从中选用适当的解算器（当然，应该保证该解算器已经被正确安装），MSC. Patran 的基本解算器是 MSC. Nastran，这也是 MSC. Patran 默认的设置。

#### 14.3.1.3　建立有限元分析模型

做完了以上工作，就应该在几何模型的基础上建立有限元分析模型了。有限元模型的建立，主要用到工具栏中的 Element、Loads/BCS、Materials 和 Properties 工具，可以打开相对应的面板，分别执行网格划分、载荷/边界条件定义、材料定义和属性加载操作。

Elernent 工具主要用于有限元网格的划分。点击该按钮，在屏幕的右侧会弹出 Finite Elements 面板，可执行网格划分的各种操作，例如选用网格类型、选取划分网格的方法、对划分好的网格进行编辑修改等。

Loads/BCS 工具用于定义模型的载荷和边界条件，MSC. Patran 支持多种载荷形式和边界条件。

Material 工具用于定义或选用材料，MSC. Patran 中定义了多种材料模型，如各向同性材料、正交各向异性材料、各向异性材料、复合材料等。

Properties 工具则是将材料属性、单元类型与具体的网格相结合，给网格施加物理属性。之后，应该对模型进行检查，以防止出现不合理的单元。

### 14.3.1.4　提交计算

完成了求解程序的设置以及相关参数的添加之后，即可提交运算了，相对应的工具是 Analysis，当运算完成后，会产生相应的输出文件。

### 14.3.1.5　计算结果的后处理

在后处理阶段，可以清楚地看到如应力应变分布、变形情况、变形过程等。可以采用 Results 和 Insight 后处理工具读入分析结果的输出文件，计算结果可以以图形、动画、曲线等多种形式显示出来。

以上介绍了使用 MSC. Patran 进行有限元分析的基本操作流程。由于 MSC. Patran 界面友好，操作方便，所以无论是熟悉有限元分析的高级用户，还是对刚刚接触有限元分析的新手都很容易上手。

## 14.3.2　Patran 和 Nastran 相关的主要文件

在 Patran 和 Nastran 运行时，会生成许多文件，包括 .db，.db. bkup，.bdf，.op2，.xdb，.f04，.f06，Patran. ses. * *，.jou，settings. pcl 等，还有一些中间临时文件，在运行结束时会被自动删除。以下对这些文件做简要说明。

.db 文件是 MSC. Patran 的数据库文件，用于保存各种几何信息和有限元模型的信息，它是 MSC. Patran 中最基本的文件。.db. bkup 文件是 .db 文件的备份文件。

.bdf 文件是由 MSC. Patran 生成的、供 MSC. Nastran 读取的文件，其中保存着在 MSC. Patran 中所建立的有限元模型的所有信息，MSC. Nastran 就是根据 .dbf 文件来进行运算的。.bdf 文件可以用诸如 wordpad 和 notepad 等文本编辑工具打开。

.op2 文件和 .xdb 文件是 MSC. Nastran 计算结果输出文件，由 MSC. Patran 来读取并进行后处理。MSC. Patran 根据 .op2 或 .xdb 文件的内容以图形、动画等形式将结果显示出来。选用 .op2 还是 .xdb 作为 MSC. Nastran 的输出文件，可以在 MSC. Patran 中进行控制。

.f04 文件是系统信息统计文件，可以用文本编辑器打开，其记录了本次分析中的系统信息，比如占用系统内存、硬盘、CPU 时间情况，以及创建了哪些文件，每项工作的时间等情况。

.f06 文件是分析运算过程记录文件，其中记录了许多非常有用的信息：有限元单元的各种信息，包括单元类型、节点坐标、载荷情况、约束情况；计算结果信息，包括最大应力、最大位移等；警告、出错信息，警告和出错信息都以错误号（数字）的形式给出，用户可以查阅有关的电子文档，从而找出出现错误的原因，加以改正。

Patran. ses.** 文件是对话文件，其记录了本次从 Patran 打开到退出期间所有的对话过程，**表示两位数字，由系统自动赋予。

.jou 文件是日志文件，记录了用户在数据库中的所有操作，即使原来创建的数据库文件丢失，利用日志文件，可以重建模型。

使用时，先由 Patran 生成.db 文件，再生成.bdf 文件，Nastran 读取.bdf 文件并进行计算，输出.op2/.xdb 文件，然后再由 Patran 读进来，将计算结果显示出来。此外，还有一个 settings. pcl 文件，也是一个可编辑的文本文件，MSC. Patran 启动时，会根据该文件内容来设置当前的环境变量，所以用户可根据自己的爱好，编辑 settings. pcl，定制自己喜欢的 MSC. Patran。

## 14.4　分析实例

图 14-1 所示为一个拉杆，其中各个参数为：直径 $D_1 = 25$、$D_2 = 65$，长度 $L_0 = 150$、$L_1 = 190$、$L_2 = 250$，圆角半径 $R = 20$，拉力 $p = 50000$。其中，长度单位为 mm，拉力 $p$ 的单位为 N，温度变化 $T$ 的单位为℃。拉杆材料为 Q235，求载荷下的应力和变形，以便进行强度校核和刚度分析。

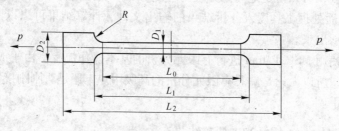

图 14-1　拉杆结构

### 14.4.1　分析模型

由于模型是上下、左右对称的，所以可以只建 1/8 的模型和网格，最后通过镜像生成全部模型和网格，所以可以在横截面上用映射网格划分模式划分四边形网格，然后将四边形网格拉伸成六面体网格，连杆大截面和小截面的连接处，可用旋转生成六面体的方法划分网格。约束施加在拉杆的中间节点处，固定沿拉杆轴向的自由度，在拉杆的两个端面处固定沿径向的自由度。将载荷 $p$ 换算成压强施加在连杆的两端。本例中采用 MSC. Patran 2008 作为前后处理器，Nastran 2007 作为求解器。

### 14.4.2　模型创建过程

#### 14.4.2.1　在 Patran 中建立几何实体模型

**A　安装 Patran 和 Nastran 有限元分析软件**

安装完成后，桌面上显示 Patran 和 Nastran 快捷图标。然后设置工作目录：用鼠标右击 Patran 图标，在弹出的快捷菜单中点击"属性"，在"起始位置"处填上"D：\ patran files"。说明：必须先在 D 盘的根目录下建一个"patran files"目录。

**B　建立几何模型前的准备工作**

启动 Patran，在 Patran 界面点击 File 下拉菜单选择 New，在弹出如图 14-2 所示对话框时，在"文件名"一栏中填写"lagan. db"，然后单击"OK"按钮。进入到 Patran 的主界面，如图 14-3 所示。

图 14-2　新建文件对话框

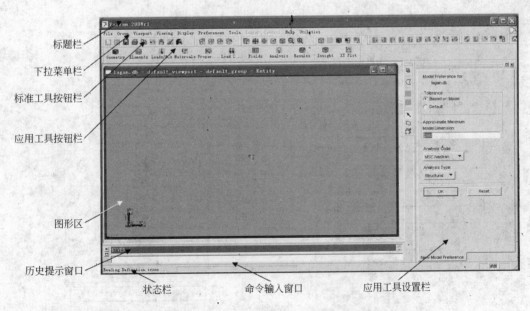

图 14-3　Patran 2008 应用程序主界面

在图 14-3 应用工具设置栏中的"Model Dimension"一栏中填上模型的最大尺寸 250，单击"OK"按钮（此处设定为模型的大致范围，一般按照结构最大尺寸来定）。

修改 Patran 单位：在主界面下拉菜单栏中点击"Preference"菜单，再点击"Geometry"项，在应用工具设置栏弹出如图 14-4 所示界面。

在图 14-4 所示界面"Geometry Scale Factor"复选框中选择"1000.0（Millimeters）"将单位设置为mm，然后单击"Apply"按钮，再点击"Cancel"，退出单位设置界面。

C 创建几何点

单击 Patran 主界面中的应用工具栏里面"Geometry"按钮，在应用工具设置栏弹出如图 14-5 所示的几何操作界面。

在图 14-5 所示的界面中，选择 Create/Point/XYZ 方式创建点。首先去掉"Auto Execute"前面的钩，在"Point Coordinates List"一栏中填入"[0 0 0]"，然后单击"Apply"按钮。单击主界面"Display"下拉菜单中的"Geometry"一栏，弹出如图 14-6 所示对话框，然后将"Point Size"拨动到 11，并点击"Show All Geometry Labels"按钮，然后点击"Apply"，再单击"Cancel"（此处的设置是将创建点的编号显示出来，并调整点显示的大小）。创建的 1 号点如图 14-7 所示，并且有"Point 1"显示在其中。

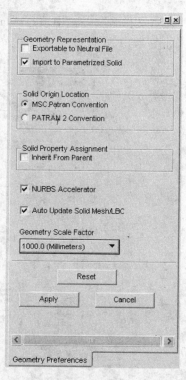

图 14-4 修改 Patran 单位操作界面

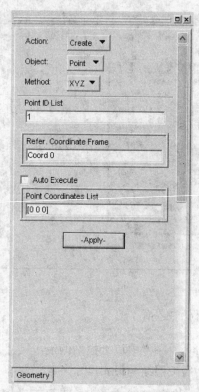

图 14-5 创建几何操作界面

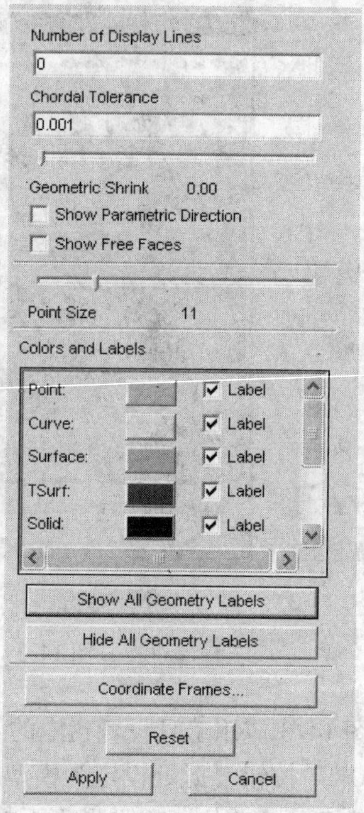

图 14-6 几何显示选项操作界面

图 14-7　在［0 0 0］创建的 1 号点

在图 14-5 所示的界面中，"Point Coordinates List"一栏中填入"［0 -32.5 0］"，然后单击"Apply"按钮，生成"Point 2"。依次在"Point Coordinates List"一栏中填入"［30 -32.5 0］"、"［50 -12.5 0］"、"［125 -12.5 0］"、"［125 0 0］"。并且依次单击"Apply"按钮，生成的 6 个点如图 14-8 所示。

图 14-8　通过点命令创建的 6 个点

D　创建直线

单击图 14-5 几何操作界面中的"Action:"复选框，选择"Create"，单击"Object:"，选择"Curve"，单击"Method:"，选择"Point"，设置如图 14-9 所示，并去掉"Auto Execute"前面的钩，在"Starting Point List"一栏中输入"Point 1"（或通过鼠标左键在图形区选择如图 14-8 中"Point 1"，"Point 1"就会显示在"Starting Point List"一栏中），同理，在"Ending Point List"一栏中输入"Point 2"（或通过鼠标左键在图形区选择如图 14-8 中"Point 2"，"Point 2"就会显示在"Ending Point List"一栏中），再单击"Apply"，就会生成如图 14-10 所示直线"Curve 1"。

按照同样的方法，依次在"Starting Point List"和"Ending Point List"栏中填入"Point 2"和"Point 3"、"Point 4"和"Point 5"、"Point 5"和"Point 6"、"Point 6"和"Point 1"，并依次单击"Apply"，就生成如图 14-11 所示的 5 条直线。

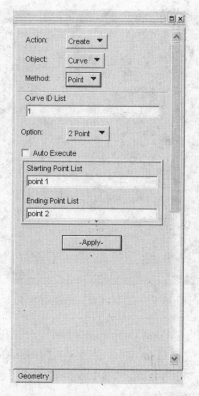

图 14-9　创建几何直线操作界面

图 14-10　连接 1 号点和 2 号点创建的 1 号直线

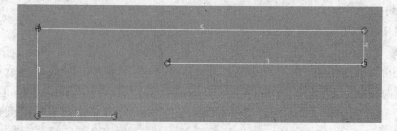

图 14-11　直线命令创建的 5 条直线

E　创建圆弧曲线

在图 14-9 所示的界面中，单击"Action："复选框，选择"Create"，单击"Object："，选择"Curve"，单击"Method："，选择"2D Arc2Point"，弹出如图 14-12 所示界

面，去掉"Auto Execute"前面的钩，在"Construction Plane List"一栏中填写"Coord 0.3"，在"Center Point List"一栏中填写"［50 -32.5 0］"，"Starting Point List"和"Ending Point List"分别输入"Point 3"和"Point 4"，然后单击"Apply"，生成如图 14-13 所示圆弧曲线。

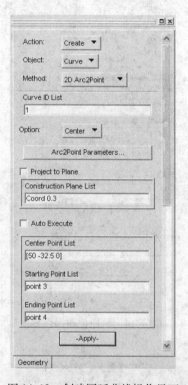

图 14-12　创建圆弧曲线操作界面

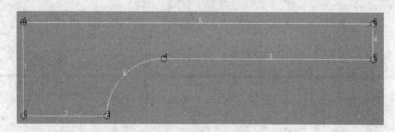

图 14-13　利用圆弧命令生成的圆弧曲线

F　创建曲面

在图 14-12 所示的界面中，单击"Action："复选框，选择"Create"，单击"Object："，选择"Surface"，单击"Method："，选择"Trimmed"，弹出如图 14-14 所示界面，在"Outer Loop List"一栏中填写"Curve 1:6"，然后单击"Apply"，弹出如图 14-15 所示操作界面，单击"Yes"，生成如图 14-16 所示的曲面。

说明：单击"Yes"按钮后，需要点击标准工具按钮栏里面的"Smooth Shaded"即"▇"按钮，才能显示图 14-16 所示的内容。

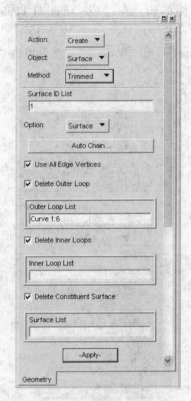

图 14-14　曲面创建操作界面

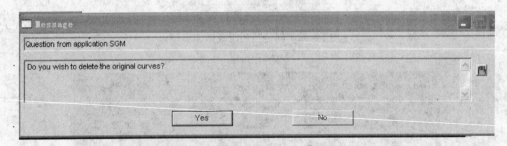

图 14-15　删除原始曲线确认对话框

图 14-16　生成的曲面

G 创建拉杆 1/8 几何实体

在图 14-14 所示的界面中，单击"Action:"复选框，选择"Create"，单击"Object:"，选择"Solid"，单击"Method:"，选择"Revolve"，弹出如图 14-17 所示界面，在"Axis"一栏中填写"Coord 0.1"，在"Total Angle"一栏中填写"90.0"，去掉"Auto Execute"前面的钩，在"Surface List"一栏中选择图 14-16 中所创建的曲面"Surface 1"，单击"Apply"，生成如图 14-18 所示几何实体（在图形区域内，按住鼠标中键并拖动鼠标可以实现对模型的旋转）。

14.4.2.2 在拉杆 1/8 几何实体上建立网格模型

A 建立工作平面

在图 14-17 所示的界面中，单击"Action:"复选框，选择"Create"，单击"Object:"，选择"Plane"，单击"Method:"，选择"Point-Vector"，弹出如图 14-19 所示界面，去掉"Auto Execute"前面的钩，在"Point List"一栏中填入"[0 -6 0]"，在"Vector List"一栏中用鼠标单击一下，输入"Coord 0.2"，然后单击"Apply"，生成的工作平面如图 14-20 所示。

按照同样的方法，依次在"Point List"和"Vector List"中填入"Point 4"（或者在图形区域内用鼠标选择 4 号点）和"Coord 0.1"，单击"Apply"，以及填入"Point 6"（或者在图形区域内用鼠标选择 6 号点）和"Coord 0.1"，单击"Apply"，创建过 4 号点垂直于 x 坐标轴和过 6 号

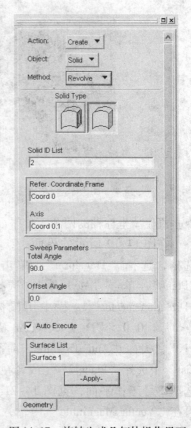

图 14-17 旋转生成几何体操作界面

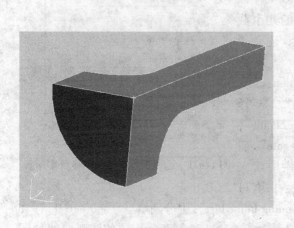

图 14-18 通过旋转生成的实体几何模型

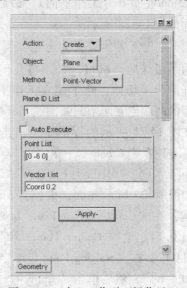

图 14-19 建立工作平面操作界面

图 14-20 在坐标点 [0 −6 0] 处建立垂直 y 轴的 1 号工作平面

点垂直于 x 坐标轴的两个工作平面。

在图 14- 19 所示的界面中，单击"Action:"复选框，选择"Transform"，单击"Object:"，选择"Plane"，单击"Method:"，选择"Translate"，在"Direction Vector"一栏中用鼠标单击一下，输入"< −1 0 0 >"，在"Vector Magnitude"中输入"10"，去掉"Auto Execute"前面的钩，在"Plane List"中选择"Plane 2"（或者在图形区域内用鼠标选择 2 号工作平面，见图 14-21），单击"Apply"。再在"Vector Magnitude"中输入"15"，在"Plane List"中选择"Plane 4"，单击"Apply"（此处借助于 2 号工作平面，沿着 x 轴负向平移 10mm，生成 4 号工作平面，然后借助于 4 号工作平面，沿着 x 轴负向 15mm 生成 5 号工作平面）。最后生成的几个工作平面如图 14-22 所示。

B 在几何实体的截面上创立圆弧曲线

为了很好地画网格，必须将几何实体的几个截面切开。为了切面，除了建立工作平面外，还必须在模型的两端创立两条圆弧曲线。

在图 14-21 所示的界面中，单击"Action:"复选框，选择"Create"，单击"Object:"，选择"Curve"，单击"Method:"，选择"2D Arc2Point"，弹出如图 14-23 所示界面，去掉"Auto Execute"前面的钩，在"Const ruction Plane List"一栏中填入"Coord 0.1"，在"Center Point List"一栏中填写

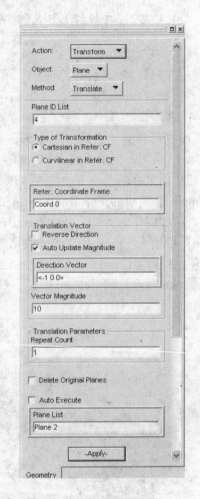

图 14-21 选择工作平面的平移操作界面

"[0 0 0]"，在"Starting Point List"和"Ending Point List"中分别填写"[0 −6 0]"和"[0 0 −6]"，然后单击"Apply"，在左端面生成一个 1/4 圆弧，生成的圆弧曲线如图 14-24所示。

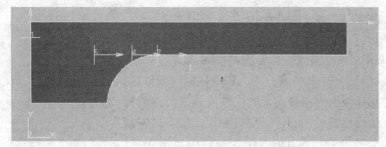

图 14-22　创建的工作平面

通过平移创立模型右端面的一条圆弧曲线，在图 14-23 所示的界面中，单击"Action:"复选框，选择"Transform"，单击"Object:"，选择"Curve"，单击"Method:"选择"Translate"，弹出如图 14-25 所示界面，去掉"Auto Execute"前面的钩，在"Refer. Coordinate Frame"一栏中填入"Coord 0"，在"Direction Vector"一栏中用鼠标单击一下，输入"<1 0 0>"，在"Vector Magnitude"一栏中填写"125"，并在"Curve List"一栏中填写"Curve 1"，单击"Apply"，此处通过沿着 $x$ 轴线平移 125mm 方式，利用 1 号圆弧生成 2 号圆弧，生成的"Curve 2"如图 14-26 所示。

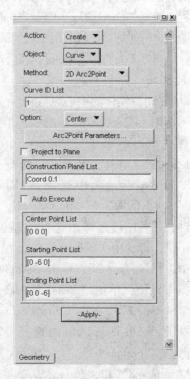

图 14-23　创建圆弧曲线操作界面

C　切割曲面

a　切割实体的两个端面

在图 14-25 所示的界面中，单击"Action:"复选框，选择"Edit"，单击"Object:"，选择"Surface"，单击"Method:"，选择"Break"，出现如图 14-27 所示界面，在"Option:"选项中选择"Curve"，去掉"Au-

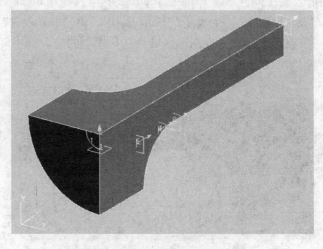

图 14-24　模型左端面生成的圆弧曲线 1

to Execute"前面的钩，在"Surface List"一栏中单击一下，移动鼠标到图形区，利用鼠标左键选择模型的左端面，此时"Surface List"一栏中就会出现"Solid 1.2"，并在"Break Curve List"一栏中单击一下，移动鼠标到图形区，利用鼠标左键选择模型的左端面上的曲线（或者直接填写"Curve 1"），然后单击"Apply"，完成利用曲线 1 对左端面进行切割。同理，在"Surface List"一栏中点击一下，然后在图形区选择模型的右端面，并在"Break Curve List"一栏中填写"Curve 2"，单击"Apply"，完成利用曲线 2 对右端面进行切割（此处利用生成的圆弧 1 去切割模型的左端面，用圆弧 2 去切割模型的右端面，切割后的模型可以参见图 14-30）。

b　切割实体的中心纵截面

在图 14-27 所示的界面中，单击"Action："复选框，选择"Edit"，单击"Object："，选择"Surface"，单击"Method："，选择"Break"，出现如图 14-28 所示界面，在"Option："选项中选择"Plane"，去掉"Auto Exe-cute"前面的钩，在"Surface List"一栏中点击一下鼠标左键，并在图形区域内选择模型的前表面（选中"Sur-face 1"，即选中"Solid 1.5"），在"Break Plane List"一栏中选择"Plane 2"，单击"Apply"，弹出如图 14-29 所示操作界面，单击"Yes For All"，生成了"Surface 6"和"Surface 7"。再在"Surface List"一栏中点击一下鼠标左键，并在图形区域内选择模型的前表面左边区域

图 14-25　曲线的平移操作界面

（即选中"Surface 6"），在"Break Plane List"一栏中选择"Plane 5"，单击"Apply"，生成了"Surface 8"和"Surface 9"。再在"Surface List"一栏中点击一下鼠标左键，并在图形区域内选择模型的前表面中间区域（即选中"Surface 9"），在"Break Plane List"一栏中选择"Plane 1"，单击"Apply"，生成了"Surface 10"和"Surface 11"。再在"Surface List"一栏中点击一下鼠标左键，并在图形区域内选择模型的前表面中间靠下部区域（即

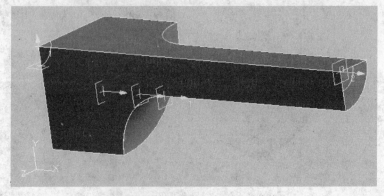

图 14-26　利用平移生成的圆弧曲线 2

图 14-27　利用曲线切割
曲面的操作界面

图 14-28　工作平面切割操作界面

选中"Surface 10"），在"Break Plane List"一栏中选择"Plane 4"，单击"Apply"，生成了"Surface 12"和"Surface 13"。最后切割好的曲面如图 14-30 所示。此处需要注意工作平面的切割顺序，即切割工作平面依次为 2 号、5 号、1 号、4 号平面，否则切出来的平面区域组成与图 14-30 有所不同，后续网格划分也会不同。

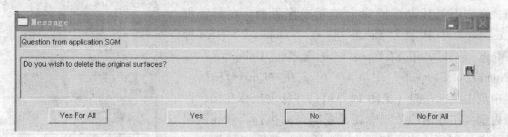

图 14-29　删除原始曲面

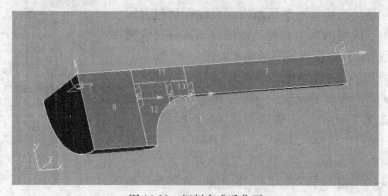

图 14-30　切割完成后曲面

c　删除用过的圆弧曲线和工作平面

在图 14-28 所示的界面中，单击 "Action:" 复选框，选择 "Delete"，单击 "Object:"，选择 "Curve"，弹出如图 14-31 所示界面，在 "Curve List" 一栏中填入 "Curve 1:2"，单击 "Apply"，即将 "Curve 1" 和 "Curve 2" 删除。单击 "Object:" 复选框，选择 "Plane"，弹出如图 14-32 所示界面，在 "Plane List" 一栏中填入 "Plane 2 4 5"，单击 "Apply"，即将 "Plane 2"、"Plane 4" 和 "Plane 5" 删除，仅留下 "Plane 3" 和 "Plane 1" 为以后镜像模型和网格使用。

图 14-31　删除圆弧曲线操作界面

图 14-32　删除工作平面操作界面

D　画模型上的面网格

a　画模型左端面的网格

单击主界面上面应用工具栏里面的 "Elements" 按钮，在应用工具设置栏弹出单元操作界面，在复选框 "Action:" 中选择 "Create"，在 "Object:" 中选择 "Mesh Seed"，在 "Type:" 中选择 "Uniform"。在 "Number of Elements" 中填入 "6"，在 "Curve List" 一栏中点击鼠标左键（见图 14-33），并移动鼠标在图形区域内选择左端面的分割圆弧，系统自动执行圆弧线网格种子点的创建，结果如图 14-34 所示。然后在 "Number of Elements" 中填入 "5"，在 "Curve List" 一栏中点击鼠标左键，并移动鼠标在图形区域内选择左端面包含圆弧线的小三角形区域的两个直边，系统自动执行直线网格种子点的创建，最后生成的网格种子如图 14-35 所示。

在图 14-33 所示的界面中，单击复选框 "Action:"，选择 "Create"，在 "Object:" 中选择 "Mesh"，在 "Type:" 中选择 "Surface"。弹出如图 14-36 所示界面，在 "Elem Shape" 中选择 "Quad"，在 "Mesher" 中选择 "IsoMesh"，在 "Topology" 中选择 "Quad4"，在 "Surface List" 一栏中点击鼠标左键，并移动鼠标在图形区域内选择左端面的三角形，单击 "Apply"，完成左端面三

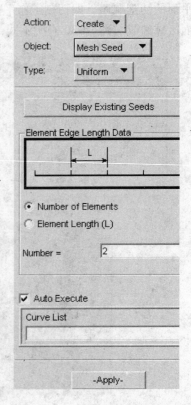

图 14-33　创建网格种子操作界面

角形区域网格的划分，结果如图 14-37 所示。

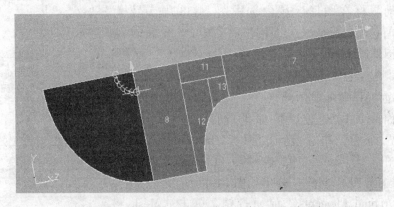

图 14-34　左端面切割圆弧线处创建的网格种子点

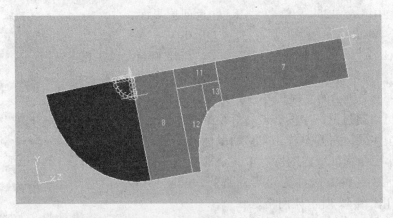

图 14-35　左端面上三角形区域各边上创建的网格种子点

b　画模型右端面的网格

按住鼠标中键并移动鼠标，调整图形区域内模型的位置，到图 14-38 所示位置，建立网格种子，在图 14-33 所示界面中，点击"Action:"复选框，选择"Create"，在"Object:"中选择"Mesh Seed"，在"Type:"中选择"Uniform"。在"Number of Elements"中填入"6"，在"Curve List"一栏中点击鼠标左键，并移动鼠标在图形区域内选中图 14-38 中 5 号面上的上弧形线，系统自动执行；再次在图形区域内选中图 14-38 中 5 号面上的下弧形线，系统自动执行（此处为 5 号面的上、下弧形线设定生成 6 个单元），然后在"Number of Elements"中填入"5"，在"Curve List"一栏中点击鼠标左键，然后移动鼠标在图形区域内选中图 14-38 中 5 号面上的上直线，系统自动执行；再次在图形区域内选中图 14-38 中 5 号面上的下直线，系统自动执行（此处为 5 号面的上、下直线设定生成 5 个单元）。网格种子划分的结果如图 14-38 所示（如果选中线段后，系统没有自动进行种子点生成，检查"Auto Execute"钩选项是否被选中）。

开始画网格，在图 14-33 所示的界面中，单击复选框"Action:"，选择"Create"，在"Object:"中选择"Mesh"，在"Type:"中选择"Surface"，弹出如图 14-36 所示界面，在"Elem Shape"中选择"Quad"，在"Mesher"中选择"IsoMesh"，在"Topology"

中选择"Quad4"，在"Surface List"一栏中点击鼠标左键，然后移动鼠标在图形区域内选中图 14-38 中 5 号面，单击"Apply"，完成 5 号面网格的划分。5 号面的网格划分结构如图 14-39 所示。

E 由面网格生成体网格

a 由端面网格拉伸成体网格

由 3 号面表面网格通过拉伸生成体网格。在图 14-33 所示界面中，单击复选框"Action："，选择"Sweep"，在"Object："中选择"Element"，在"Type："中选择"Extrude"。弹出如图 14-40 所示界面，在"Delete Original Elements"前面打钩。单击"Mesh Control"弹出如图 14-41 所示的操作界面，在"Number of Elements"中填入"25"，单击"OK"，返回原界面，在"Direction Vector"一栏中填入"＜１００＞"，在"Extrude Distance"一栏中输入"125"，在"Base Entity List"一栏中点击鼠标左键，然后移动鼠标在图形区域内选中图 14-37 中所示的左端面小三角形区域内的所有单元（此时可以通过鼠标中间，调整好模型在图形区的位置，然后按住鼠标左键不放，并移动鼠标将形成的矩形选择框把小三角形区域内的所有单元全部罩住来选择该区域的单元，这种方法称为矩形窗选），单击"Apply"，生成如图 14-42 所示体网格。

将 5 号面表面上的面单元拉伸生成体网格。在图 14-40 所示界面中，单击复选框"Action："，选择"Sweep"，在"Object："中选择"Element"，在"Method："中选择"Extrude"，在"Delete Original Elements"前面打钩。单击"Mesh Control"，在弹出的操作界面"Number of Elements"中填入"15"，单击"OK"，返回原界面，在"Direction Vector"一栏中填入"Coord 0.1"，在"Extrude Distance"一

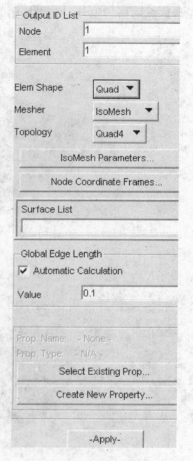

图 14-36 划分网格

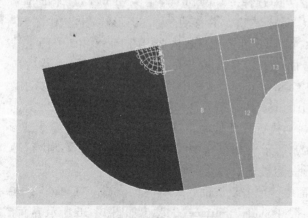

图 14-37 左端面三角形区域划分的网格

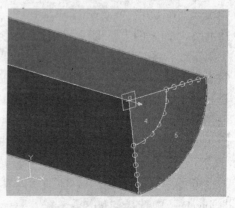

图 14-38 创建 5 号面的网格种子点

栏中输入"－75"，在"Base Entity List"一栏中点击鼠标左键，然后移动鼠标在图形区域内选中图 14-39 中所示的 5 号面上所有单元，单击"Apply"，生成如图 14-43 所示的体网格。

b　模型中间连接面处的网格划分

单击应用工具栏里面"Geometry"按钮，在应用工具设置栏弹出如图 14-14 所示界面中，单击"Action："复选框，选择"Edit"，单击"Object："，选择"Surface"，单击"Method："选择"Break"，弹出如图 14-28 所示界面，在"Option："选项中选择"Plane"，去掉"Auto Execute"前面的钩，在"Surface List"一栏中点击鼠标左键，然后移动鼠标，在图形区

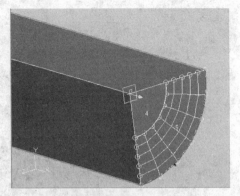

图 14-39　对 5 号面进行网格划分

域内选中图 14-43 所示的 8 号面，在"Break List"一栏中选择"Plane 1"，单击"Apply"，弹出如图 14-29 所示对话框，单击"Yes For All"，生成"Surface 14"和"Surface 15"，如图 14-44 所示。

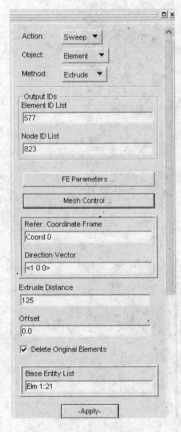

图 14-40　面网格拉伸操作界面

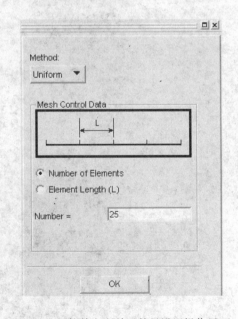

图 14-41　拉伸方向单元数量设置操作界面

建立网格种子，单击主界面上面应用工具栏里面的"Elements"按钮，在应用工具设置栏弹出单元操作界面，在复选框"Action："中选择"Create"，在"Object："中选择

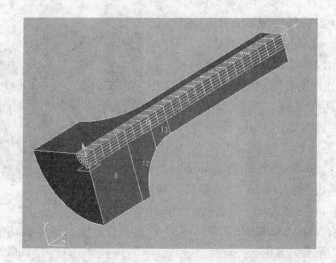

图 14-42 将 3 号面网格拉伸成体网格

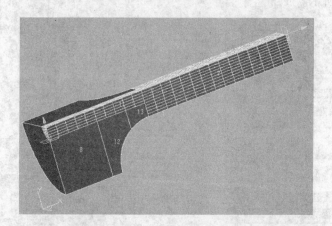

图 14-43 将 5 号面网格拉伸成体网格

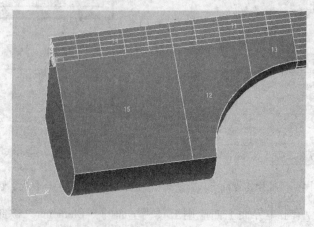

图 14-44 利用 1 号工作平面对 8 号面进行切割

"Mesh Seed",在"Type:"中选择"Uniform"。在"Number of Elements"中填入"5",在"Curve List"一栏中点击鼠标左键,并移动鼠标在图形区域内选择图 14-44 中所示 13 号面上左边直线,系统自动执行;然后再选择 13 号面的右边直线,系统自动执行;在"Number of Elements"中填入"2",在"Curve List"一栏中点击鼠标左键,并移动鼠标在图形区域内选择图 14-44 中所示 13 号面的上边直线,系统自动执行。网格种子划分的结果如图 14-45 所示。

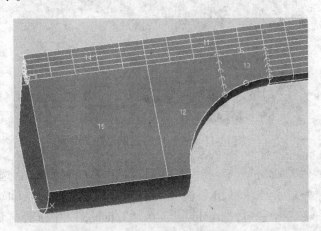

图 14-45  创建 13 号面网格种子点

对 13 号面划分网格,单击复选框"Action:",选择"Create",在"Object:"中选择"Mesh",在"Type:"中选择"Surface"。弹出如图 14-36 所示界面,在"Elem Shape"中选择"Quad",在"Mesher"中选择"IsoMesh",在"Topology"中选择"Quad4",在"Surface List"一栏中点击鼠标左键,并移动鼠标在图形区域内选择图 14-45 中所示 13 号面,单击"Apply",完成"Surface 13"的面网格划分。"Surface 13"的面网格划分结果如图 14-46 所示。

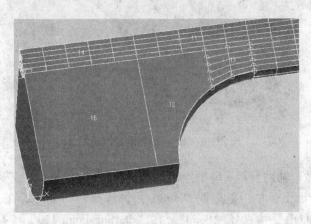

图 14-46  13 号面网格划分完成

在复选框"Action:"中选择"Create",在"Object:"中选择"Mesh Seed",在"Type:"中选择"Uniform"。在"Number of Elements"中填入"5",在"Curve List"一栏中点击鼠标左键,并移动鼠标在图形区域内选择图 14-46 中所示 15 号面上左边直线,系统自动执行；然后再选择 15 号面的右边直线，系统自动执行；然后再选择 15 号面的上直线，系统自动执行。网格种子划分的结果如图 14-47 所示。

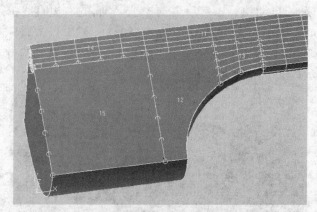

图 14-47 创建 15 号面网格种子点

单击复选框"Action:"，选择"Create"，在"Object:"中选择"Mesh"，在"Type:"中选择"Surface"，弹出如图 14-36 所示的界面，在"Elem Shape"中选择"Quad"，在"Mesher"中选择"IsoMesh"，在"Topology"中选择"Quad4"，在"Surface List"一栏中点击鼠标左键，并移动鼠标在图形区域内选择图 14-47 中所示 15 号面，单击"Apply"，完成了"Surface 15"面网格的划分。"Surface 15"的面网格划分结果如图 14-48 所示。

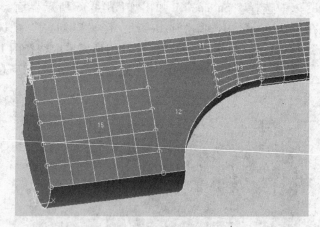

图 14-48 对 15 号面进行网格划分

在 12 号面上做一辅助直线：单击应用工具栏里面"Geometry"按钮，在应用工具设置栏弹出的操作界面上，单击复选框"Action:"，选择"Create"，在"Object:"中选择"Curve"，在"Method:"中选择"Point"。在"Starting Point List"一栏中点击鼠标左键，并移动鼠标在图形区选择如图 14-48 中 13 号面左下角节点，在"Ending Point List"一栏中点击鼠标左键，并移动鼠标在图形区选择如图 14-48 中 15 号面右边线上的第三个节点，最后单击"Apply"，生成如图 14-49 所示直线。

删除 15 号面上的网格种子点与网格：单击应用工具栏里面"Elements"按钮，在应

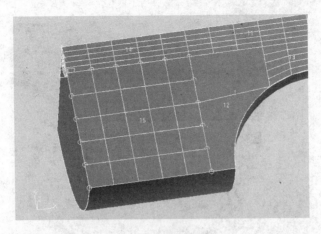

图 14-49　两点之间创建连线

用工具设置栏弹出如图 14-50 所示的操作界面上单击"Action："复选框，选择"Delete"，单击"Object："，选择"Mesh"，在"Surface List"一栏中填入"Surface 15"，单击"Apply"，删除 15 号面上网格后的模型如图 14-51 所示。

在如图 14-50 所示的操作界面上，单击"Object："，选择"Mesh Seed"，选中"Auto Execute"前面的钩选，在"Surface List"一栏中点击鼠标左键，并移动鼠标，在图形区域内依次选择图 14-49 中所示 15 号面上的左直线、右直线和上直线，系统自动执行，删除操作后的网格如图 14-51 所示（此处操作务必要将前面对 15 号面上所有施加了"Mesh Seed"控制线上的控制全部删除）。

图 14-50　删除 15 号面网格操作界面

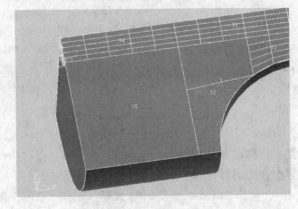

图 14-51　15 号面删除面网格与网格种子点后的模型网格

创建一个工作平面：单击应用工具栏里面的"Geometry"按钮，在应用工具设置栏弹出如图 14-19 所示界面，单击复选框"Action："，选择"Create"，在"Object："中选择"Plane"，在"Method："中选择"Point – Vector"。在"Point List"选择刚刚在 12 号面上创建的直线的左端点（即图 14-52 中的 28 号点），在"Vector List"中输入"Coord 0.2"，单击"Apply"，生成"Plane 5"，如图 14-53 所示。

切割平面：在应用工具设置栏中如图 14-14 所示界面，单击"Action："复选框，选择"Edit"，单击"Object："，选择"Surface"，单击"Method："选择"Break"，弹出如图

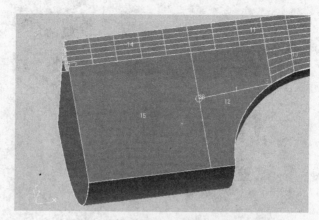

图 14-52　工作平面基准点选择

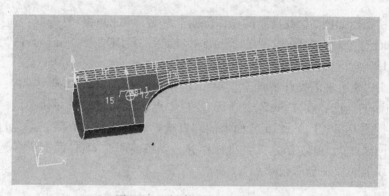

图 14-53　创建新辅助工作平面

14-28 所示界面，在"Option："选项中选择"Plane"，去掉"Auto Execute"前面的钩，在"Surface List"一栏中点击鼠标左键，并移动鼠标在图形区选择 15 号平面，在"Break List"一栏中点击鼠标左键，并移动鼠标在图形区选择刚刚创建的 5 号工作平面，单击"Apply"，弹出如图 14-29 所示对话框，单击"Yes For All"，生成了"Surface 16"和"Surface 17"。在"Option："选项中选择"Curve"，在"Surface List"一栏中点击鼠标左键，并移动鼠标在图形区选择 12 号平面，在"Break List"一栏中点击鼠标左键，并移动鼠标在图形区选择在 12 号平面上创建的曲线（即图 14-53 中的 1 号曲线），单击"Apply"，弹出如图 14-29 所示对话框，单击"Yes For All"，生成"Surface 18"和"Surface 19"，切割后的模型如图 14-54 所示。

删除用过的圆弧曲线和工作平面：在应用工具设置栏中如图 14-14 所示界面，单击"Action："复选框，选择"Delete"，单击"Object："，选择"Curve"，弹出如图 14-31 所示界面，在"Curve List"一栏中点击鼠标左键，并移动鼠标在图形区选择在 12 号平面上创建的曲线（即图 14-51 中的 1 号曲线），单击"Apply"，即将"Curve 1"删除。单击"Object："复选框，选择"Plane"，在"Plane List"一栏中填入"Plane 4 5"，单击"Apply"，即将"Plane 4"和"Plane 5"删除。

建立网格种子：单击应用工具栏里面的"Elements"按钮，在应用工具设置栏如图 14-33 所示的界面里，点击复选框"Action："中选择"Create："，在"Object："中选择

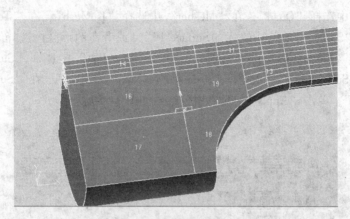

图 14-54　过渡面切割后的模型

"Mesh Seed"，在"Type："中选择"Uniform"。在"Number of Elements"中填入"5"，钩选中"Auto Execute"，在"Curve List"一栏中点击鼠标左键，并移动鼠标在图形区依次选择在 19 号平面上的左直线、右直线，系统自动执行；在"Number of Elements"中填入"3"，在"Curve List"一栏中点击鼠标左键，并移动鼠标在图形区依次选择在 19 号平面的上直线、下直线，系统自动执行。

在"Number of Elements"中填入"5"，在"Curve List"一栏中点击鼠标左键，并移动鼠标在图形区依次选择在 16 号平面的左直线、上直线和下直线，系统自动执行。

在"Number of Elements"中填入"5"，在"Curve List"一栏中点击鼠标左键，并移动鼠标在图形区依次选择在 17 号平面的左直线、右直线和下直线，系统自动执行。

在"Number of Elements"中填入"5"，在"Curve List"一栏中点击鼠标左键，并移动鼠标在图形区选择在 18 号平面的右边的弧线，系统自动执行；然后在"Number of Elements"中填入"1"，在"Curve List"一栏中点击鼠标左键，并移动鼠标在图形区选择在 18 号平面的下直线，系统自动执行。网格种子划分的结果如图 14-55 所示。

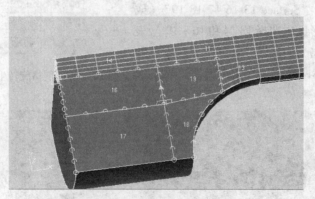

图 14-55　16～19 号面上边创建风格种子点

对 16～19 号面进行网格划分：单击复选框"Action："，选择"Create"，在"Object："中选择"Mesh"，在"Type："中选择"Surface"。弹出如图 14-36 所示界面，在

"Elem Shape"中选择"Quad"，在"Mesher"中选择"IsoMesh"，在"Topology"中选择"Quad4"，在"Surface List"中输入"Surface 19"（或者在图形区内选择19号面），单击"Apply"，完成"Surface 19"的网格划分；在"Surface List"中选择"Surface 18"，单击"Apply"；在"Surface List"中选择"Surface 17"，单击"Apply"；在"Surface List"中选择"Surface 16"，单击"Apply"，网格划分结果如图14-56所示。

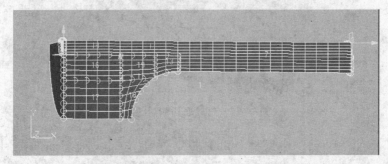

图14-56　16～19号面划分网格后的模型

c　由中心部分纵截面网格旋转成体网格

将"Surface 13 16 17 18 19"上的面网格旋转生成体网格：在应用工具设置栏如图14-33所示的界面里，单击复选框"Action："，选择"Sweep"，在"Object："中选择"Element"，在"Type："中选择"Arc"。弹出如图14-57所示界面，在"Delete Original Elements"前面打钩。单击"Mesh Control"，在"Element Length"中填入"5"，单击"OK"，返回原界面，在"Axis"一栏中填入"Coord 0.1"，在"Sweep Angle"一栏中输入"90"，在"Base Entity List"一栏中输入"Surface 13 16 17 18 19"（或者通过鼠标在图形区内选择13号和16～19号表面上的所有面网格），单击"Apply"，生成了如图14-58所示的体网格。

图14-57　面网格旋转生成体网格操作界面

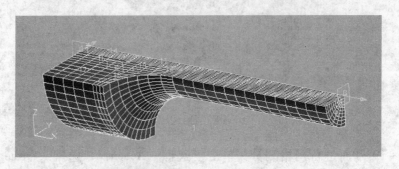

图14-58　旋转后形成体网格

### 14.4.2.3　镜像生成整个几何实体和网格模型

#### A　几何实体的镜像

单击主界面上应用工具栏里面"Geometry"按钮，弹出几何操作界面，选择 Transform/Solid/Mirror 方式创建几何实体，又弹出如图 14-59 所示界面。首先去掉"Auto Execute"前面的钩，在"Solid List"一栏中填入"Solid 1"（或者通过鼠标在图形区内选择所有的实体，此时按照前面的操作只有一个实体），在"Define Mirror Plane Normal"一栏中填入"Coord 0.2"，单击"Apply"，生成的几何实体如图 14-60 所示。再在"Define Mirror Plane Normal"一栏中填入"Coord 0.3"，并在"Solid List"一栏中填入"Solid 1 2"（或者通过鼠标在图形区内选择所有的实体），单击"Apply"，生成的几何实体如图 14-61 所示。然后在"Define Mirror Plane Normal"一栏中填入"Plane 3"（或者在图 14-61 所示界面中选择 1/2 模型右端面上的 3 号工作平面），并在"Solid List"一栏中填入"Solid 1:4"（或者通过鼠标在图形区内选择所有的实体），单击"Apply"，生成的几何实体如图 14-62 所示。

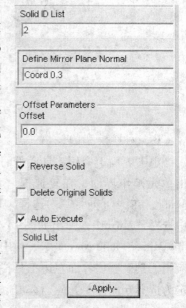

图 14-59　镜像实体操作界面

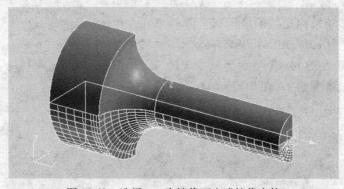

图 14-60　选择 *xoy* 为镜像面生成镜像实体

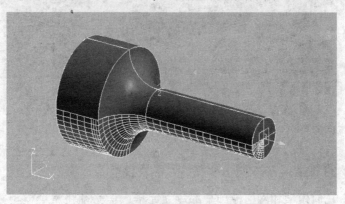

图 14-61　选择 *xoz* 为镜像面生成镜像实体

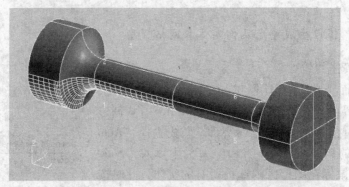

图 14-62 选择右端面为镜像面生成镜像实体

B 网格模型的镜像

单击界面上应用工具栏里面的"Elements"按钮，弹出单元操作界面，在复选框"Action："中选择"Transform"，在"Object："中选择"Element"，在"Method："中选择"Mirror"，弹出如图 14-63 所示的界面，在"Define Mirror Plane Normal"一栏中填入"Coord 0.2"，点击应用工具设置栏界面左边工具栏中的"⬚"图标（此设定为选择 6 面体单元），移动鼠标在图形区框选全部的单元，单击"Apply"。再在"Define Mirror Plane Normal"一栏中填入"Coord 0.3"，在"Elements List"一栏中点击鼠标左键，移动鼠标在图形区框选全部的单元，单击"Apply"。又在"Define Mirror Plane Normal"一栏中填入"Plane 3"（或者在图 14-61 所示界面中选择 1/2 模型右端面上的 3 号工作平面），在"Elements List"一栏中框选全部的单元，单击"Apply"，最后生成的网格模型如图 14-64 所示。

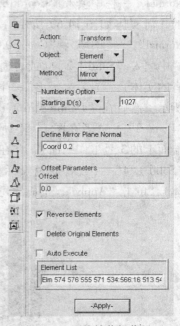

图 14-63 网格镜像操作界面

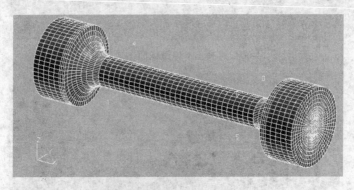

图 14-64 镜像完成后网格模型

14.4.2.4 消除重复节点将网格和模型关联起来

到此，整个几何模型和网格模型全部建立完毕，但必须将整个模型的网格统一起来，节点关联起来。单击主界面上应用工具栏里面的"Elements"按钮，在应用工具设置栏弹出界面内复选框"Action："中选择"Equivalence"，在"Nodes to be Excluded"一栏中点击鼠标左键，并移动鼠标在图形区选择所有节点，在"Equivalence Tolerance"一栏中输入"0.1"，单击"Apply"，将模型中重复节点进行合并，再在复选框"Action："中选择"Associate"，单击"Object："，选择"Element"，单击"Method："，选择"Solid"，在"Element List"一栏中点击鼠标左键，并移动鼠标在图形区选择所有单元，在"Solid List"一栏中点击鼠标左键，并移动鼠标在图形区选择所有实体，单击"Apply"，将网格与三维实体模型关联起来。

### 14.4.2.5 定义边界条件和加载

#### A 定义边界条件

##### a 添加中间的对称约束

单击主界面上方应用工具栏里面的"Loads/BCs"按钮，在应用工具设置栏弹出如图 14-65 所示的界面，在"New Set Name"一栏中输入"dis1"，单击"Input Data"按钮，弹出如图 14-66 所示界面，在"Translations < T1 T2 T3 >"一栏中输入"< 0，，>"，在"Rotations < R1 R2 R3 >"一栏中输入"< 0，0，0 >"，单击"OK"，返回图 14-65 所示界面。单击 Patran 主界面标准工具按钮栏里面的显示选择按钮" ▤ "，将模型以 $xoy$ 平面方向在图形区内显示；单击上方的显示选择按钮" ✐ "，弹出如图 14-67 所示的操作界面，在"Selected Entities"一栏中输入"Plane 3"，单击"Plot"按钮，"Plane 3"就在模型中显示出来（此处显示 3 号工作平面为了便于对模型对称面上的节点进行选择），单击"OK"，返回图 14-65 所示的界面。

点击图 14-65 所示界面中的"Select Application Region"按钮，弹出如图 14-68 所示的界面，在"Select"中选择"FEM"，在"Select Nodes"一栏中点击鼠标左键，并移动鼠标至图形区内，此时按住键盘上的"Shift"键，同时按住鼠标左键并移动鼠标，构造一个包含"Plane 3"平面的矩形选择区，选择"Plane 3"面上的所有节点，即选择如图 14-69 所示部分，单击"Add"，点击"OK"，返回主界面，点击"Apply"，生成的约束显示如图 14-70 所示。

##### b 添加两端的辅助约束

单击主界面应用工具栏里面"Loads/BCs"按钮，依照以上步骤选择"Create/Displacement/Nodal"，在如图

图 14-65 添加位移约束操作界面

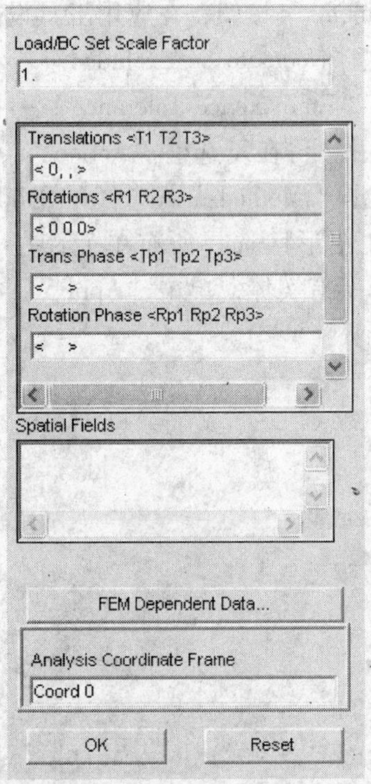

图 14-66　输入位移约束数值操作界面

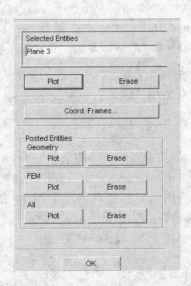

图 14-67　Plot/Erase 操作界面

14-65 所示界面中，在"New Set Name"一栏中输入"dis2"，单击"Input Data"按钮，弹出如图 14-66 所示界面，在"Translations < T1 T2 T3 >"一栏中输入"<，0，>"，在"Rotations < R1 R2 R3 >"一栏中输入"<0，0，0>"，单击"OK"，返回图 14-65 所示界面。在"Select Application Region"一栏中点击一下鼠标左键，然后移动鼠标至图形区内，此时按住键盘上的"Shift"键，同时按住鼠标左键并移动鼠标，构造一个包含模型右端面所有节点的矩形选择区，选择模型右端面上的所有节点，如图 14-71 所示，单击"Apply"，生成的结果如图 14-72 所示。

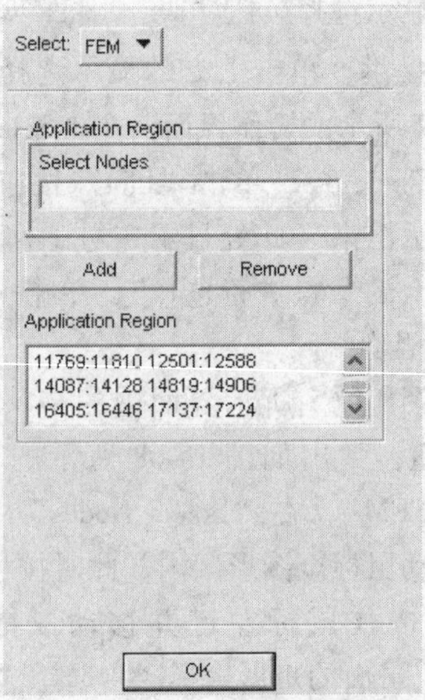

图 14-68　选择约束作用区域操作界面

　　在如图 14-65 所示界面中，在"New Set Name"一栏中输入"dis3"，单击"Input Data"按钮，弹出如图 14-66 所示界面，在"Translations < T1 T2 T3 >"一栏中输入"[，，0]"，在"Rotations < R1 R2 R3 >"一栏中输入"<0，0，0>"，单击"OK"，返回主界面。再单击"Select Application Region"，选择拉杆的左端面的所有节点（可采用与前面相同的矩形框选方式），单击"Apply"，生成的结果如图 14-73 所示。

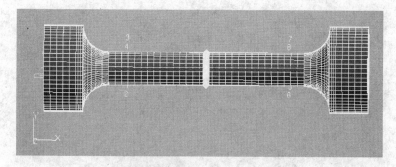

图 14-69　选择对称面上的约束节点

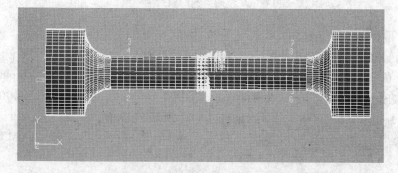

图 14-70　添加对称面约束后的模型

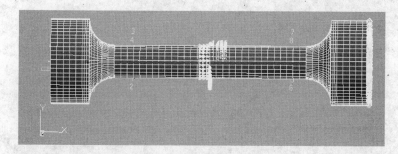

图 14-71　选择右端面上的边界点

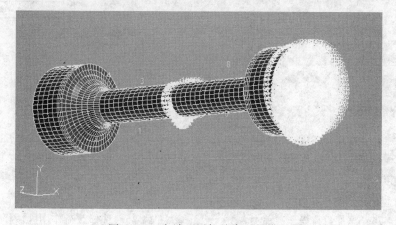

图 14-72　右端面添加约束后的模型

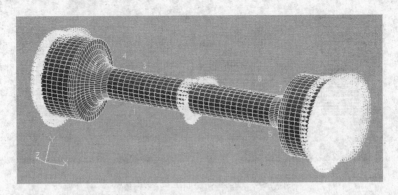

图 14-73 左侧添加约束后的模型

**B 添加载荷**

先添加左边的载荷。在如图 14-65 所示的界面中，在 "Object：" 复选框中选择 "Pressure"，在 "New Set Name" 中填入 "P1"，如图 14-74 所示，单击 "Input Data" 按钮，在弹出的操作界面中，在 "Pressure" 一栏中输入 " –15.08"（将 50000N 换算成了端面的压强），单击 "OK"，回到如图 14-65 所示的界面，单击 "Select Application Region"，弹出如图 14-75 所示界面，单击 "Select" 复选框，选择 "FEM"，然后在

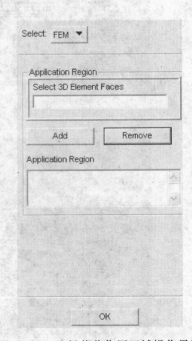

图 14-74 添加载荷操作界面　　　　　图 14-75 选择载荷作用区域操作界面

"Select 3D Element Faces" 一栏中选择如图 14-76 中所示模型左端面上的单元。然后单击 "Add"，再单击 "OK"，返回到主界面，最后单击 "Apply"，生成的载荷图如图 14-77 所示。

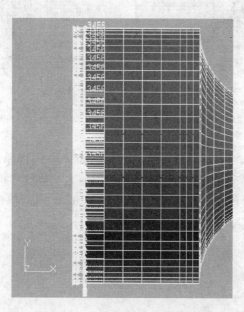

图 14-76 选择左端面边界单元

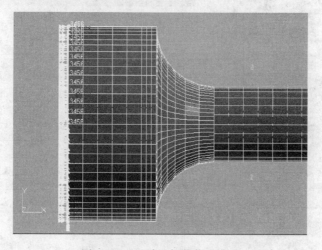

图 14-77 左端施加载荷后模型

再添加右边的载荷。方法与过程同模型左端面上单元施加压力方式相同，需要在 "New Set Name" 中填入 "P2"，在如图 14-75 所示界面中，在 "Select 3D Element Faces" 一栏中选择模型右端面上的单元。最后生成的载荷图如图 14-78 所示。

### 14.4.2.6 定义材料属性

单击主界面应用工具栏里面的 "Materials" 图标按钮，弹出如图 14-79 所示界面，在

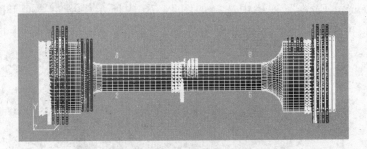

图 14-78 两端施加载荷后模型

（这是单击"⬚"图标即线框显示后的结果）

"Materials Name"中填入"Q235"，单击"Input Properties"，弹出如图 14-80 所示界面，点击"Constitutive Model"按钮，选择"Linear Elastic"类型材料，在"Elastic Modulus"中输入"200000"，在"Poisson Ratio"中输入"0.3"，然后单击"OK"，返回图 14-79所示界面，单击"Apply"，材料属性定义成功。

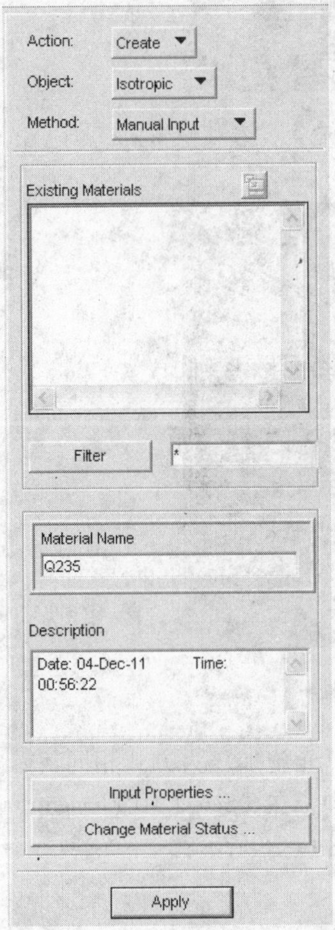

图 14-79 创建材料属性操作界面 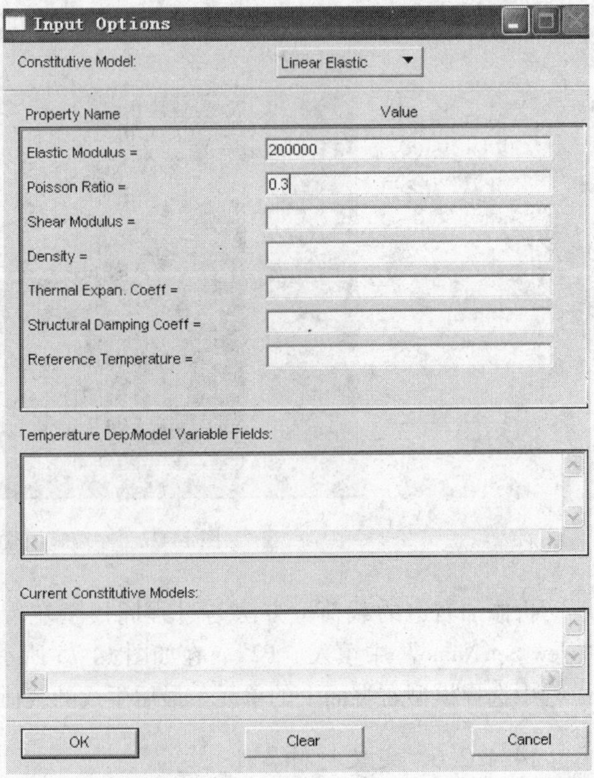  　　　　　　图 14-80 定义模型材料数值操作界面

### 14.4.2.7 定义单元属性

单击 Patran 主界面应用工具栏里面的 "Properties" 按钮，弹出如图 14-81 所示的界面，在弹出的界面上，单击 "Action:" 选择 "Create"，单击 "Object:" 选择 "3D"，在 "Type:" 中选择 "Solid"，在 "Property Set Name" 中填写 "pro"，单击 "Input Properties"，弹出如图 14-82 所示界面，单击 "🔧" 图标，在右边弹出一个对话框，在该对话框中双击 "Q235"，在图 14-82 界面上就会出现 "m: Q235"，单击 "OK" 按钮，返回到图 14-81 所示界面。

单击图 14-81 中的 "Select Application Region"，弹出如图 14-83 所示界面，在 "Select Members" 中框选模型中所有的单元，然后单击 "Add"，单击 "OK"，返回到图 14-81 所示界面，再单击 "Apply"。Patran 主界面最下边的信息提示区会显示 Property（属性）创建成功。

## 14.4.3 分析模型的求解及结果的后处理

### 14.4.3.1 进行分析

单击 Patran 主界面应用工具栏里面中的 "Analysis"，

图 14-81 创建单元属性操作界面

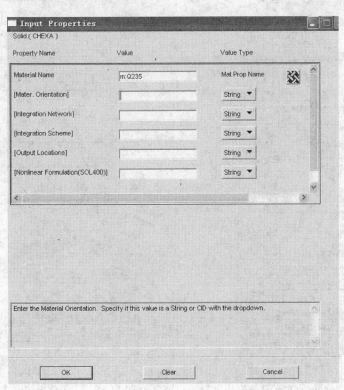

图 14-82 定义单元属性操作界面

弹出如图 14-84 所示界面，单击"Apply"，Patran 就会自动
进行分析，并弹出一个 DOS 界面，显示 Nastran 启动成功，
同时 Nastran 开始计算。当 Nastran 计算完毕的时候，就会
听到"滴滴"的声音，并且自动关闭 Nastran 界面。

### 14.4.3.2　获取计算结果

单击图 14-84 中"Action："复选框，选择"Access Re-
sults"，弹出如图 14-85 所示的界面，在弹出的界面中点击
"Select Results File"，弹出图 14-86 所示界面，选择
"lagan. xdb"，单击"OK"，返回原界面，并单击"Apply"，
信息提示区会显示"Attach Result File"。

单击主界面下拉菜单"Display"中的"Load/Bc/Elem.
Props"命令，弹出如图 14-87 所示操作界面，取消"Show
LBC/EI. Prop. Vectors"前面的钩选项（此处的设置是为了在
图形区内不显示边界条件和载荷的符号，只显示模型本体），
然后点击"Apply"，再单击"Cancel"，退出该操作界面。

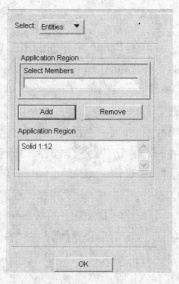

图 14-83　单元属性选择作用
单元的操作界面

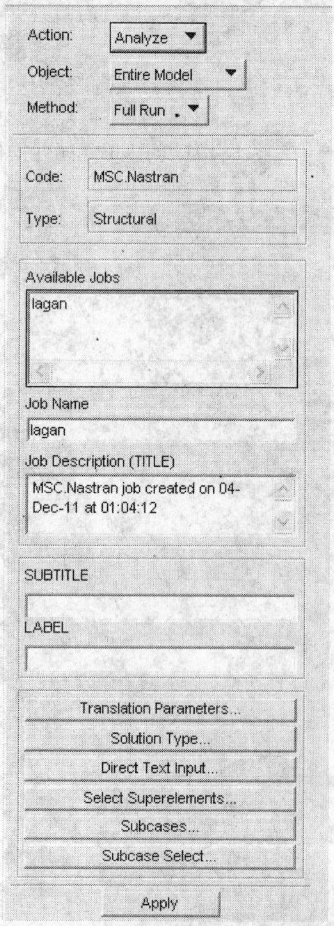

图 14-84　启动 Nastran 有限元计算操作界面 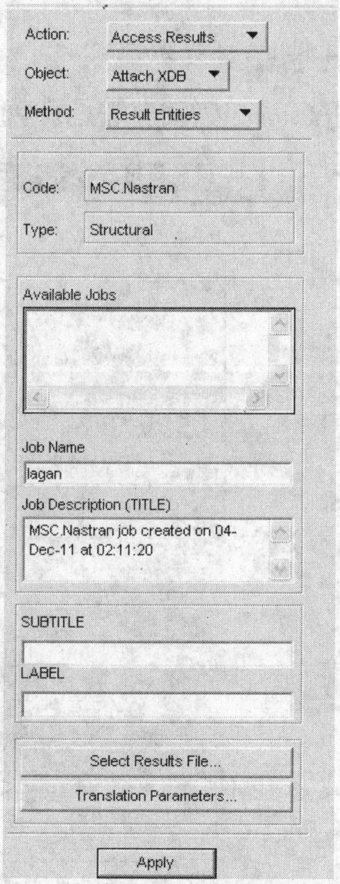　　　　图 14-85　读入分析结果文件操作界面

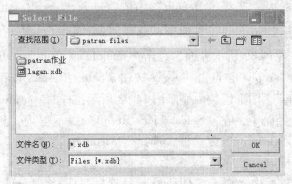

图 14-86 选择结果文件操作界面

单击主界面应用工具栏里面的"Results"按钮，在应用工具设置栏弹出如图 14-88 所示的后处理操作界面，在该界面中点击"Action："复选框，选择"Create"，点击"Object："复选框，选择"Contour"，点击"Method："复选框，选择"Lines"，在"Select

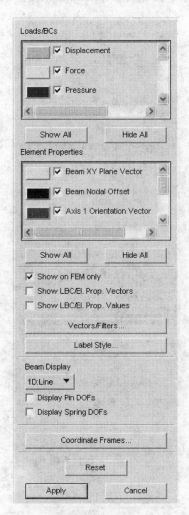

图 14-87 Patran 有限元模型显示设置操作界面

图 14-88 Patran 后处理操作界面

Results Cases"提示框内，选择"Default"，在"Select Lines Result"提示框内，选择"Stress Tensor"，点击"Quantity"复选框，选择"von Mises"，点击" 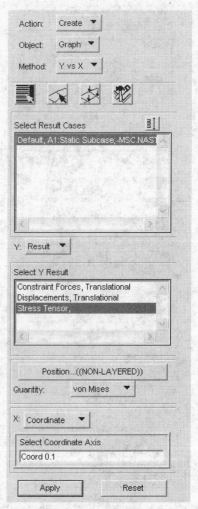 "按钮（Plot Options 按钮），弹出图 14-89 所示界面，点击"Coordinate Transformation："复选框，选择"Global"，然后点击"Apply"，点击" 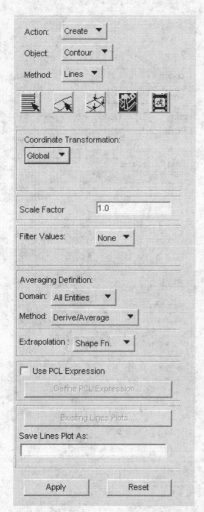 "按钮（Select Results 按钮），返回图 14-88 所示界面，点击"Apply"，图形区域内显示图 14-93 所示拉杆的 von Mises 应力。

在图 14-88 所示界面中，在"Select Lines Result"提示框内，选择"Displacements, Translational"，点击"Quantity"复选框，选择"Magnitude"，点击"Apply"，图形区域内显示图 14-94 所示拉杆的变形情况。

在图 14-88 所示界面中，点击"Object："复选框，选择"Graph"，点击"Method："复选框，选择"Ẏ Vs X"，在"Select Results Cases"提示框内，选择"Default"，在"Select Y Results Cases"提示框内，选择"Stress Tensor"，点击"Quantity"复选框，选择"von Mises"，点击"X："复选框，选择"Coordinate"，在"Select Coordinate Axis"输入框内输入"Coord 0. 1"，如图 14-90 所示，点击" 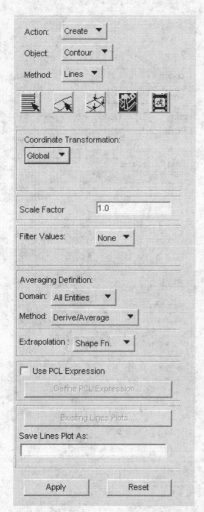 "按钮（Target Entities 按钮），弹出

图 14-89 Patran 后处理选项设置操作界面　　　图 14-90 Patran 后处理显示应力迹线操作界面

图 14-91 所示界面，点击"Target Entity："复选框，选择"Nodes"，然后在"Select Nodes"一栏中点击鼠标左键，并移动鼠标至图形区内，此时按住键盘上的"Shift"键，同时用鼠标左键依次点击选择拉杆任意轴向截面上外层节点，点击"Apply"按钮，显示如图 14-95 所示拉杆轴向截面上沿轴线方向节点 von Mises 应力迹线。在图 14-95 中，横坐标表示依次选择节点的 $x$ 坐标值，单位为 mm；纵坐标表示的是对应节点的 von Mises 应力数值大小，单位为 MPa。

在图 14-92 所示界面中，在"Select Y Results Cases"提示框内，选择"Displacements，Translational"，点击"Quantity"复选框，选择"Magnitude"，点击"Apply"按钮，显示如图 14-96 所示拉杆轴向截面上

图 14-91 Patran 后处理显示应力迹线中应力节点选择操作界面

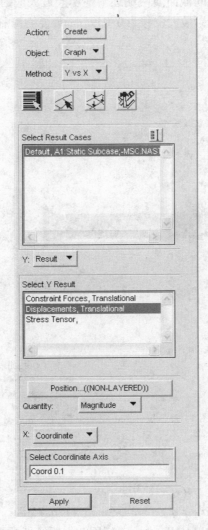

图 14-92 Patran 后处理显示位移迹线操作界面

沿轴线方向节点位移迹线（此时显示的是 von Mises 应力迹线中设置选中的节点，如显示不了，需要重新点击"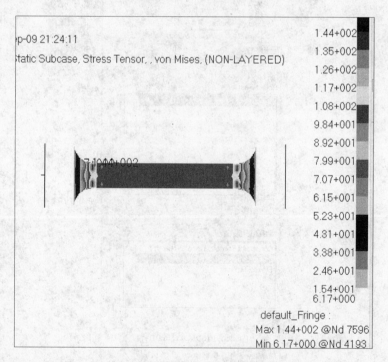"按钮（Target Entities 按钮），在弹出的如图 14-91 所示界面中点击"Target Entity："复选框，选择"Nodes"，然后在"Select Nodes"一栏中点击鼠标左键，并移动鼠标至图形区内，此时按住键盘上的"Shift"键，同时用鼠标左键依次点击选择拉杆任意轴向截面上外层节点。在图 14-96 中，横坐标表示依次选择节点的 $x$ 坐标值，单位为 mm；纵坐标表示的是对应节点的位移数值大小，单位为 mm。

### 14.4.4 计算结果分析

由 Patran 程序对计算结果的后处理产生的结构应力云图、位移云图、应力迹线和位移迹线分别如图 14-93 ~ 图 14-96 所示。图中灰度的变化原为彩色，可与计算软件提供的色谱对照查看应力和位移的数值。由图可见，应力分布的特点是从两个端面向中间逐渐递增，位移分布的特点是从中间截面向两端逐渐递增。最大应力为 144MPa，左右对称发生在距离中间截面约 75mm 处，最大位移为 0.0495mm，左右对称发生在距离中间截面 95 ~ 125mm 处。

图 14-93 拉杆 von Mises—应力分布云图

### 14.4.5 强度校核结论

Q235 的抗拉极限应力为：$\sigma_s = 235\text{MPa}$。

Q235 的许用应力为：$[\sigma] = \sigma_s/n = 235/1.33 = 176.7\text{MPa}$。

由于计算的最大应力为 144MPa < $[\sigma]$，因此，原拉杆的强度满足要求。

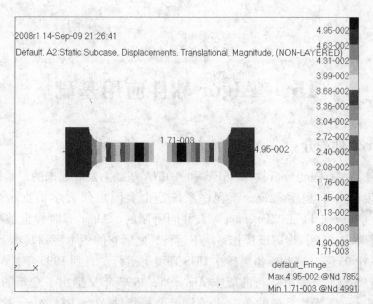

图 14-94 拉杆位移分布云图

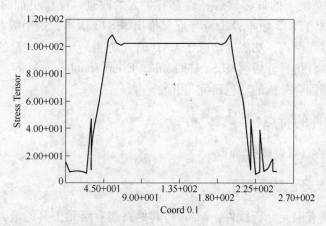

图 14-95 轴向截面上沿轴线方向节点 von Mises 应力变化迹线

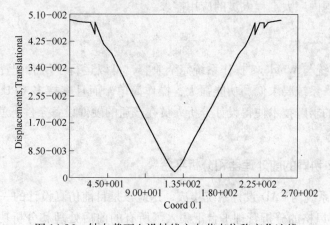

图 14-96 轴向截面上沿轴线方向节点位移变化迹线

# 15 Algor 软件应用基础

## 15.1 Algor 软件简介

Algor 软件是在有限元分析软件 SAP 5 和 ADINA 基础上发展起来的，其核心代码起源于 1970 年开发的 SAP 程序系统，该程序系统是由美国加州大学伯克利分校的 K. J. Bathe，E. L. Wilson，F. E. Peterson 等人共同研制的。Algor 有时候也被称为"SUPER SAP"，最初版本是在 PC 机 DOS 操作系统下运行，之后它的版本序列基本上以年份命名，如 SAP 91，SAP 93 等，这些版本仍然在 DOS 环境下运行。直到 1995 年，Algor 公司推出了在 Windows 95 桌面环境下运行的版本 Algor 95，1998 年又推出了全新的基于 Windows 95/98 和 Windows NT 操作系统的全 32 位有限元分析软件 Algor 98。Algor 软件的 Windows 版本相对于 DOS 系统下的许多软件特性都有了大的改进，操作更加简单。到 1999 年 1 月，Algor 公司推出了 R12 版本，2000 年底又推出了 R13 版本，这个版本改动较大，在界面上使用了集成界面模式，功能上增强了 CAD 输入功能，开发了大量的单元，增强了非线性分析和机械事件仿真分析（MES，Mechanical Event Simulation）等。目前，Algor 软件正致力于多物理场耦合分析的特色研究与开发。

## 15.2 Algor 软件的特点

Algor 软件的特点可以概括如下。

### 15.2.1 界面直观友好，易学易用

作为一个高端有限元分析软件，Algor 与其他高端有限元工具的最大区别就是其直观友好、易学易用、容易上手，可以尽快发挥实际效益。另外，Algor 软件有简体中文版，因此也能够满足国内广大工程人员的应用需求。

### 15.2.2 硬件要求低

Algor 分析系统与 Windows 操作系统完全兼容，可以运行于所有配置 Windows 系统的微机和工作站上，系统要求低，功能强大，操作简单，而且支持多 CPU 并行计算，运行速度快。其优秀的求解技术使得设计分析人员在普通的硬件设备条件下就可以有效完成较大规模的分析任务。

### 15.2.3 CAD/CAE 协同的前处理器和分析平台

将 CAE 分析系统与 CAD 设计系统集成，这应该是目前仿真设计的一个发展趋势。Algor 在其 Windows 风格的分析管理平台下集入了所有的前后处理和分析功能。其前处理最大的特点是 CAD/CAE 的一体化，可以与各种流行的 CAD 设计系统与 CAE 分析软件实现

模型数据直接交换。具体来说，Algor 的前处理包括如下几部分：

（1）系统、全面的建模工具。Algor 自身提供了专用的参数化 CAD 实体建模模块 Alibre Design，可以建立任意复杂的三维实体模型，除此之外，它还提供了丰富的 CAD 接口。

（2）直接的 CAD 模型接口技术。Algor 与如下 CAD 系统可以直接实现数据交换：Pro/E，Solid Edge，SolidWorks，Inventor，MDT，IronCAD，AutoCAD，Alibre Design，Rhinoceros 等；另外，还支持多种通用图形格式：ACIS，IGES，STEP，STL，DXF，CDL 等。

（3）直接的 CAE 数据交换技术。Algor 可以与多种有限元分析软件进行模型数据交换，包括：ANSYS(.CDB,.ANS)，Nastran(.NAS,.BDF,.DAT,.OP2)，Abaqus(.INP)，FEMAP(.NEU)，PATRAN(.PAT)，SDRC I-DEAS(.UNV)，Stereolithography(.STL)，Blue Ridge Numerics(.NEU)等。Algor 可以导入这些有限元软件的有限元模型，也可以输出这些软件的模型供其使用，这对于拥有多种 CAE 分析工具的用户来说是非常方便，甚至是非常必要的，使得熟悉不同软件的分析人员之间可以方便地交换模型数据而无需重新处理，也利于采用不同软件对同一分析模型进行校核检验。

（4）智能的网格划分功能。Algor 提供了全自动的六面体、四面体以及混合网格的高度智能化的划分功能。六面体网格自动剖分功能能够对复杂的三维实体快速生成高质量的六面体网格。基于中面剖分算法的二维网格剖分器能够在实体模型的中面上自动生成完全的四边形网格或者四边形和三角形的混合网格，并且可以在指定区域自动细化。因此，即使不进行任何控制，Algor 也可以生成非常复杂模型的高精度的网格，保证了计算的高效性和高精度。

### 15.2.4　强大的后处理功能

Algor 的后处理不仅操作简单直观，而且功能强大，提供了丰富的图形显示和数据处理功能。具体为：

（1）图形处理。可以输出各种结果的等值图、曲线图、流线、轨迹图，并且可以提供剖切显示等多种图形观察功能。所有的图形都可以用 BMP、JPG、TIF、PNG、PCX、TGA 等多种图形格式输出。

（2）动画显示。各种结果量和变形图可以以动画的方式直观显示，并且可以输出为多媒体格式文件。

（3）数据处理。可以对结果量进行处理，运算，如应力线性化、工况组合、质量、体积、重心、惯性矩计算、傅里叶变换、结果列表等。

（4）自动计算报告。Algor 提供了自动的计算报告生成器，它具有直观的报告模板和向导，分析结束以后按照向导的提示可以快速生成图文并茂而规范的计算报告，而且报告可以是文本格式，也可以是可用于网络发布的 HTML 格式。

### 15.2.5　强大的结构分析以及多物理场分析功能

目前，各种现象耦合作用的多物理场分析是 CAE 的一个趋势，Algor 提供了强大的从单一物理场到多物理场耦合分析的功能，这是 Algor 的一个重要特色。Algor 能提供的主要物理场分析功能有：

（1）线性、非线性，静力、动力、刚柔体运动学于一体的结构分析功能；

（2）疲劳分析功能；

（3）热分析功能；

（4）流体分析功能；

（5）静电分析功能；

（6）多物理场耦合分析功能；

（7）针对压力容器、管路系统的专用建模模板。

## 15.2.6 开放的二次开发平台

Algor 软件是一个开放的平台，除了 Algor 传统的二次开发语言 EAGLE（Engineering Application Generator Language and Environment）可以执行菜单操作，建立参数化模型、控制分析流程进行优化设计，开发用户需要的新的分析界面以外，Algor 还提供了非常方便的基于 VB 和 VC 的二次开发接口，它提供了大量的应用程序接口（API），外部程序可以直接调用 Algor 可执行程序，在 Algor 中也可以调用用户开发的外部子程序，对模型、求解、结果进行控制，而且提供了 VB Script 开发界面，这样就可以方便地开发用户化模块，从而开发友好的用户化专用分析环境以及分析功能。

## 15.3 Algor 的主要分析模块

| | | |
|---|---|---|
| 核心模块 | Professional Multiphysics | 用于线性和非线性材料模型静力分析和机械运动仿真，线性动力学分析，稳态和瞬态的热传导分析，稳态和非稳态的流体分析和静电分析 |
| | Professional MEMS Simulation | 用于线性和非线性材料模型的静力分析和机械运动仿真，线性动力学分析和静电分析 |
| | Professional MES/NLM | 用于线性和非线性材料模型的机械运动仿真 |
| | Professional MES/LM | 专用于线性材料模型的机械运动仿真 |
| | Professional Static/NLM | 专用于线性和非线性材料模型的静力分析 |
| | Professional Static/LM | 专用于线性材料模型的静力分析 |
| | InCAD Designer/Autodesk Inventor | 与 Inventor 进行下列分析中用到的 CAD/CAE 数据交换：线性材料模型的静力分析，线性动力学分析，稳态和瞬态的热传导分析 |
| | InCAD Designer/CADKEY | 与 CADKEY 进行下列分析中用到的 CAD/CAE 数据交换：线性材料模型的静力分析，线性动力学分析，稳态和瞬态的热传导分析 |
| | InCAD Designer/Mechanical Desktop | 与 Desktop 进行下列分析中用到的 CAD/CAE 数据交换：线性材料模型的静力分析，线性动力学分析，稳态和瞬态的热传导分析 |
| | InCAD Designer/Pro/ENGINEER | 与 Pro/ENGINEER 进行下列分析中用到的 CAD/CAE 数据交换：线性材料模型的静力分析，线性动力学分析，稳态和瞬态的热传导分析 |
| | InCAD Designer/Solid Edge | 与 Solid Edge 进行下列分析中用到的 CAD/CAE 数据交换：线性材料模型的静力分析，线性动力学分析，稳态和瞬态的热传导分析 |
| | InCAD Designer/SolidWorks | 与 SolidWorks 进行下列分析中用到的 CAD/CAE 数据交换：线性材料模型的静力分析，线性动力学分析，稳态和瞬态的热传导分析 |

| | | |
|---|---|---|
| 核心模块 | Professional Fluid Flow | 用于稳态和非稳态的流体分析 |
| | Professional Heat Transfer | 用于稳态和瞬态的热传导分析 |
| | Professional Electrostatic | 用于静电分析 |
| | Professional PipePak | 用于管道系统设计和分析 |
| | Civil | 用于在土木工程领域进行线性材料模型的静力分析 |
| | ALG/Nastran | Nastran 的线性材料模型静力分析、固有频率（模态）分析、临界屈曲载荷以及稳态的热传导分析 |
| | FEMPRO | 完整的有限元建模、结果评价和描述界面 |
| CAD 数据支持扩展模块（需要核心模块） | InCAD/Autoclesk Inventor Extender | 与 Autodesk Inventor 之间的直接 CAD/CAE 数据交换 |
| | InCAD/CADKEY Extender | 与 CADKEY 之间的直接 CAD/CAE 数据交换 |
| | InCAD/Mechanical Desktop Extender | 与 Mechanical Desktop 之间的直接 CAD/CAE 数据交换 |
| | InCAD/Pro/ENGINEER Extender | 与 Pro/ENGINEER 之间的直接 CAD/CAE 数据交换 |
| | InCAD/Solid Edge Extender | 与 Solid Edge 之间的直接 CAD/CAE 数据交换 |
| | InCAD/SolidWorks Extender | 与 SolidWorks 之间的直接 CAD/CAE 数据交换 |
| | Rhinoceros Import Extender | 支持 Rhinoceros 的 CAD 数据格式 |
| | FEM Input Deck Import Extender | 支持第三方 FEA 软件的输入格式 |
| | FEM Input Deck Import and Export Extender | 支持对第三方 FEA 软件的输入输出 |
| | Piping Import Extender | 支持导入 CADPIPE，Intergraph PDS 和 CAESAR Ⅱ 格式的文件 |
| 分析和建模的扩展模块（需要核心模块） | Static Stress Analysis with Linear Material Models Extender | 用于线性材料模型的静力分析 |
| | Linear Dynamic Analysis Extender | 用于线性动力学分析 |
| | Dynamic Design Analysis Method (DDAM) Extender | 用于舰船冲击分析 |
| | Mechanical Event Simulation Extender | 用于机械运动仿真 |
| | Nonlinear Material Model Extender | 用于非线性材料模型 |
| | Inertial Load Transfer Extender | 基于机械运动仿真进行的静力分析，考虑了载荷的惯性释放 |
| | Heat Transfer Analysis Extender | 用于稳态和瞬态的热传导分析 |
| | Fluid Flow Analysis Extender | 用于稳态和非稳态的流体分析 |
| | Electrostatic Analysis Extender | 用于静电分析 |
| | PipePak Piping Design Extender | 用于管道系统设计和分析 |

续表

| 分析和建模的扩展模块（需要核心模块） | PV/Designer | 用于自动建立压力容器和交叉管道的模型 |
| --- | --- | --- |
| | Alibre Design | Alibre Design 的二维制图，三维参数化实体建模，支持材料列表和实时的团队设计 |
| | Alibre Design Professional | Alibre Design 的二维制图，三维参数化实体建模，支持材料列表和实时的团队设计，集成薄片金属设计，Alibre PhotoRender，Alibre 的零件库，Algor 的设计检查，以及 MecSoft 的 CAM 软件 |
| | Alibre Design（Upgrade） | 将 Alibre Design Basic 升级到 Alibre Design |
| | Alibre Design Professional（Upgrade） | 将 Alibre Design Basic 或 Alibre Design 升级到 Alibre Design Professional |
| | Composite Material Extender | 支持对复合材料的线性静力和模态分析 |
| | Motion-Enabled Composite Material Extender | 支持对复合材料的机械运动仿真 |
| | EAGLE | 用于建模、有限元分析、机械运动仿真和跨学科研究的编程语言 |
| Nastran 的扩展模块 | Nastran Input Deck Import Extender | 支持导入 Nastran 求解文件 |
| | Nastran Input Deck Export Extender | 支持输出 Nastran 求解文件 |
| | Nastran Results Import and Visualization Extender | 在 FEMPRO 对 Nastran 结果的后处理 |
| | Nastran Results Export Extender | 支持将 Algor 的计算结果输出给 Nastran |
| | Nastran Solver Support Extender | 支持在 FEMPRO 中直接运行 Nastran 求解器 |
| | Nastran Support Extender | 对 Nastran 求解器和输入输出模块的完全支持 |

## 15.4　CAD 实体建模方法

Algor 创建实体模型主要有两种途径，一种是利用 Algor 自带的建模软件进行建模，另一种是通过专业 CAD 软件建立 CAD 实体模型，借助于 Algor 强大 InCAD 接口实现将 CAD 实体模型导入到 Algor 系统中。

### 15.4.1　Alibre Design 直接建模

Alibre Design 是 Algor 系列产品提供的 CAD 实体建模模块。Alibre Design 本身是一个专业的 CAD 软件，可以建立基于特征的参数化 CAD 模型。

Alibre Design 和 Algor 之间是嵌入式的接口，用户在 Alibre Design 中建立 CAD 模型后可以直接从 Alibre Design 菜单中启动 Algor 对当前的模型进行分析；也可以将 Alibre Design 的模型保存为文件，然后启动 Algor，再直接读入 CAD 模型进行分析。

由于 Algor 和其他多数国内流行的 CAD 软件均提供了一体化嵌入式接口，其接口能力和 Algor 自身的实体建模模块 Alibre Design 是同级别的，因此，用户所熟悉的专业 CAD 软件均可以看做 Algor 的实体建模模块。

## 15.4.2 Algor 的 InCAD 接口技术

Algor 为 CAD 软件提供了 InCAD 接口技术，即插件式接口，也就是说，安装 Algor 软件和 CAD 软件后，CAD 系统的菜单中会出现 Algor 选项，通过该菜单可以直接启动 Algor 软件并将 CAD 模型导入 Algor 进行分析。

插件式接口技术直接采用 CAD 软件的内核转换模型到 Algor 环境，避免了通过中间文件或者不同内核的转换，从而保证了模型传输的成功率。另外，在 CAD 系统的 Algor 菜单中还会出现 Feature Control 选项（特征抑制），可以抑制 CAD 模型的小特征，比如小的倒角或开口等。无需修改 CAD 模型，抑制的特征就不会在 Algor 的模型中出现，这为模型的简化提供了极大的方便。

由于当前主流的三维 CAD 软件都是基于参数化建模思想的，其 CAD 模型可以灵活地进行修改，因此，利用插件式接口技术就可以方便地进行各种模型方案的分析和对比。此外，Algor 和 CAD 模型也是参数相关的，在 CAD 系统中修改模型后，可以自动更新 Algor 中的模型。

Algor 目前提供的 CAD 软件直接接口有 Pro/ENGINEER，Solid Edge，SolidWorks，CAXASolid，CATIA，Inventor，MDT，Alibre Design，IronCAD，CADKEY，Rhinoceros，keyCreator，AutoCAD 等；另外，Algor 还支持多种通用的模型格式，如：STEP，ACIS，IGES，DXF，STL，CDL 等；这保证了 Algor 可以和目前流行的所有 CAD 软件完成模型交换。

## 15.4.3 网格划分

Algor 可以通过如下几种方法进行网格划分，从而生成有限元模型：
（1）FEA Editor 环境中对 CAD 实体模型自动划分网格（三维或板壳）；
（2）FEA Editor 环境中直接建立有限元模型；
（3）Superdraw Ⅲ 中直接建立；
（4）PV/Designer 压力容器专用建模模块；
（5）PipePak 管路系统专用建模模块。

由于 Superdraw Ⅲ 的功能已经被全部移植到了直观的 FEA Editor 环境中，而 PV/Designer 和 PipePak 又属于专用建模模块，因此，下面主要针对 CAD 实体网格划分和 FEA Editor 模型建立方法进行讲解。

## 15.4.4 Algor 网格划分的一般步骤

对于体型复杂的几何实体，在有限元软件中直接建立模型会相当困难，而借助于 CAD 软件的强大三维造型功能则可以完成极其复杂的建模任务。Algor 进行网格划分的一般步骤为：
（1）在 FEA Editor 环境中打开 CAD 模型。
（2）启动 Model Mesh Settings 设置框对网格参数进行设置，再划分网格。
1）在"Mesh Type"选项中选择网格类型。

2）单击"Options"按钮进行更详细的网格参数设置。

3）单击"Mesh Model"按钮划分网格。

（3）如果网格可以接受，则进入后续的计算步骤。

（4）如果网格不能接受，则修改控制参数或进行网格细化、增强。

### 15.4.5　网格细化与增强

有限元分析中为了提高某些关键部位的计算精度，经常需要对局部的网格进行调整，Algor 提供了两种方便的网格调整技术：网格细化和表面增强。

#### 15.4.5.1　网格细化

FEA Editor 模型环境中可以通过如下几个方式设置细化点。

（1）Specify：直接指定细化点，在弹出的对话框中需要逐一添加细化点参数。主要参数为：

1）ID：细化点编号，程序自动指定。

2）X，Y，Z：细化点坐标。

3）Effective radius：细化半径，在以细化点为中心，由该半径确定的球形区域内细化网格。

4）Mode：细化模式，有 size（网格尺寸）和 Divide（细分数）两个选项。

5）Mesh size：当 Mode 选为 size 时，此处输入细化网格尺寸。

6）Divide factor：当 Mode 选为 Divide 时，在此处输入细化因子（细分数）。

（2）Automatic：自动指定细化点。

通过滑条控制细化级别，单击"Generate"按钮后，程序自动分析结构的几何特征，创建细化点，并自动设置细化点和参数。

（3）选择节点（一个或多个），将其直接指定为细化点。

选择节点后右击，在弹出的快捷菜单中选择"Add"→"Refinement Points"命令，然后输入细化参数，Generate Mesh 命令重新划分网格，则软件程序会自动对细化点附近的网格进行细化。

#### 15.4.5.2　表面增强

有限元模型中表面的网格质量是最关键的，因为表面通常是应力最大的区域。对于 Algor 来说，表面网格质量尤其关键，因为 Algor 的三维实体网格是在形体表面网格的基础上向内部扩展而生成的，高质量的表面网格不仅能够保证计算精度，而且可以保证 Algor 生成质量更好的六面体主导网格。

表面增强功能可以对 Algor 的表面网格进一步调整和细化，得到更加规则和均匀的表面网格。表面增强与直接的 Generate Mesh 生成的表面网格的主要区别有：

（1）表面增强对网格的控制更严，在 Generate Mesh 的已有网格基础上进一步调整；

（2）即使尺寸设置完全一样，表面增强后也会生成形态更好、更合理的网格。

表面增强通过如下菜单命令进行：Mesh→Surface Mesh Enhancer。主要设置参数如下。

（1）Mesh Size：控制网格尺寸，可以指定网格绝对尺寸或者相对于默认尺寸百分比，滑条中部代表默认的网格尺寸。

（2）Part#：输入增强零件号，控制增强零件。

（3）Mesh：单击此按钮开始增强。

（4）Options：提供了更多的高级选项，通常并不需要设置。

（5）Done：表面增强结束后单击"Done"才能显示新的网格。

（6）Undo：增强后的网格可以通过"Undo"按钮恢复增强之前的网格。

表面增强过程将对 Part# 中指定的整个零件表面网格进行增强，并且会考虑已经指定的细化点。

## 15.5　直接网格构建

Algor 除了上述的基于 CAD 模型的自动网格划分功能以外，还可以在 FEA Editor 环境中直接进行有限元模型的构建和编辑，直接建模可以生成比自动划分网格形状更为规则的有限元网格。

### 15.5.1　有关术语

Algor 直接建模时需要指定所建对象的 Part（零件）、Surface（面）、Layer（层），其含义为：

（1）Part（零件）。和 CAD 模型的 Part 具有同样的意义，有限元模型的任何部分（以单元线为对象）可以定义不同的 Part 号，但同一 Part 中的单元线必须能够组成封闭的完整单元，因此，不同 Part 之间的连接面应该具有重叠的界面。Part 号与单元类型、材料号、单元定义密切相关，一个 Part 中的网格只能具有相同的单元类型、材料参数和单元定义，换句话说，具有不同单元类型、材料参数或者单元定义的模型区域必须位于不同的 Part 中。与线性分析中的梁单元稍有不同，同一 Part 中的梁单元可以通过指定不同的 Layer 号而定义不同的梁截面。但为了避免混淆，Algor 建议通过 Part 号区别梁截面。Part 还与某些载荷有关，比如选中某个 Part 可以直接定义 Part 的温度载荷、初始速度、指定位移等。

（2）Surface（面）。和 CAD 模型的 Surface 具有同样的意义，有限元模型的任何部分（以单元线为对象）可以定义不同的 Surface 号。Surface 号与载荷、约束、边界条件有关，对 Surface 可以直接定义面约束、面载荷（压力、分布力等）、接触关系等。因此，指定 Surface 号可以使载荷、边界条件的施加更为方便。

（3）Layer（层）。有限元模型的任何部分（以单元线为对象）均可以定义不同的 Layer 号。Layer 号主要用途是方便选择，通过查看模型中定义的 Layer 可以对具有不同 Layer 号的对象进行过滤。另外，在线性分析中可以基于 Layer 定义梁截面，同一 Part 中具有不同 Layer 号的梁单元可以定义不同的梁截面。

由于通过 Part 号和 Surface 号同样可以很方便地选择对象，而不同 Part 的梁单元可以定义不同的梁截面，因此，在 Algor 中很少要求指定不同的 Layer 号的情况。建立模型时，通常仅仅根据需要修改 Part 号和 Surface 号，而保持 Layer 号始终为 1。

### 15.5.2　创建方法

Algor 集成分析环境 FEMPRO 的直接建模方法有两种：直接建立网格和基于草图建立网格。

#### 15.5.2.1　直接建立网格

在 FEMPRO 中可以直接建立线网格、面网格或者体网格。

A　建立线网格

线网格用于定义线单元，如杆、梁、弹簧，也可用于进一步生成面网格或者体网格。FEMPRO 中可以直接建立直线、四边形、圆弧（通过三点，或者圆心和端点）、圆（通过圆心和一点，或者直径两端点）、样条曲线。单击相应的工具按钮后会弹出输入对话框，在其中设置必要的选项。FEMPRO 环境左下角状态栏会提示每个步骤应该采取的操作或输入参数，因此，应该时刻留意状态栏的提示信息，这会使得操作变得非常简单。

B　建立面网格

面网格可以用于定义面单元，如板壳、二维平面模型（$yz$ 平面内），也可用于进一步建立体网格。FEMPRO 中可以直接建立三角形区域或者四边形区域的面网格，面网格也可以由线网格通过拖拉、旋转、缩放等操作建立。

C　建立体网格

体网格可以用于定义体单元，如三维块体模型。FEMPRO 中可以直接建立六面体区域的体网格，其方法和四边形区域面网格类似。体网格也可以由面网格通过拖拉、旋转、缩放等操作建立。

D　网格操作工具

通过任何方法建立的网格均可以通过网格操作工具来进行编辑，如布尔运算、倒角、移动、镜像、复制、修改属性等。Algor 可以为直接建立的网格对象进行相关参数的关联操作，也就是说，后续的操作与前面的操作参数关联，这种基于对象的技术在进行网格修改的时候非常方便。

#### 15.5.2.2　基于草图建立网格

草图对象不是有限元对象，不参与有限元计算。其作用是作为参考对象，方便有限元模型的建立，草图可以是点或者线，是用于标识有限元区域的基准点或者轮廓线。FEMPRO 中基于草图可以方便地建立有限元网格。这又包括两种途径，基于草图直接建立和草图区域自动划分网格。

## 15.6　分析实例

### 15.6.1　基本流程

#### 15.6.1.1　启动 Algor 集成分析环境 FEMPRO

运行 Algor→FEMPRO，在启动过程中会弹出"What's New"（新增功能）信息框，将其关闭即可。

### 15.6.1.2  建立几何模型或直接打开几何模型

（1）选择本地磁盘中的几何模型文件并打开，如果弹出"Surface Knitting"提示框，则选择"Yes"，此选项可以使得装配体之间的配合更好。

（2）在"Choose Analysis Type"对话框选择分析类型，确认后模型被导入 Algor FEM-PRO 环境中。

### 15.6.1.3  划分网格

（1）打开"Model Mesh Settings"（网格设置）对话框，通过滑条来控制网格大小。网格尺寸越小，精度越高，但计算越耗时。原则是在满足精度要求的前提下尽量减小计算规模，因此，可以根据对精度和计算时间的要求调整网格尺寸，直到满意为止。对于装配体，Algor 自动默认保证零件在装配面上的网格匹配，也就是作为绑定处理，当然也可以设置接触关系。

（2）网格划分完成后，可以查看网格划分的统计信息。默认情况下，Algor 首先生成表面网格，体网格在求解过程中生成，因此，此时仅会给出表面网格信息。

### 15.6.1.4  修改单位制

Algor 可以通过 Tools 菜单中的"Units"命令进行单位制的检查和修改，一般单位可以选择为"Metric mks"（SI）。也可以将"Unit System"选择为"Custom"，这样用户可以自定义单位制。

Algor 中修改单位制不会改变尺寸绝对值，换言之，如果修改前长度单位为 m，修改后长度单位为 mm，则修改单位后原来的 1m 即变成了 1mm，因此，应该注意 Algor 单位制和 CAD 原始模型单位制的一致性。

### 15.6.1.5  定义材料

在模型树中，选中需要设置材料的零件的"Material"项（选择集构造时支持"Ctrl+鼠标左键"的多选功能，模型树中以红色表示的零件意味着零件尚未设置材料属性）并右击，在弹出的快捷菜单中选择"Modify Material"命令，在弹出的对话框中设置材料。可以单击"Edit Properties"按钮，以观察或修改材料参数，也可以直接输入材料参数。

### 15.6.1.6  施加约束和载荷

选择合适的约束对象，右击并在弹出的快捷菜单中选择合适的命令，在弹出的对话框中施加相应的约束和载荷。

### 15.6.1.7  求解

保存模型，单击"Perform Analysis"按钮，Algor 将执行求解，求解结束后自动进入后处理环境并默认显示等效应力结果。

计算之后的 Algor 模型可以保存为压缩格式 .ach 格式以供将来使用。.ach 文件包括了所有模型信息，并可以包含计算结果，用户随时可以恢复完整的模型并查看计算结果。

### 15.6.1.8 后处理

观察应力：选择"Results"→"Stress"命令。

观察位移：选择"Results"→"Displacement"命令。

切换是否显示变形形状：选择"Results Options"→"Show Displaced Model"命令。

控制变形显示比例：选择"Results Options"→"Displaced Model Options"命令。

显示动画：选择"Animation"→"Start Animation 命令"。

保存动画：选择"Animation"→"Save as AW"命令。

修改等值图设置：选择"Display Options"→"Plot Settings"命令。

## 15.6.2 实例

初次启动 Algor 时，系统要求设置默认单位，一般设置为如图 15-1 所示的单位。

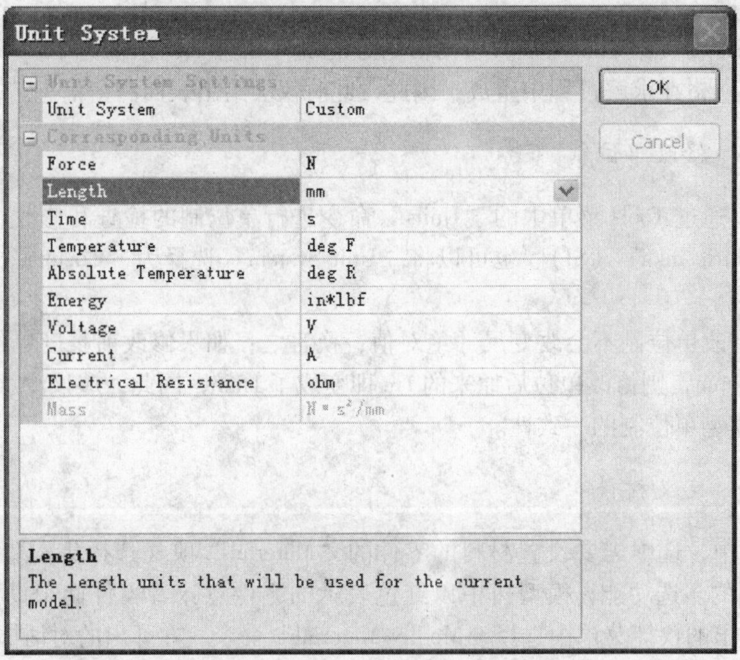

图 15-1 单位设置操作界面

以 Algor v21.1 为例，其图形用户界面如图 15-2 所示，Algor 的主要界面由标题栏、下拉菜单栏、工具按钮栏、模型预览器、图形绘制区和信息提示区几个部分组成。

### 15.6.2.1 问题描述及分析

对图 14-1 所示的拉杆模型进行线性材料静力分析。拉杆两端是大圆柱形，中间是小圆柱形，两圆柱用弧连接，如图 14-1 所示。其中，$D_1$ 是 25mm，$D_2$ 是 65mm，$L_0$ 是 150mm，$L_1$ 是 190mm，$L_2$ 是 250mm，$R$ 是 20mm。拉杆左右两端均匀受拉力 $p$ 为 50000N。求载荷下的应力和变形。

该问题归属为三维问题的有限元分析，应采用块体单元进行有限元分析。

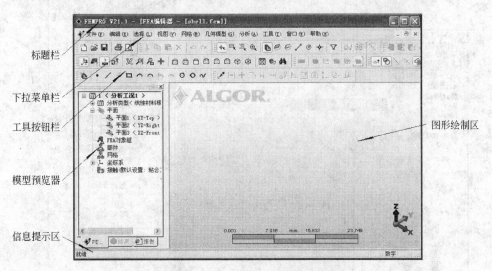

图 15-2　Algor v 21.1 图形用户界面

### 15.6.2.2　建立有限元实体模型

#### A　创建 FEA 模型

启动 Algor 系统，新建文件，选择 FEA 模型，分析类型选择为线性材料模型的静应力，如图 15-3 所示。单击新建，弹出"另存为"对话框，文件名定义为"AL"，则新建了一个名为"AL"的 FEA 模型。

图 15-3　新建模型操作界面

#### B　草图创建

鼠标右键点击图 15-2 主界面左侧窗口的"平面 1 < XY-Top >"，选择"草图"，在 $xy$ 平面草图模式下绘制平面草图，如图 15-4 所示。右击左侧窗口的"部件"，选择"新建部件"，则新建了一个部件，如图 15-5 所示。上述设置完成后如图 15-6 所示。

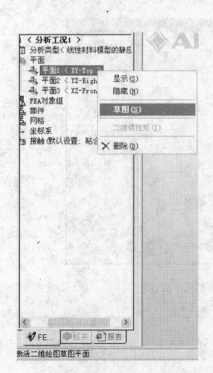

图 15-4　创建草图操作界面

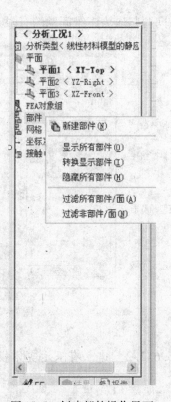

图 15-5　创建部件操作界面

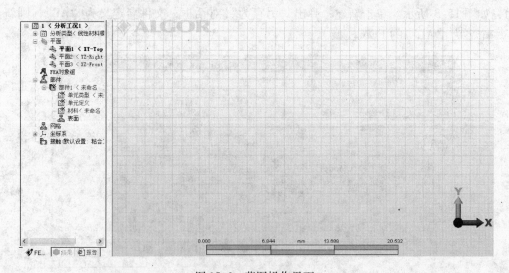

图 15-6　草图操作界面

　　点击主界面上下拉菜单 "几何模型" → "部件" → "直线"（或点击工具栏上的 "创建直线" 图标），弹出如图 15-7 所示的 "定义几何模型" 对话框，输入（20，95，0，）按 "Enter" 键确定，继续在对话框中输入（20，125，0），按 "Enter" 键确定，则在草图中创建了一条直线，如图 15-8（a）所示。继续在对话框中输入（-12.5，125，0），按 "Enter" 键确定，则创建了另外一条直线，如图 15-8（b）所示。继续在对话框中输入（-12.5，-125，0），按"Enter"键确定，则创建了第三条直线，如图 15-8（c）所示。继续在对话框中输入（20，-125，0），按"Enter"键确定，则创建了第四条直线，如图 15-8（d）所示。继续在对话框中输入（20，-95，0），按"Enter"键确定，则创建了第五条直线，如图 15-8（e）所示。关闭"定义几何模型"对话框。

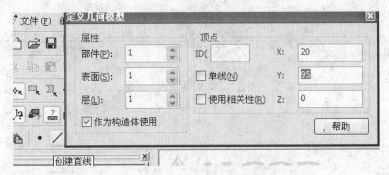

图 15-7　创建直线操作界面

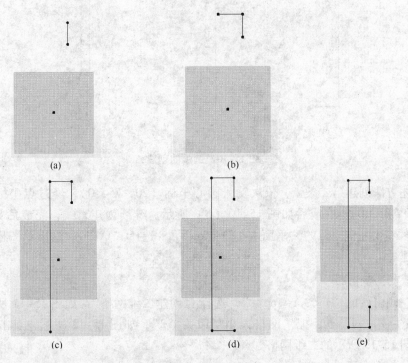

图 15-8　直线的创建

点击下拉菜单"几何模型"→"部件"→"弧"→"中心和端点"（或工具栏上的"创建中心和端点弧"图标），弹出"使用中心和端点定义弧"对话框，输入（20，-75，0），如图 15-9 所示，按"Enter"键确定，继续输入（20，-95，0），按"Enter"键确定，继续输入（0，-75，0），按"Enter"键确定，点击对话框中的"应用"按钮，然后关闭对话框，则创建了一个弧，如图 15-10（a）所示。

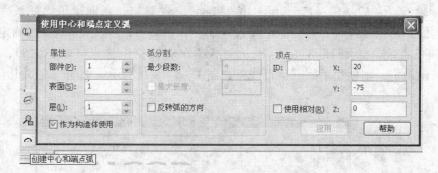

图 15-9 创建圆弧操作界面

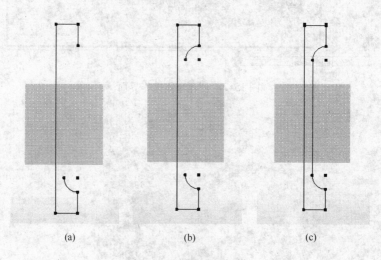

(a)　　　　　　　(b)　　　　　　　(c)

图 15-10 圆弧的创建

按上述方法创建第二条弧,依次输入圆心坐标(20,75,0),经过点坐标(0,75,0)和(20,95,0),完成后如图 15-10(b)所示。继续创建直线,完成后如图 15-10(c)所示。右击左侧窗口的"平面 1 < XY-Top > ",选择"草图",退出草图模式,完成草图的创建。

C 创建二维网格

右击左侧窗口的"1 < XY-Top > ",选择"创建二维网格",如图 15-11 所示,弹出"二维网格生成"对话框,把"网格大小"改为"2",如图 15-12 所示,点击"应用",则生成如图 15-13 所示的二维网格。

D 生成三维网格模型

点击主界面工具栏上的"框选"图标和"选择线"图标,如图 15-14 所示,然后拖动鼠标,框选部件 1 图形。选中后右击部件 1,选择"转动或复制",如图 15-15 所示。弹出"移动、转动、比例或复制"对话框,修改参数如图 15-16 所示,点击确定,退出草图模式。生成的三维图形如图 15-17 所示。

E 设定边界约束条件

选择点选模式" ",选择类型为选择顶点" ",选择中间圆截面周边上的所有

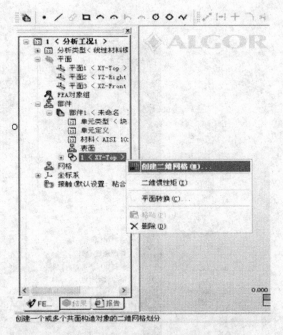

图 15-11　创建二维网格操作界面

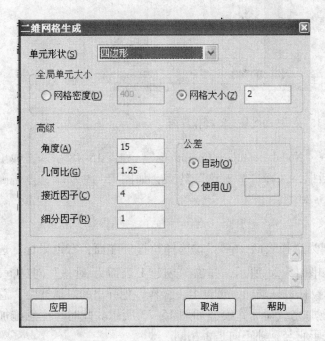

图 15-12　创建二维网格设置界面

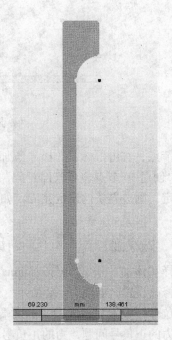

图 15-13　二维网格的创建

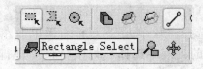

图 15-14　"选择形状" 工具条

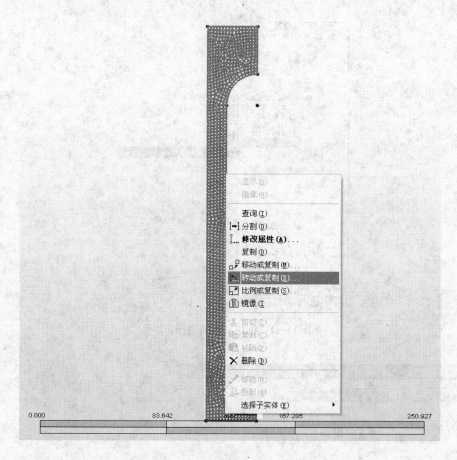

图 15-15 "转动或复制"操作界面

节点，右击鼠标，选择"添加"→"Nodal Boundary Conditions"，如图 15-18 所示，弹出"创建 36 节点边界条件对象"对话框，选择"Y 对称"约束，如图 15-19 所示，点击确定，则边界条件设定完成，如图 15-20 所示。

F 施加载荷

取点选模式" ⬩⬩ "，选择类型为选择表面" 🖉 "，选择拉杆一端面，右击鼠标，选择"添加"→"Surface Force"，如图 15-21 所示，弹出"创建 1 表面力 对象"对话框，修改设置，如图 15-22 所示。选择拉杆另一端面，重复上一操作，把弹出的对话框中"总位移"设置为"50000"，两端都施加完载荷后，模型如图 15-23 所示。此时，注意施加力的正负号问题，力的正负号取决于它与 y 轴正向是否相同。

G 定义单元类型及材料属性

鼠标右键单击左侧窗口的"部件"→"部件 1"→"单元类型"进行单元类型的设定，从弹出的列表中选择"块单元"。鼠标右键单击左侧窗口的"部件"→"部件 1"→"材料"，从弹出的列表中选择"修改材料"进行材料属性的设定，弹出的对话框如图 15-24 所示。

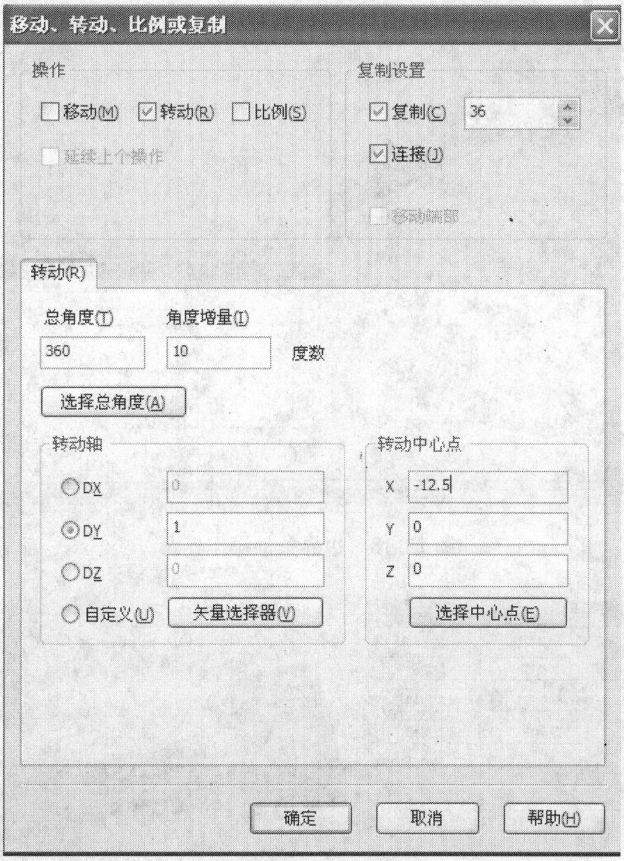

**移动、转动、比例或复制**

操作

☐ 移动(M)  ☑ 转动(R)  ☐ 比例(S)

☐ 延续上个操作

复制设置

☑ 复制(C)  36

☑ 连接(J)

☐ 移动端部

**转动(R)**

总角度(T)      角度增量(I)

360          10          度数

选择总角度(A)

转动轴

☐ DX    0

☑ DY    1

☐ DZ    0

☐ 自定义(U)    矢量选择器(V)

转动中心点

X    -12.5

Y    0

Z    0

选择中心点(E)

确定    取消    帮助(H)

图 15-16  "移动、转动、比例或复制"参数设置界面

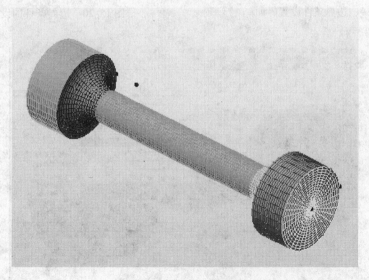

图 15-17  三维网格的创建

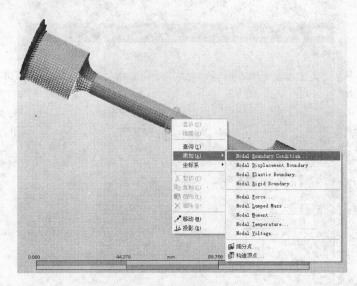

图 15-18　边界条件操作界面

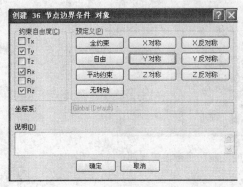

图 15-19　边界条件设置界面

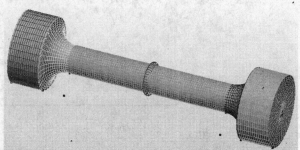

图 15-20　边界条件的设定

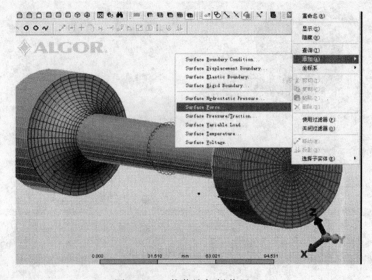

图 15-21　载荷施加操作界面

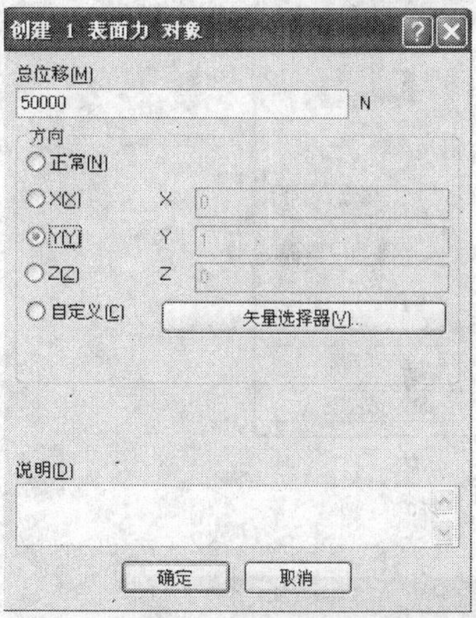

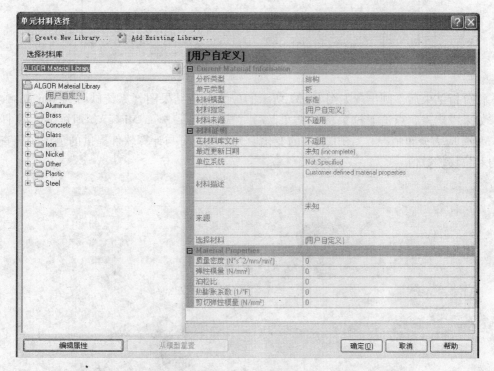

图 15-22　载荷施加设置界面 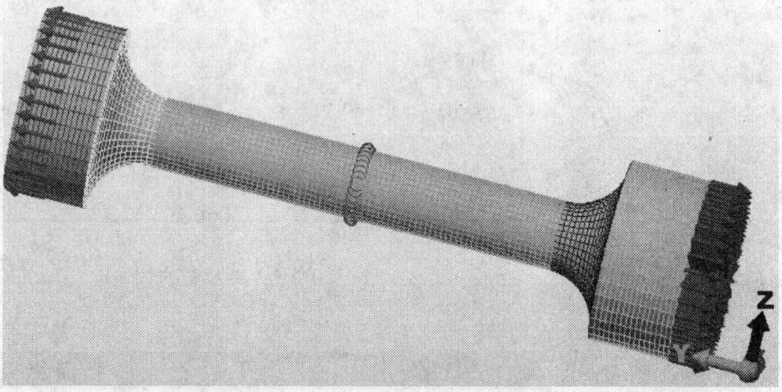　　　　　　　　图 15-23　载荷的施加

图 15-24　材料选择操作界面

点击"编辑属性"，弹出如图 15-25 所示的对话框，输入材料属性，点击"确定"。

### 15.6.2.3　模型求解及结果显示

点击下拉菜单栏中的"分析"→"执行分析"（或点击工具栏中的"执行分析"图标），弹出如图 15-26 所示的正在进行分析的信息框。

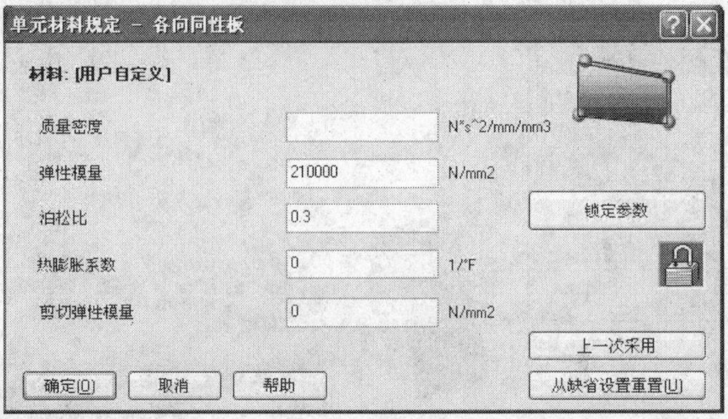

图 15-25 材料属性设置界面

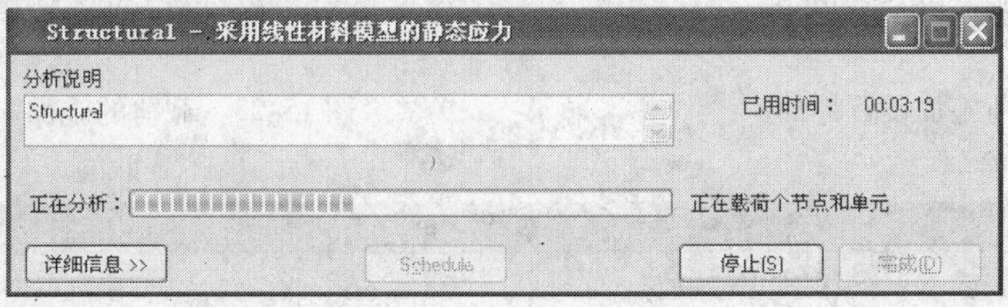

图 15-26 正在进行分析提示框

待分析结束后，则出现如图 15-27 所示的应力分析结果图（系统缺省为 von Mises 应力，如果没出来，点击下拉菜单"结果"→"应力"→"von Mises"，即可显示拉杆的 von Mises 应力分布情况）。图中灰度的变化原为彩色，可与计算软件提供的色谱对照查看应力和位移的数值。

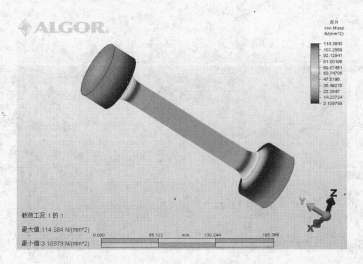

图 15-27 von Mises 应力分布云图

点击下拉菜单"结果"→"位移"→"Y"，则出现如图 15-28 所示的 $y$ 方向的位移结果图。

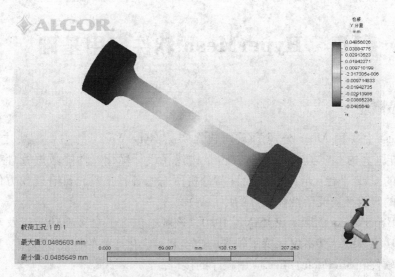

图 15-28　y 方向位移分布云图

# 16 HyperMesh 软件应用基础

## 16.1 产品概述

HyperMesh 是美国 Altair 公司的系列软件产品 HyperWorks 的主要模块之一。Hyper-Works 是功能强大的 CAE 应用软件包，也是构建在设计优化、性能数据管理和流程自动化基础之上的 CAE 平台。它集成了设计与分析所需的各种工具，具有建模方便快捷的性能以及高度的开放性、灵活性和友好的用户界面。

目前，HyperWorks 的版本已经达到 10.0，该版本包含了众多新功能以及对所有内嵌模块的重要功能升级。其不仅保持了领先的建模和可视化产品的性能和效率，还拓展了对 CAD、CAE 软件和 Microsoft Office 应用程序的接口。

HyperWorks 属于成套的 CAE 工程软件，可应用于造型、可视化、模拟、自动化和制造等领域，在世界范围内得到工业界广泛使用。HyperWorks 系列产品众多，本书重点介绍其中的有限元前后处理模块 HyperMesh。这里先简单介绍一下 HyperView、HyperGraph、HyperView-Player、MotionView、OptiStruct、HyperStudy、HyperForm 等其他常用模块。

### 16.1.1 HyperView

HyperView 是一个完整的后处理及可视化环境，适用于有限元分析、多媒体系统仿真、影像及工程数据可视化等方面。其动画客户端结合了先进的动画特征及窗口同步化，以达到加强结果的表现。HyperView 同时可以将动画结果存储成 h3d 格式，通过该格式，可以使用挂接 HyperViewPlayer 插件的浏览器观察并分享分析结果。

HyperView 具有高性能、直观的图形界面，能够减少工程分析的时间和成本。Hyper-View 具有强大的三维图形显示功能和较快的动画生成速度。HyperView 可以直接读取多种 CAE 求解器的输出结果和用户自己定义的结果转换文件。HyperView 包含了强大的 Hyper-Graph 的各种 XY 绘图功能。HyperView 提供了界面客户化定制专门工具，使操作界面能够适应不同用户的操作习惯。HyperView 可以与 HyperView Player 播放器直接连接，进行网络通信和信息交流。HyperView 可以对 FEA 和多体动画、XY 图形以及视频数据等结果进行同步显示。HyperView 可以在一个窗口中叠放多个 CAE 模型。HyperView 可以显示各种动画类型，如：自适应网格、包含柔性体的多体动力学模型等。HyperView 允许用户自己定义标准对有限元计算结果进行插值处理。

HyperView 的动画模块提供了一整套交互式的后处理功能，极大地增强结果的可视化效果。HyperView 支持变形、线性、模态和瞬态等多种动画显示。HyperView 支持高级工具对模型的查询和对单个、多个模型的结果对比。HyperView 的动画显示功能可以实现对等值面、张量图、向量图、模型的动态测量、零件和组件的轨迹、交互的切割面、零件和坐标系跟踪、图解注释等的显示。

HyperView 的视频动画程序中引入了独特的功能，使得 HyperView 可以阅读数字视频文件，并使其与 CAE 动画和 XY 绘图信息同步放映，改善了仿真能力及数据的相关性。

视频动画程序可以直接读取和输出最标准的电影文件格式，包括 AVI、BMP、JPEP、PNG 和 TIFF 等。用户还能够对视频文件直接进行以像素为单位的精确测量，可以对多个视频文件进行叠加，可以添加表头、页角和注释等。

HyperView 的绘图程序提供了一个强大的数据分析器和绘图工具，它具有与多种主流文件格式的接口。用户可以通过指向和点击调用轴标签、图例、表头和页脚，来对图形进行标注和操作。HyperView 的绘图程序还提供了一个内置的文本和数字处理器 Templex，用户可以利用内置的文本和数字处理器来对图形做详细的注解。

### 16.1.2　HyperGraph

HyperGraph 为使用方便的工程分析工具，它能让工程师快速、精确地组织工程数据。HyperGraph 可处理任何格式的工程数据，轻松地解释相关信息，并能快速建立许多并联的图形，而且允许以交互的方式编辑图形的信息，例如标题、轴、注解等。HyperGraph 具有数学编程及文字编辑的功能，可用来定义宏、交互式向导及自动产生报表。HyperGraph 也可输出一些公用格式的文档，如 Excel、EPS 等，HyperGraph 使用界面如图 16-1 所示。

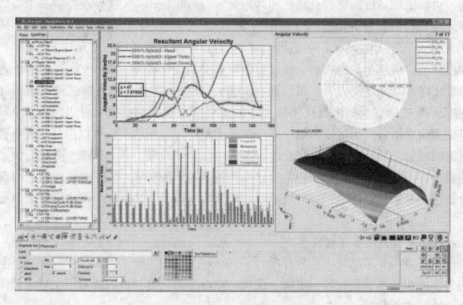

图 16-1　HyperGraph 使用界面

HyperGraph 具有以下主要功能：

（1）用户化界面定制功能。HyperGraph 提供了界面客户化定制专门工具，使操作界面能够适应不同用户的操作习惯。

（2）计算结果的图形生成功能。用户通过使用 HyperGraph 的自动绘图器，可以利用文件的标题和信道控制信息从数据文件中自动生成一组带标注的曲线。

（3）宏功能。HyperGraph 提供了用户宏功能，用户通过绘图宏命令，可以自动记录和执行常用的数学表达式。

（4）报告模板功能。HyperGraph 提供了分析报告模板功能，通过报告模板的使用，可以自动绘制完整的数据图，可以避免用户重复绘图。

（5）数据分析和创建报告的自动操作功能。HyperGraph 提供了过程自动操作工具，使用户可以将后续试验和仿真的结果进行叠加显示和分析。

（6）HTML 报告输出功能。用户可以在 HyperGraph 内直接将分析结果输出成为 HTML 格式的报告。

（7）多种数据接口。HyperGraph 提供了丰富的直接数据接口，可以实现对 Altair HyperMesh、Altair OptiStruct、LS-DYNA、ADAMS、MADYMO、PAM-CRASH、Ride data files、PRC-3、Excel（csv）、Multicolumn ASCII、XyDATA files、Radioss、Nastran. pch 等文件数据的直接读取。

（8）自定义数学表达式功能。HyperGraph 允许用户通过编写数学表达式或从内置的数学函数与运算符中定制运算式，利用现有的数学曲线创建新曲线。

### 16.1.3　MotionView

MotionView 是一个通用的多体动力学仿真前处理器和可视化工具，采用完全开放的程序架构，可以实现高度的流程自动化和客户化定制。MotionView 前处理提供一个有效率的中性多体动力学语言分析功能，可输出给 ADAMS 及 SIMPACK 等种求解器使用。MotionView 后处理包含了 HyperView 的功能，并结合数据绘图及高性能的交互式 3D 动画，适用于包含刚体或弹性体组件的模型。经过对处理速度的优化操作，MotionView 的后处理具备了同步及多图形动画的能力，并可绘出 ADAMS、SIMPACK 及 DADS 格式的动画。MotionView 使机械系统仿真及找出彼此相互关系的过程变得自动化，模型可以经由 MotionView 的先进模型定义语言，也可以由组件库中挑选出零件加以组装，还可以由分析任务向导建构出所需的模型。MotionView 的前处理为快速建构、修改及分析 ADAMS 模型提供了一个广泛的模型库。设计人员可以创造出自己专用的 MDL 组件库，以便使设计部门内部的模型及分析达到一致化，使工程师可以更专心地致力于设计，MotionView 使用界面如图 16-2 所示。

MotionView 具有以下主要特色：

（1）MotionView 采用统一的软件平台。MotionView 功能统一的 HyperWorks 使用平台，多体动力学的前处理、后处理、求解、优化，以及与第三方软件的接口等全部无缝集成在 HyperWorks 这个 CAE 平台上。

（2）MotionView 提供了一种简单、易用的界面。MotionView 的操作方法跟 HyperMesh 一样，用户可以非常方便地进行各种交互操作，新用户可以快速掌握多体动力学的建模仿真方法。MotionView 提供了高效的模型创建和编辑的图形界面，所有操作对象属性都可以通过模型浏览器或数据总结工具来访问和编辑。

（3）MotionView 提供了灵活实时的模板功能。MotionView 的模板采用基于 MDL 语言的模板，由底层 TCL/TK（Tool Command Language/ToolKit，即工具指令语言及工具箱）驱动，可以方便任意改变模板的多体动力学拓扑关系，实时更新，快速建立用户自己的模型。

（4）MotionView 提供了多种多体动力学模型创建方式。MotionView 提供建模方法包括

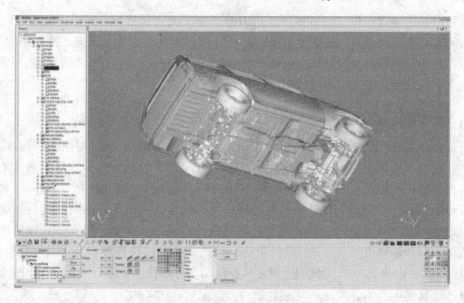

图 16-2 MotionView 使用界面

采用模型向导从拓扑关系库中选取，通过图形用户界面进行交互建模，读入 ADAMS 模型文件，以及通过模型定义语言（MDL）文件来进行模型创建。模型定义语言是一种简洁高效的建模语言，采用分级结构、左右配对操作对象和参数表达式，可读性强。

（5）MotionView 提供了可重用子系统功能。在 MotionView 中任何现有模型在定义附着关系后都可以存储为子系统，子系统可以灵活调用和任意编辑，从而充分利用现有数据。在子系统中的不同选项可以实现不同零部件系统的任意切换，实现一系列产品的统一建模和仿真。

（6）MotionView 提供了一个完整的车辆动力学模型库。用户可以通过模型向导从车辆拓扑关系库中选择相应子系统，然后添加相应的工况，从而快速建立车辆仿真模型并分析。车辆动力学模型库基于 MDL 语言建立，用户可以方便地修改拓扑关系和参数缺省值，拷贝、粘贴模型，建立新系统，定义系统连接等。该模型库包括前悬架、后悬架、整车和动力传动 4 大类模型，十几个子系统，几十个仿真工况和相应的报告模板。报告模板可以自动对仿真结果进行处理，绘制用户关心的全部性能参数曲线。

（7）MotionView 是多体动力学仿真的后处理器。MotionView 后处理采用多页面多窗口界面，可以通过流程自动化达到仿真结果处理的一致性和标准化，支持在单个窗口中载入和叠加多个动画或曲线，便于对不同分析的结果进行比较。它可以构造复杂的数学表达式，对工程数据进行解析和构图，并可采用交互方式进行曲线标注以及坐标轴、图例、图标和脚注的编辑，此外，通过内嵌的文本和数值处理器，可以建立高级注释。

### 16.1.4 MotionSolve

MotionSolve 是一个机械系统仿真的多体动力学求解器，它支持运动学、静力学、准静力学、动力学、线性化、特征分析和状态矩阵输出。它完全集成在 Altair 的 MotionView 中，为多体动力学建模、仿真和结果的可视化提供了无缝且界面友好的环境。它可以计算多体系统内部的运动和力，同时提供了与 HyperStudy 的直接接口，可以进行 DOE、优化和随机研究。MotionSolve 的适用范围很广，可以处理车辆动力学、隔振、控制系统设计、为耐久性分析做的载荷预期和机器人等多方面的问题。它还可以对零自由度的机械系统和具有复杂非线性应变能的模型进行仿真。

### 16.1.5　OptiStruct

OptiStruct 是专门为产品的概念设计和精细设计开发的结构分析和优化工具，国外的汽车部件或整车大都使用该软件进行优化。OptiStruct 是一种以有限元方法为基础的最优化工具，凭借拓扑优化（topology）、形貌优化（topography）、形状优化（shape）和尺寸优化（size），可产生精确的设计概念或布局。其优化技术可以为产品的优化目标提供完整可行的解决方案。OptiStruct 拥有快速精确的线性有限元求解器。工程师可以使用其中的标准单元库和各种边界条件进行线性静态、自然频率、惯性释放和频率响应分析。OptiStruct 与 HyperMesh 之间有无缝的接口，从而使用户可以快捷地进行问题设置、提交和后处理等一整套操作。

OptiStruct 拥有强大、高效的概念优化和细化优化能力，优化方法多种多样，可以应用在设计的各个阶段，其优化过程可对静力、模态、屈曲分析进行优化。有效的优化算法允许在大模型中存在上百个设计变量和响应，其主要功能为：

（1）拓扑优化。拓扑优化方法能够在给定的设计空间内寻求最佳的材料分布，可采用壳单元或者实体单元来定义设计空间，并用 Homogenization（均质化）和 Densiq（密度法）方法来定义材料流动规律。通过 OptiStruct 中先进的近似法和可靠的优化方法，可以搜索得到最优的加载路径设计方案。此外，利用 OptiStruct 软件包中的 OSSmooth 工具，可以将拓扑优化结果生成为 IGES 等格式的文件，以便在 CAD 系统中进行方便地输入。

（2）形貌优化。形貌优化是一种形状最优化的方法，它可以用来设计薄壁结构的强化压痕，来减轻结构的质量，同时又能满足强度、频率等要求。设定优化的步骤非常简单，只需要定义一个设计区域、装饰条的最大深度和拉伸角即可。同时，考虑到可加工性，软件还提供了多种压痕成型方式。优化后的结果还可以用 OSSmooth 工具产生的几何数据输入到 CAD 软件中，以进行二次设计。

（3）形状优化。OptiStruct 还可以用来求解一般的形状优化问题，如边界移动等。利用 HyperMesh 软件中的 AutoDV 和 HyperMorph 来生成复杂形状的摄动向量，将节点位置作为设计变量，通过结构外形的调整以改善结构特性，如降低应力、提高频率等。形状优化后，结果可通过 OSSmooth 生成几何数据输入到 CAD 系统中。

（4）尺寸优化。通过参数调节，如改变壳的厚度、梁的横截面参数、弹性和质量属性，从而改善结构的特性，如降低设计质量、减小应力、提高频率等。HyperMesh 中有一个尺寸优化菜单，可以很方便地对尺寸优化问题进行设定。

（5）有限元分析。OptiStruct 是一个高效、精确、独立的有限元求解器，支持在多CPU 计算机上进行并行运算。该求解器涵盖了标准的有限元类型，可用于进行线性静态分析、模态分析、惯性释放、频率响应分析和屈曲分析。用户使用其中的标准单元库和各种边界条件类型，可以进行线性静态和自然频率优化分析。HyperMesh 与 OptiStruct 的图形接口十分完善，用户可以快速便捷地进行建模、参数设置、作业提交和后处理等一整套分析流程。

## 16.1.6 HyperForm

HyperForm 是一个强大的有限元金属板料成型模拟工具。它可以针对单一成型零件，让设计工程师与模具工程师能快速地比较不同的解决方案。借助于该工具，设计者可了解并修正潜在成型的问题，如皱裙、破裂、内切等。若能早于设计阶段发现这些问题，将会缩短试模时间。高品质的产品意味着以相同的发展时间来解决减轻重量及增强效能等问题，HyperForm 可以为用户解决这些问题，HyperForm 使用界面如图 16-3 所示。

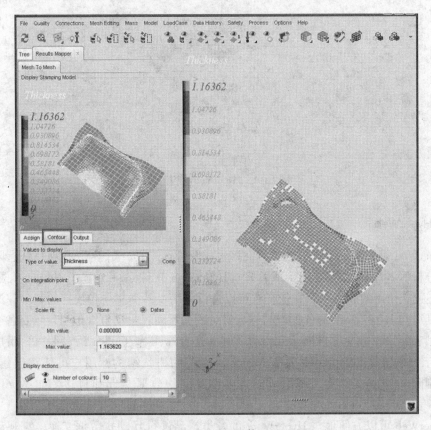

图 16-3　HyperForm 使用界面

## 16.1.7 HyperStudy

HyperStudy 是 HyperWorks 软件包中的一个新产品。它主要用于 CAE 环境下试验设计、优化及随机分析研究。HyperStudy 的前身是 HyperWorks 系列产品中的 StudyWizard。HyperStudy 具有导向式结构，适用于研究不同变化条件下设计变量的特性，包括非线性特性，还能应用在合并不同类型分析的跨学科领域中，且模型易于参数化，除了传统意义上定义输入数据为设计变量，有限元的形状也能够被参数化。

HyperStudy 具有良好的集成性，可以从 HyperMesh、HyperForm 和 MotionView 软件中直接启动，同时获取设计参量等。HyperMorph 可用于形状参数的生成，同时可与多种外部求解器合并使用，进行线性和非线性的试验设计、优化和随机分析，HyperStudy 使用界面如图 16-4 所示。

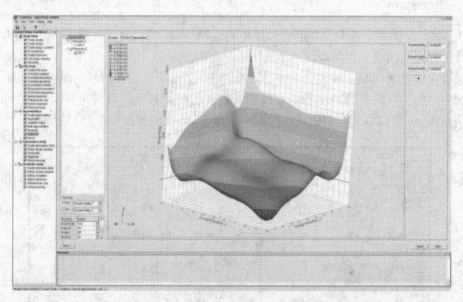

图 16-4 HyperStudy 使用界面

## 16.1.8 HyperWeb

HyperWeb 是一个基于网络的项目文档生成及管理工具，用于 CAE 项目从有限元建模到结果分析等各个阶段的文档生成管理。HyperWeb 软件是一个基于 Netscape 或 InternetExplorer 独立使用的软件平台，依托它可以进行网络上各类文件和数据的管理、浏览和交换，尤其可与 HyperWork 的各类产品进行实时数据互动，生动直观地呈现项目各个阶段的各类模型和结果，方便项目演示和报告陈述。Hyperweb 基于 Java 语言编写，用户可根据需要进行二次开发。Hyperweb 具有 Windows 形式的树状结构，用户可任意创建、移动、复制、删除文件或文件夹，调用或创建多种类型的数据文件和链接，如 Word、Excel、FrontPage、PDF 和 PowerPoint 等。

HyperWeb 可以方便地与 HyperWork 的各类产品进行互动式数据交换，直观动态地呈现模型及结果；可自动进入 HyperMesh，利用 Hyperweb 中的 Macro 命令设置各种数据结果，自动捕捉工程信息，生成各类模型数据报告和图片；直接调用 HyperGraph 或 HyperWeb 的曲线数据，便于直观分析利用结果。

HyperWeb 可以通过建立文件链接调用分布在企业内部网和 Internet 上的各类数据资源，充分利用分布资源并且便于集中管理，有利于大规模协同工作。同时，利用 HyperWeb 生成的报告也可以实现网络共享使用。

HyperWeb 可以利用自带的或自定义的报告模板系统撰写报告，相关的项目可以定制统一的报告格式，作为定制公司标准化的管理工具，实现知识化的过程管理。HyperWeb 用户还可以依据自身的需要采用 TCL/TK 工具进行二次开发，重新编辑界面，增加支持浏览的数据类型等。

## 16.1.9　ProcessManager

ProcessManager 是实现产品设计和 CAE 分析过程自动化的工具软件，通过它可以建立一类 CAE 问题分析流程标准模板，然后利用此模板为向导自动实现这类 CAE 分析过程。ProcessManager 提供了与其他应用程序的编程接口（API），ProcessManager 利用 HyperWeb API 可以控制所有 HyperWorks 内的应用软件，利用其他的 API，可以启动第三方的软件包、企业 PDM 系统及服务，并建立与他们的联系与通信。ProcessStudio 是编制模板的模块，它将标准的设计分析过程制作成模板，其中的每一个过程的操作任务都是应用 TCL/TK、Java 或 ProcessStudio 内置的 UI 插件写成的软件模块，ProcessManager 使用界面如图 16-5 所示。

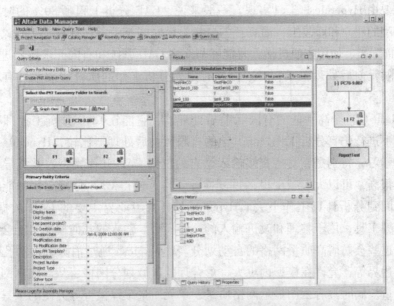

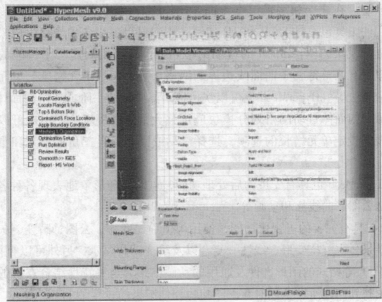

图 16-5　ProcessManager 使用界面

### 16.1.10　Radioss

Radioss 是一个具有隐式和显式求解能力的有限元求解器，可以处理线性静力和动力、复杂的非线性瞬态动力和机构系统仿真。该求解器帮助设计人员提升产品的耐用性、NVH、碰撞、安全、可制造性以及流固耦合性能，缩短新产品的开发周期。

## 16.2　HyperMesh 简介

HyperWorks 最著名的功能是它所具有的强大的有限元网格前处理功能和后处理功能，这一功能主要由 HyperMesh 工具实现。一般来说，CAE 分析工程师 80% 的时间都花费在了有限元模型的建立和修改上，而真正的分析求解时间是消耗在计算机工作站上的，所以采用一个功能强大、使用方便灵活，并能够与众多 CAD 系统和有限元求解器进行方便的数据交换的有限元前后处理工具，对于提高有限元分析工作的质量和效率具有十分重要的意义。

HyperMesh 是一个高性能的有限元前后处理器，它能让 CAE 分析工程师在交互及可视化的环境下进行仿真分析工作。与其他的有限元前后处理器比较，HyperMesh 的图形用户界面易于学习，特别是它支持直接输入已有的三维 CAD 几何模型，并且导入的效率和模型质量都很高，可以大大减少很多重复性的工作，使得 CAE 分析工程师能够投入更多的精力和时间到分析计算工作上去。HyperMesh 具有工业界主要的 CAD 数据格式接口。它包含一系列工具，用于整理和改进输入的几何模型。输入的几何模型可能会有间隙、重叠和缺损，这些会妨碍高质量网格的自动划分。HyperMesh 通过消除缺损和孔，以及压缩相邻曲面的边界等，允许在模型内更大、更合理的区域划分网格，从而提高网格划分的总体速度和质量。同时具有云图显示网格质量、单元质量跟踪检查等方便的工具，及时检查并改进网格质量。在建立和编辑模型方面，HyperMesh 提供用户一整套高度先进、完善的、易于使用的工具包，对于 2D 和 3D 建模，用户可以使用各种网格生成模板以及强大的自动网格划分模块。HyperMesh 的自动网格划分模块提供用户一个智能的网格生成工具，同时可以交互调整每一个曲面或边界的网格参数，包括单元密度、单元长度变化趋势、网格划分算法等。HyperMesh 也可以快速地用高质量的一阶或二阶四面体单元自动划分封闭的区域，四面体自动网格划分模块应用强大的 AFLR 算法。用户可以根据结构和 CFD 建模需要来设定单元增长的选项，选择浮动或固定边界三角形单元和重新划分局部区域。

同样，HyperMesh 也具有先进的后处理功能，可以保证形象地表现各种各样的复杂的仿真结果，如云图、曲线标和动画等。

HyperMesh 具有完善的可视化功能，使用等值面、变形、云图、瞬变、矢量图和截面云图等表现结果，也支持变形、线性、复合以及瞬变动画显示，另外可以直接生成 BMP、JPG、EPS、TIFF 等格式的图形文件及通用的动画格式。这些特性结合友好的用户界面可以使用户迅速找到问题所在，同时有助于缩短评估结果的过程。

在处理几何模型和有限元网格的效率和质量方面，HyperMesh 具有很好的速度、适应性和定制性，并且模型规模没有软件限制，这一点尤其值得关注。很多商品化有限元软件也能够读入一些复杂的、大规模的几何模型，但需要很长时间，而且很多情况下并不能够成功导入，这样后续的 CAE 分析工作就无法进行。HyperMesh 可以容易地读取那些结构非常复杂、规模非常大的模型数据，使得很多应用其他前后处理软件很难或者不能解决的问题变得迎刃而解，HyperMesh 划分的起重机网格如图 16-6 所示。

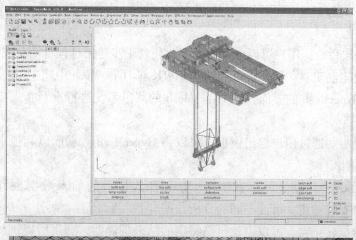

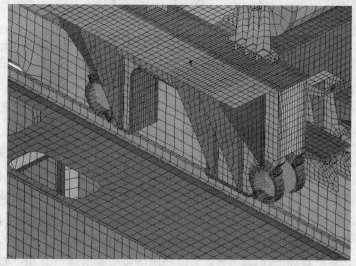

图 16-6 HyperMesh 应用实例

具有多种求解器接口，HyperMesh 支持很多不同的求解器输入输出格式。HyperMesh 同时具有完善的输出模板和 C 语言函数库，用于开发输入转换器，从而提供对其他求解器的支持。

## 16.3 HyperMesh 主要功能

HyperMesh 是一个高效的有限元前后处理器，能够建立各种复杂模型的有限元和有限差分模型，与多种 CAD 和 CAE 软件有良好的接口并具有高效的网格划分功能。

（1）强大的几何输入、输出功能。支持多种格式的复杂装配几何模型读入，如 CAT-

IA、UG、Pro/E、STEP、IGES、PDGS、DXF、STL、VDAFS 等格式的输入，支持 UG 动态装配，并可设定几何容差，修复几何模型。支持 IGES 格式输出。Model Browser 功能有效管理复杂几何和有限元装配模型。

（2）方便灵活的几何清理功能。支持多种自动化和人工化的几何清理功能，如各种缝隙缝合、复杂曲面修补、去除倒角、孔洞等细小特征、薄壳实体中面抽取。

（3）良好的客户二次开发环境。HyperMesh 提供了多种开发工具，便于用户进行二次开发。

1）基本的宏命令。用户可以创建宏命令，使若干步建模过程自动完成。

2）用户化定制工具。用户可以利用 TCL/TK 在 HyperMesh 中建立用户化定制方案。

3）配置 HyperMesh 的界面。对 HyperMesh 的菜单系统进行重新布局定义，使界面更易于使用。

4）输出模板。通过用户输出模板，可以将 HyperMesh 数据库以其他求解器和程序可以阅读的格式输出。

5）输入数据转化器。可以在 HyperMesh 加入自己的输入数据翻译器，扩充 HyperMesh 的接口支持功能，解读不同的分析数据卡。

6）结果数据转化器。可以创建自己特定的结果翻译器，利用所提供的工具，将特定的分析结果转换成 HyperMesh 的结果格式。

（4）与主流求解器无缝集成。支持十余种求解器 Nastran、Abaqus、LS-DYNA3D、PAMCRASH、ANSYS、Radioss、OptiStruct、Marc 等有限元文件的输入和输出。此外，还可以为各个求解器定制专业界面，如 Abaqus、LS-DYNA3D、ANSYS 接触导向定义，针对汽车碰撞的安全带和气囊等专业模块；支持可编辑式卡片菜单输入，与求解器无缝集成；可以根据需要开发求解器模板，如 MADYMO。

（5）高质量的网格划分。HyperMesh 具有完善的互动式二维和三维单元划分工具，用户在划分过程中能够对每个面进行网格参数调节，如单元密度、单元偏置梯度、网格划分算法等。提供了多种三维单元生成方式用于构建高质量的四面体、六面体网格和 CFD 网格。Macro 菜单和快捷键编辑网格更为迅速灵活。多种形式的网格质量检查菜单，用户可以实时控制单元质量。另外，还提供了多种网格质量修改工具。

（6）焊接单元的自动创建。提供了多种焊接单元生成方法，其中，利用 Connector 进行大规模自动化焊接单元转化，大大减少了手工单元生成，同时还提供了各类焊接单元质量检查工具。

（7）有限元二次快速建模。支持由网格直接生成几何进行二次有限元建模。Morph 功能支持高质量的快速修改有限元模型，并且可以施加多种约束如对称，设定变形轨迹如沿设定平面、半径、直线调整形状等。此外，还支持由有限元模型快速生成几何模型。

（8）多种类型的后处理浏览。HyperMesh 中提供了一整套后处理功能，能够方便精确地理解和分析复杂的模拟结果。HyperMesh 还提供了一整套可视化工具，使用等势面、变形结果、等高线、瞬时结果、向量绘制以及用切割面轮廓线等方式对结果进行显示。HyperMesh 还能进行变形、线性、复杂模态和瞬态动画显示，能够迅速找出问题区域，缩短结果评估花费的时间。还可以利用 HyperView、HyperGraph 软件进行后处理显示。

（9）可视化复合材料单元建模（HyperLaminate）。提供了可视化复合材料单元建模图形界面对于材料的每一铺层的各项参数进行可视化定义，方便浏览编辑各项参数。

## 16.4　HyperMesh 软件的应用

### 16.4.1　HyperMesh 软件的基本工作流程

下面以 Nastran 或 OptiStruct 为求解器为例，介绍 HyperMesh 软件前后处理的基本工作流程。

步骤一：了解所分析的零件的功能或者要解决的问题的性质，确定分析的目的和内容。

步骤二：进行准备工作，包括与设计人员的协调以及选择需要用的软件。

步骤三：导入 CAD 几何数模（Pro/E, UG, CATIA 等）。如果模型很简单，也可以用 CAE 软件自带的简单建模工具进行建模；如果是较大的项目，例如汽车整车的车身，需要考虑模型规模的大小，某些不必要的零件可以去掉。

步骤四：如果是从 CAD 导入的模型，有可能发生几何特征缺失或者产生一些不必要的小碎面，这些几何错误都需要几何清理的工作，否则会影响有限元模型的质量、计算的精度和速度。

步骤五：根据分析的目的并结合模型的特点，选择适当的单元类型。虽然各种 CAE 软件有不同的单元类型，但实际上一些最常用的单元类型的原理都是相同的，想了解各种不同的单元，建议参考有限元软件产品的使用手册。

步骤六：根据计算机的能力和要求的精度确定合适的网格大小，划分网格。

步骤七：施加载荷和边界条件，这是有限元模型的精华，需要的是经验和根据经验做出某种简化或者取舍的策略。

步骤八：分析计算。现代 CAE 软件的强大功能使这一步基本上不再需要人工干预了。

步骤九：结果的后处理，对计算结果进行分析，有可能需要调整计算方案，也是难点之一，既需要经验也需要知识。还有可能需要结合试验的结果进行分析。

步骤十：确定计算结果以后，根据项目要求，需要跟设计人员再次协调，有些情况下需要提出改进的方案并进行验证。

### 16.4.2　HyperMesh 软件的常用功能键对照

| 功能键 | 作用 | + Shift | + Ctrl |
| --- | --- | --- | --- |
| F1 | Hidden Line | Color | Print Slide |
| F2 | Delete | Temp Nodes | Slide File |
| F3 | Replace | Edges | Print Eps |

| 功能键 | 作用 | + Shift | + Ctrl |
|---|---|---|---|
| F4 | Distance | Translate | Eps File |
| F5 | Mask | Find | Print B/w EPS |
| F6 | Element Edit | Split | JPEG File |
| F7 | Align Node | Project | |
| F8 | Create Node | Node Edit | |
| F9 | Line Edit | Surf Edit | |
| F10 | Check Elem | Normals | |
| F11 | Collectors | Organize | |
| F12 | Automesh | Smooth | |

### 16.4.3　与 HyperMesh 相关的文件格式

当 HyperMesh 运行时，会生成许多文件，在运行结束时这些文件会自动删除。下面就对这些主要文件加以简要说明。

#### 16.4.3.1　hm. cfg

hm. cfg 文件（配置文件）是在启动时被读取的默认配置文件，该文件控制 HyperMesh 在本地计算机上运行，可以在该文件中根据要求来编辑命令。如果需要有关这个文件的更多信息，请参考 HyperMesh 的在线帮助。

#### 16.4.3.2　command. cmf

command. cmf 文件（命令文件）是一个标准的 ASC Ⅱ 码文件，它由 HyperMesh 来读取和写入。利用该命令文件，可以在程序有许多步骤时提取某一个工作段，这样可以减少发生系统崩溃时产生的损失。可以在包含许多重复步骤的应用程序中，或者在希望生成一个示例时，使用一个命令文件。HyperMesh 命令处理器执行过的所有命令都被写入 command. cmf 文件，该文件在启动的目录下自动生成。如果此文件已经存在，新的命令将被附加到已经存在文件的后面。如果需要有关这个文件的更多信息，可以参考 HyperMesh 的在线帮助或 User's Guide 中的 Commands。

#### 16.4.3.3　hmmenu. set

hmmenu. set 文件（用户界面设置文件）是一个二进制文件，位于启动 HyperMesh 的那个目录，当退出 HyperMesh 时该文件会自动更新。个人的 hmmenu. set 文件保存许多全局参数。如果该文件已经存在，当又一次运行 HyperMesh 后会被覆盖掉；当退出 HyperMesh 程序时，在当前的工作程序中最新的全局参数会被写入该文件；在下一次启动 HyperMesh 时，它就会使用记录在 hmmenu. set 文件中的值。如果该文件不存在，在调入 HyperMesh 时，则使用默认的全局参数。

#### 16.4.3.4 〔feinput translator name〕.hmx

〔feinput translator name〕.hmx 文件（不支持的有限元数据文件）是一个 ASCⅡ码文件。当使用 HyperMesh 导入一个数据文件，而该文件含有 HyperMesh 不支持的卡片和注释行时，就会生成这个 ASCⅡ码文件，所有不被 HyperMesh 支持的卡片和注释行都会被写入到这个文件中。

#### 16.4.3.5 〔feinput translator name〕.msg

〔feinput translator name〕.msg 文件（导入文件信息文件）是一个 ASCⅡ码文件。当 HyperMesh 导入一个批数据文件时就会生成该文件，它包含有限元导入过程的记录，含有错误和一般总结信息。

## 16.5 运用 HyperMesh 软件对拉杆进行有限元分析的实例

### 16.5.1 问题的描述

拉杆的结构如图 14-1 所示，其中各个参数为：直径 $D_1 = 20\text{mm}$、$D_2 = 50\text{mm}$，长度 $L_0 = 150\text{mm}$、$L_1 = 180\text{mm}$、$L_2 = 240\text{mm}$，圆角半径 $R = 15\text{mm}$，拉力 $p = 35000\text{N}$。求载荷下的应力和变形。

### 16.5.2 有限元分析单元

单元采用三维实体单元。边界条件为在拉杆的纵向对称中心平面上施加轴向对称约束。

### 16.5.3 模型创建过程

#### 16.5.3.1 CAD 模型的创建

拉杆的 CAD 模型可使用 SolidWorks、ProEngineer 一类的软件进行创建，将其输出为 IGES 格式文件即可。

#### 16.5.3.2 CAE 模型的创建

CAE 模型的创建过程为：
（1）将三维 CAD 创建的模型保存为 lagan. igs 文件。
（2）启动 HperWorks 中的 HyperMesh：选择 OptiStruct 模板，进入 HyperMesh 程序窗口。HyperMesh 程序主界面如图 16-7 所示。
该应用程序主界面由下拉菜单、工具栏、图形区、标签区、页面菜单、面板和状态栏组成，其中，页面菜单由"Geom"、"1D"、"2D"、"3D"、"Analysis"、"Tool"和"Post" 7 个菜单类组成，同时，面板命令与页面菜单的菜单类相对应。
（3）程序运行后，在下拉菜单"File"的下拉菜单中选择"Import"，在标签区选择导入类型为"Import Geometry"，同时在标签区点击"Select files"对应的图形按钮（即标签区内的打开文件图标按钮），从弹出的文件选择对话框中，找到并打开"lagan. igs"文件，点击"Import"按钮，将几何模型导入到"HyperMesh"中，导入界面及导入后的模型如图 16-8 所示。

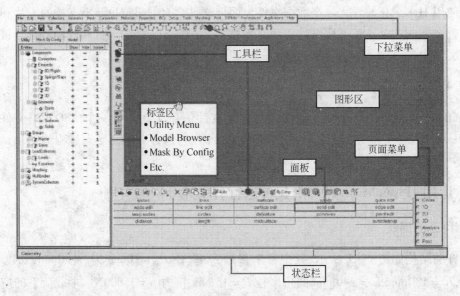

图 16-7 HyperMesh 程序主界面

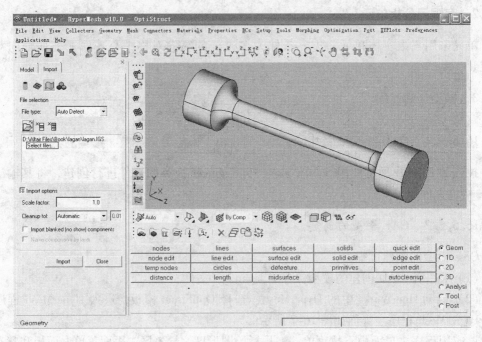

图 16-8 导入的几何模型

（4）几何模型的编辑。由于拉杆的几何形状比较规则，并且是中心对称的，因此在进行网格划分的过程中，可以只画出全部网格的 1/8，然后再进行镜像，画出全部网格，以利于提高网格划分的效率。因此，首先要对其进行几何切分。

1）曲面形体实体化。点击页面菜单"Geom"，在"Geom"页面菜单对应的面板中点击"solids"按钮，在弹出的子面板中选择"surfs"，然后选择图形区的任意表面，则所有表面被选择，点击"create"，然后点击"return"，如图 16-9 ~ 图 16-11 所示。

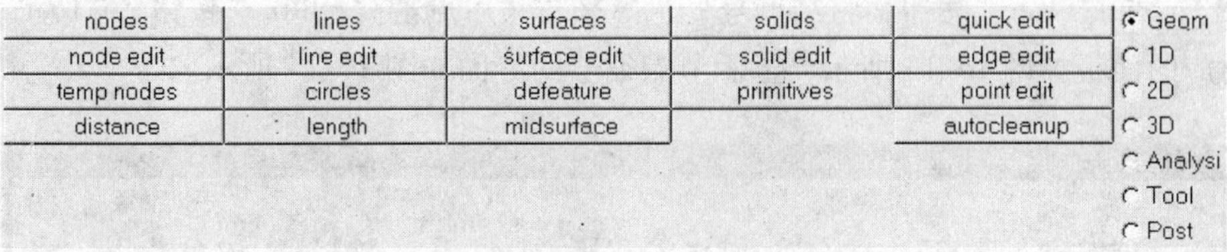

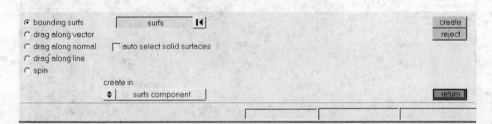

图 16-9　Geom 页面菜单及其对应的面板

图 16-10　solids 按钮命令对应的弹出子面板

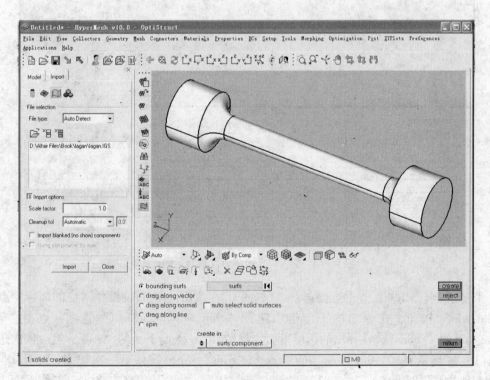

图 16-11　实体化操作界面

2）临时节点的创建。点击页面菜单"Geom"，在"Geom"页面菜单对应的面板中点击"nodes"按钮，在弹出的子面板中选择"on line"，选择如图 16-12 所示的五根线，点

击 "create"，然后点击 "return"，这样就创建了临时节点。

3）节点编号显示。点击页面菜单 "Tool"，在 "Tool" 页面菜单对应的面板中点击 "numbers"，在弹出的子面板中钩选 "number display"，点击 "nodes"，在弹出列表中选择 "all"，点击 "on" 按钮，将结点号显示出来，然后点击 "return" 按钮。"Tool" 页面菜单对应的面板如图 16-13 所示，显示节点编号的界面如图 16-14 所示。

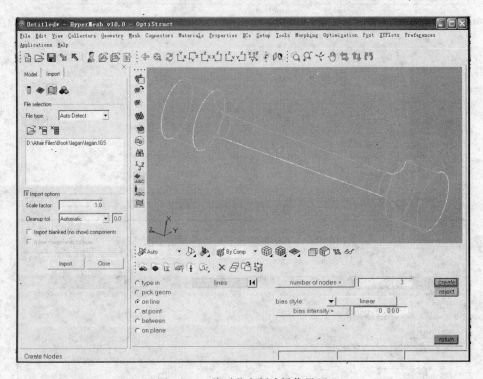

图 16-12　临时节点创建操作界面

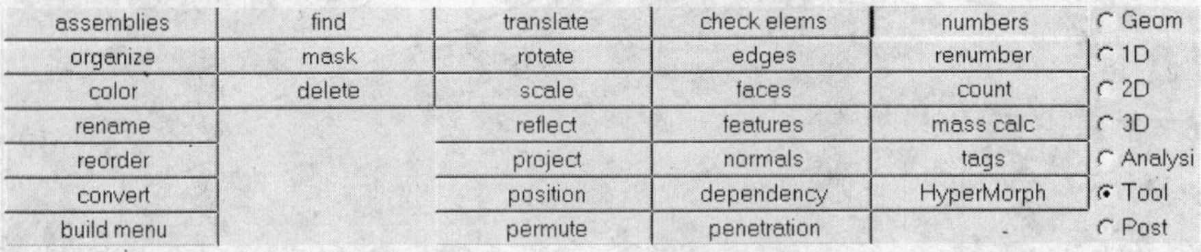

| assemblies | find | translate | check elems | numbers | ○ Geom |
| organize | mask | rotate | edges | renumber | ○ 1D |
| color | delete | scale | faces | count | ○ 2D |
| rename | | reflect | features | mass calc | ○ 3D |
| reorder | | project | normals | tags | ○ Analysi |
| convert | | position | dependency | HyperMorph | ◉ Tool |
| build menu | | permute | penetration | | ○ Post |

图 16-13　"Tool"页面菜单及其对应的面板

4）几何模型切割。点击页面菜单 "Geom"，在 "Geom" 页面菜单对应的面板中点击 "solid edit" 按钮，在弹出的子面板中选择 "trim with plane/surf" 选项，点击 "with plane" 下的 "solids"，在弹出的选项里面选择 "all"，点击下面的 "N1"，然后依次选择如图 16-14 所示 1，2，3，11 号节点，点击 "trim"，完成实体第一次切割。此处 1、2、3、11 号节点分别为 "N1"、"N2"、"N3" 及 "B"，它们是用来定义一个工作平面，首先由 "N1"、"N2"、"N3" 三个点确定一个平面，然后过 "B" 点确定一个平行于该平面的工作平面。该命令的功能是用过 "B" 点的工作平面对所选择的实体进行切割处理，此处 "N1"、"N2"、"N3" 及 "B" 的选择操作完成利用模型的左右对称平面对实体模型进

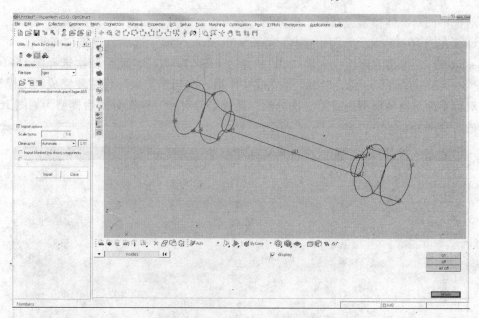

图 16-14　节点编号显示操作界面

行第一次分割，分成为如图 16-15 所示的左右 2 个部分。

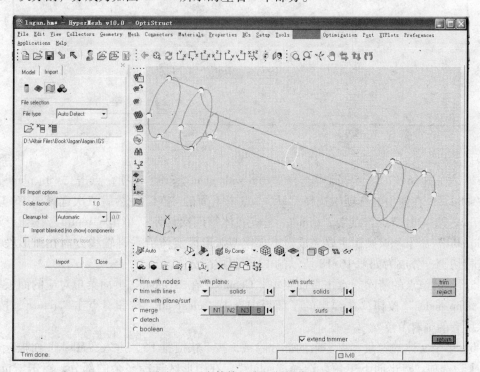

图 16-15　实体第一次切割操作界面

　　继续在图 16-15 所示界面中选择 "trim with plane/surf" 选项，点击 "with plane" 下
的 "solids"，在弹出的选项中选择 "all"，点击下面的 "N1"，然后依次选择图 16-15 所
示 1，3，4，6 号节点，点击 "trim"，完成实体第二次切割。该操作主要完成利用模型的

前后对称平面对实体模型进行第二次分割，分为 4 个部分，如图 16-16 所示。

继续在图 16-16 所示界面中选择"trim with plane/surf"选项，点击"with plane"下的"solids"，在弹出的选项中选择"all"，点击下面的"N1"，然后依次选择图 16-16 所示 2，8，5，5 号节点，点击"trim"，完成实体第三次切割。该操作主要完成利用模型的上下对称平面对实体模型进行第三次分割，经过第二次和第三次分割后模型为如图 16-17 所示的 8 个部分。

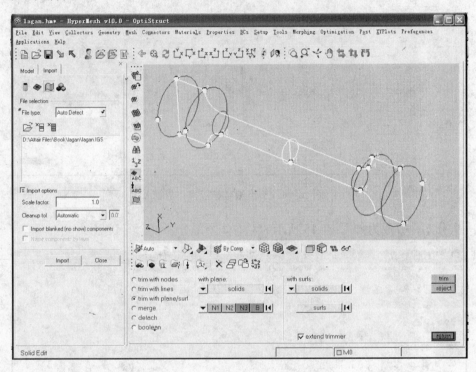

图 16-16 实体第二次切割操作界面

继续在图 16-17 所示界面中选择"trim with plane/surf"选项，点击"with plane"下的"solids"，在弹出的选项中选择"all"，点击下面的"N1"，然后依次选择图 16-17 所示 1，2，3，4 号节点，点击"trim"，完成实体第四次切割；单击"return"按钮，退出"solid edit"命令。该操作主要完成对下部模型弧形段实体沿垂直轴线方向在弧形段中点处进行切割，分成为如图 16-18 所示的 12 个组成部分。

5）临时节点的清除。点击页面菜单"Geom"，在"Geom"页面菜单对应的面板中点击"temp nodes"按钮，在弹出的子面板中点击"clear all"按钮，点击"return"按钮，清除所有的临时节点。

6）多余实体的隐藏。将多余的部分隐藏，按下快捷键 F5，进入"Mask"面板，选择"mask"选项，点击向下三角，选择"solids"，在图形区选择多余的部分，点击"mask"按钮，点击"return"按钮，将多余部分隐藏，只保留图 16-19 所示模型的 1/8。

（5）材料属性及单元属性的创建。选择下拉菜单"materials"，选择"create"，在弹出的材料定义对话面板中单击"mat name ="，并输入"steel"，设置下面的颜色，选择红色。点击"card image ="，选择"MAT1"，然后点击"create/edit"按钮，进入材料属性

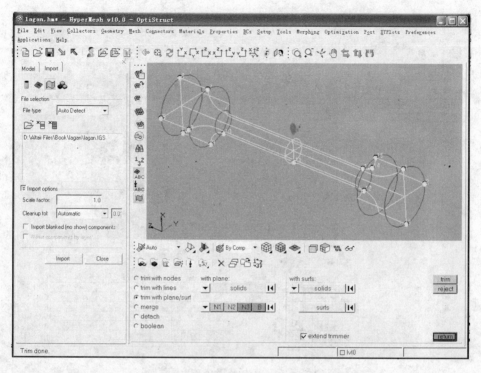

图 16-17  实体第三次切割操作界面

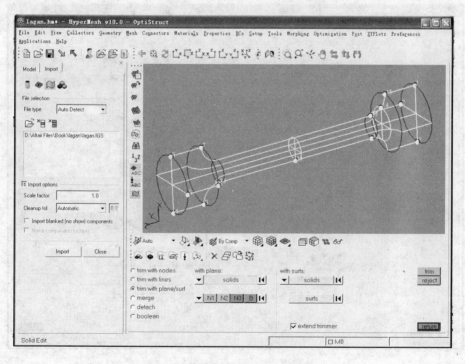

图 16-18  实体第四次切割操作界面

定义面板，输入材料参数，如图 16-20 和图 16-21 所示。

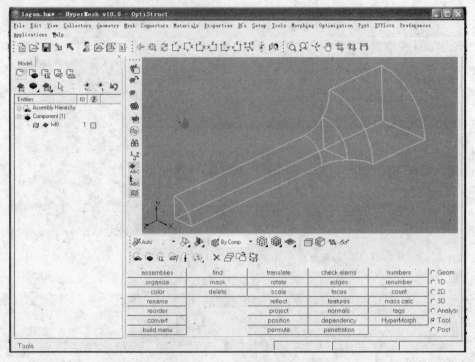

图 16-19　实体隐藏操作界面

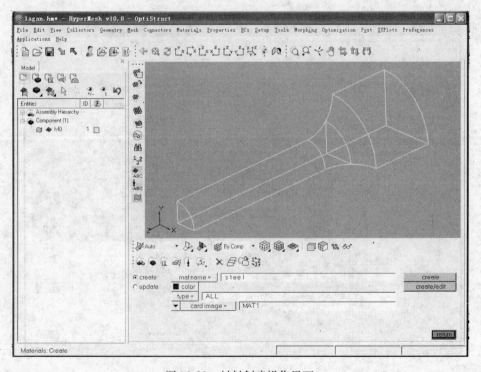

图 16-20　材料创建操作界面

选择下拉菜单"Properties"，选择"create"，在弹出的对话面板中单击"prop name

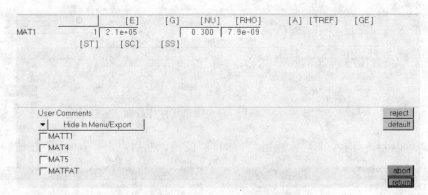

图 16-21 材料属性定义操作界面

=”并输入“1”，设置下面的“color”按钮，选择蓝色。点击“card image =”，选择
“PSOLID”，点击“material =”，选择“steel”，输入图 16-22 所示的参数，然后点击
“create”，完成单元属性的定义。

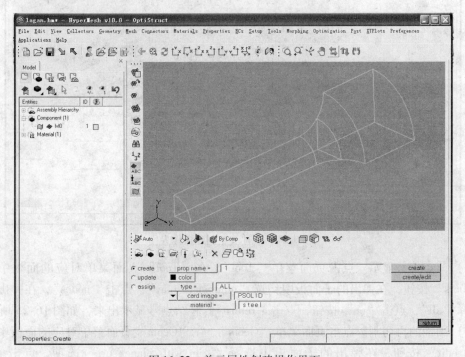

图 16-22 单元属性创建操作界面

（6）划分网格。为了得到质量较好的有限元分析模型，采用对几何模型进行分段划
分网格，拉杆中间较细部分为一段，圆角部分可以分为两段，最后拉杆的最外部分为一段。

1）二维临时组的创建。点击工具栏中的“components”工具按钮，选择“create”，在
面板中单击“compname =”，并输入“2D-1”，点击“color”按钮，选择黄色。点击“proper-
ty =”按钮，选择“1”，点击“create”按钮，然后点击“return”按钮，如图 16-23 所示。

2）临时节点的创建。点击页面菜单“Geom”，在“Geom”页面菜单对应的面板中点
击“nodes”按钮，在弹出的子面板中选择“on line”，选择如图 16-24 所示的弧形线段，

图 16-23 临时 2D-1 组创建操作界面

"number of nodes =" 输入 "3"，点击 "create" 按钮，然后点击 "return" 按钮。

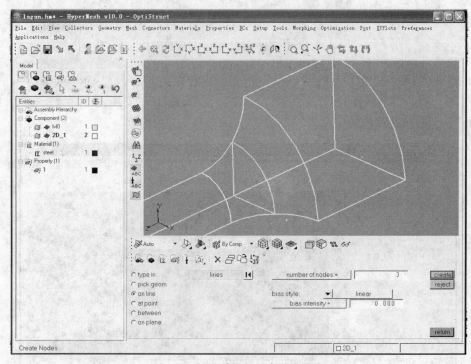

图 16-24 临时节点创建操作界面

3）节点编号显示。点击页面菜单 "Tool"，在 "Tool" 页面菜单对应的面板中点击 "numbers" 按钮，在弹出的子面板中钩选 "number display"，点击 "nodes"，在弹出列表中选择 "all"，点击 "on" 按钮，点击 "return"，将结点号显示出来，如图 16-25 所示。

4）细轴的再切割。点击页面菜单 "Geom"，在 "Geom" 页面菜单对应的面板中点击 "solid edit" 按钮，在弹出的子面板中选择 "trim with plane/surf" 选项，点击 "with plane" 下的 "solids" 按钮，在弹出列表中选择 "displayed"，点击下面的 "N1"，然后依次选择图 16-26 所示 16，17，18，16 号节点（此处利用 16，17，18 号节点构造的平面对模型进行一次分割，即在圆弧段起弧位置对模型沿垂直轴线方向进行分割），点击 "trim" 按钮，然后点击 "return" 按钮，完成细轴局部切割。

5）细轴二维辅助单元的创建。点击状态栏中 "set current component"，在弹出的子面板中选择刚刚创建的 "2D-1" 组，将其设为当前组件。

点击页面菜单 "2D"，在 "2D" 页面菜单对应的面板中点击 "atuomesh" 按钮，在弹出的子面板中设置 "elemsize = 2.000"，如图 16-27 所示，在图形区选择细杆的一端面，

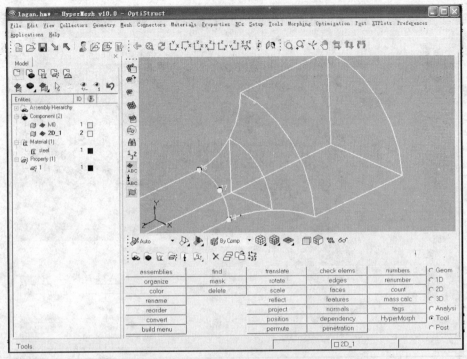

图 16-25　临时节点编号显示操作界面

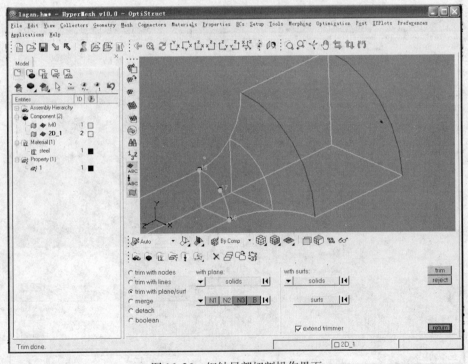

图 16-26　细轴局部切割操作界面

点击"mesh"按钮进入图 16-28 所示界面，调整所有边上的数字（单击鼠标左键数字会增加，单击鼠标右键数字会减少，每次单击数字会增加或减少 1 个），使网格较为规则，

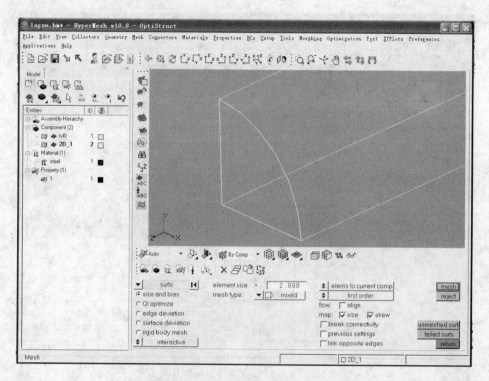

图 16-27　细轴端部二维网格划分操作界面

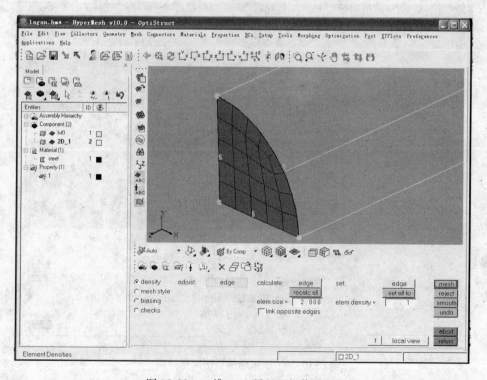

图 16-28　二维 mesh 设置子操作界面

点击"return"按钮，再次点击"return"按钮。完成后的网格如图 16-29 所示。

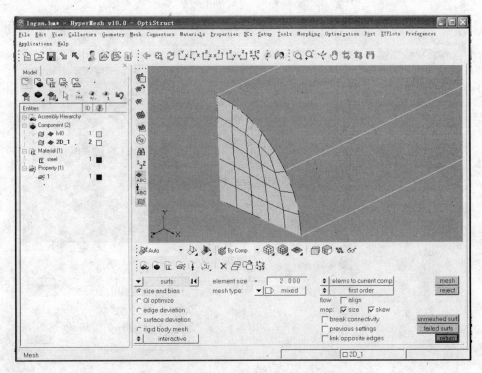

图 16-29 生成的细轴端部二维辅助网格

6）二维辅助单元的投影复制。点击页面菜单"Tool"，在"Tool"页面菜单对应的面板中点击"project"按钮，在弹出的子面板中再选择"to plane"选项，点击向下三角，选择"elems"，选择刚划的"2D"网格，再点击"elems"按钮，在弹出菜单中选择"duplicate"以及"original component"；点击"to plane"下的"N1"，依次选择如图16-30所示的16，17，18，16号节点，点击"along vector"下的"N1"，依次选择18号节点和与之对应的端部网格的最下角节点（此处不需要选择N3节点），点击"project"按钮，然后点击"return"按钮，这样就将细轴端部的网格投影到16，17，18号节点所在的扇形面上，投影后的结果如图16-31所示。

7）3D组的创建。点击工具栏中的"components"工具按钮，选择"create"，单击"name ="，并输入"3D-1"，点击"color"按钮，选择蓝色。点击"property"，选择"1"，点击"create"，然后点击"return"，如图16-32所示。

8）细轴三维网格的划分。点击页面菜单"3D"，在"3D"页面菜单对应的面板中点击"line drag"按钮，在弹出的子面板中再选择"drag elems"，点击"elems"选择细轴左端部的二维网格，"line list"选择细轴下部的边界线，如图16-33所示，"on drag"输入框内输入"20"，点击"drag"，然后点击"return"按钮。创建后的网格如图16-34所示。

9）圆角部分网格的划分。点击页面菜单"3D"，在"3D"页面菜单对应的面板中点击"solid map"按钮，在弹出的子面板中再选择"general"选项，"source geom"选"surf"，选择由16、17、18号节点所在的扇形面，"dest geom"选"surf"，选择倒圆角中间切分形成的扇形面，"along geom"选"lines"，依次选择连接两个面的两根圆弧和

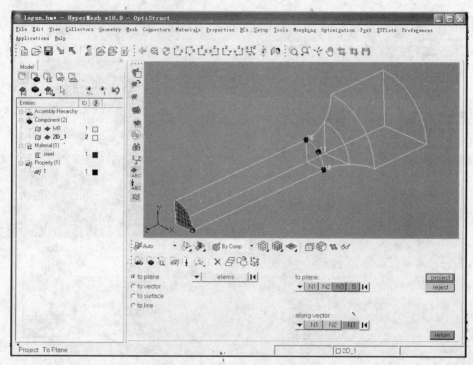

图 16-30　二维网格投影操作界面

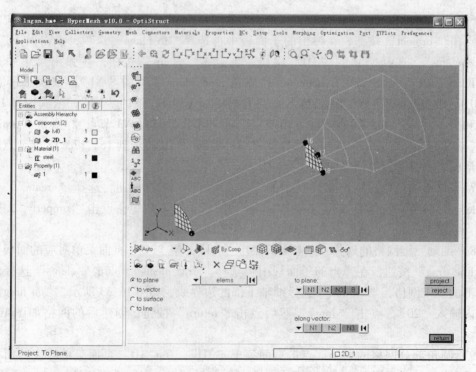

图 16-31　投影后的二维网格

中间直线，如图 16-35 所示，点击"elems to drag"，点击"elems"，在图形区选择投影

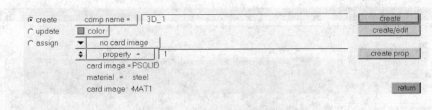

图 16-32  3D 组创建操作界面

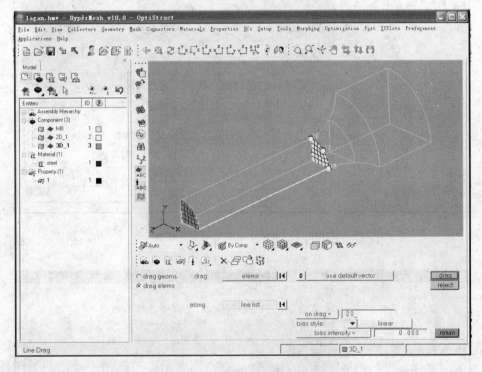

图 16-33  line drag 操作界面

在 16、17、18 号节点所在的扇形面上的所有 2D 单元,设置"elem size = 2.000",然后点击"mesh",然后点击"return",这样就完成了圆角前部分的 3D 网格,如图 16-36 所示。

10) 圆角后半部分和端部的中心部分单元的创建。为刚才创建的 3D 网格的末端的平面创建一个临时的 2D 网格,用来辅助生成后面的实体单元。

点击页面菜单"Tools",在"Tools"页面菜单对应的面板中点击"faces"按钮,在弹出的子面板中点击"elements",用鼠标选择上一步创建的最右端一层实体单元,如图 16-37 所示,点击"find faces"按钮,生成临时的 2D 网格,点击"return"按钮。

在键盘上单击"D"键("D"键为 HyperMesh 的 Display 面板快捷操作键),利用鼠标右键点击"lv10"(lv10 为 iges 模型导入时 HyperMesh 自动生成的临时组)和"2D-1"组,点击"return"按钮。将这两个组的单元进行整体隐藏,只显示"3D-1"和"^faces"组("^faces"为"HyperMesh"的"faces"命令生成的临时组)的单元,显示后的结果如图 16-38 所示。

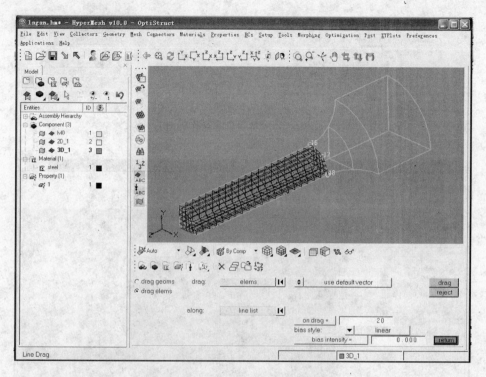

图 16-34  line drag 生成的实体单元

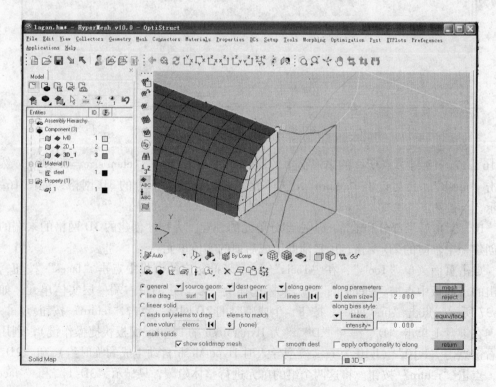

图 16-35  solid map 操作界面

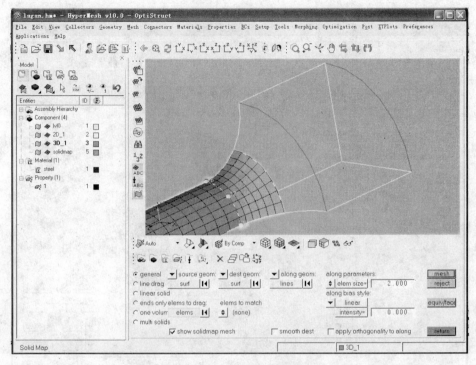

图 16-36 solid map 生成的弧形段实体单元

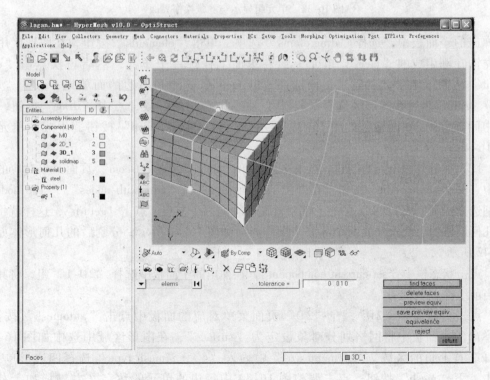

图 16-37 创建表面单元操作界面

点击页面菜单"3D",在"3D"页面菜单对应的面板中点击"line drag"按钮,

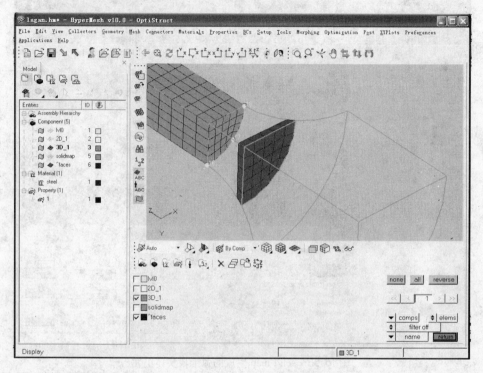

图 16-38　单元组显示与隐藏操作界面

在弹出的子面板中，选择"drag elems"选项，单击"elements"按钮，在图形区用鼠标左键在刚生成的"faces"单元上最右边面上任选一个单元，然后再次点击"elements"按钮，在弹出的选项里面选择"by face"，选中最右边的面单元；点击"line list"按钮，然后在图形区选择拉杆中心轴线最右端的一段，点击"drag"按钮，生成中间部分的3D网格，如图16-39所示，最后点击"return"按钮，生成的单元如图16-40所示。

11) 端部外围单元的创建。点击页面菜单"Geom"，在"Geom"页面菜单对应的面板中点击"surface edit"按钮，在弹出的子面板中选择"trim with nodes"，"two nodes"分别选择刚刚生成3D单元的右上部最外端沿轴向两个节点，点击"return"，这样就将端部几何形体的上截面分成两个部分，操作界面如图16-41所示，分割后的几何形体如图16-42所示。

点击状态栏中"set current component"，在弹出的子面板中选择"2D-1"组，将其设为当前组件。

点击页面菜单"2D"，在"2D"页面菜单对应的面板中点击"automesh"按钮，在弹出的子面板中将网格划分对象设定为"surface"，在图形区域中选中如图16-43中杆端右上角的区域，"element size"中输入"4"，"mesh type"选择四边形单元，点击一下"mesh"按钮，点击调整图16-44中每边的单元的数字（左键增加、右键减少），使网格规则整齐，然后点击"return"按钮，完成2D单元的创建，生成单元如图16-45所示。

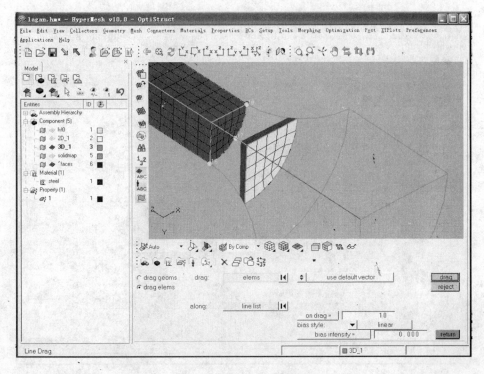

图 16-39 line drag 操作界面

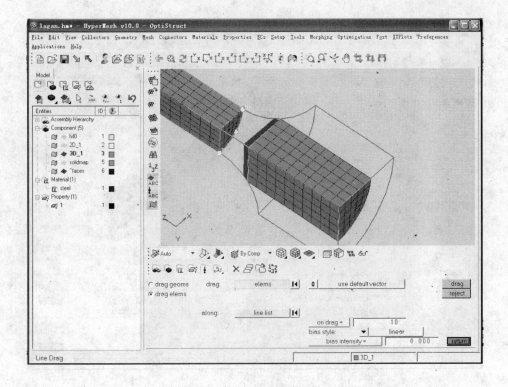

图 16-40 line drag 生成的端部中间单元

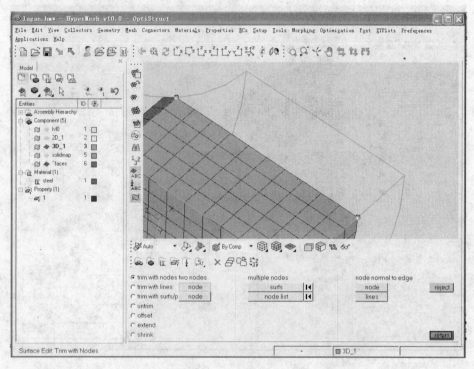

图 16-41 利用节点分割几何体操作界面

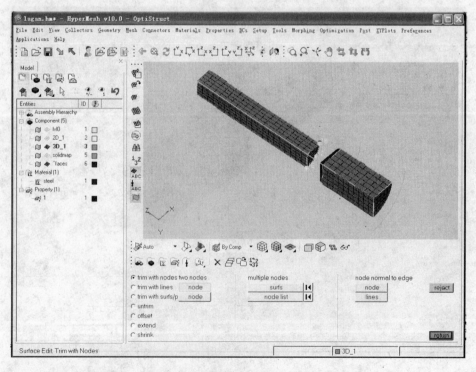

图 16-42 端部经过分割后的几何形体

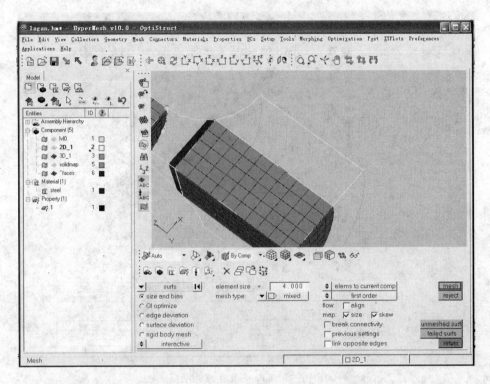

图 16-43 automesh 网格划分操作界面（一）

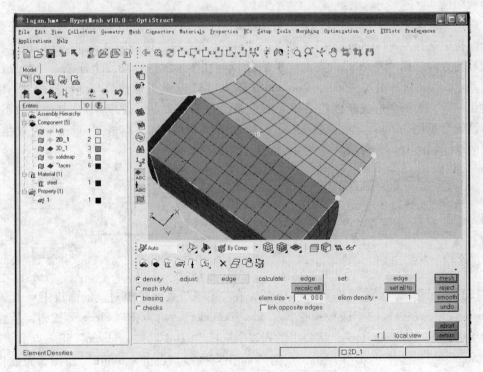

图 16-44 automesh 网格划分操作界面（二）

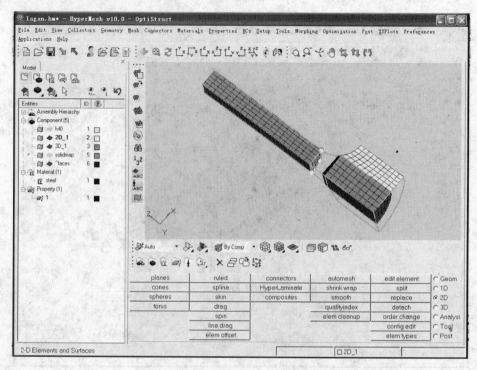

图 16-45 automesh 生成的网格

点击状态栏中"set current component",在弹出的子面板中选择"3D-1"组,将其设为当前组件。

点击页面菜单"3D",在"3D"页面菜单对应的面板中点击"spin"按钮,在弹出的子面板中选择"spin elements",再点击"elems"按钮,选择刚才画的 2D 网格,在下面的旋转方向选择"Z- axis",点击"B",用鼠标在图形区选择轴线上任意一个节点作为回转基点,"angle"输入"90","on spin"输入"8"(此处数值要与细轴外圆上的单元数量相一致,否则会造成新创建的单元节点与已有单元节点错位现象),其他参数不变,具体设置参见图 16-46,点击"spin +",绘制所需 3D 网格,点击"return"完成指令,生成的单元如图 16-47 所示。

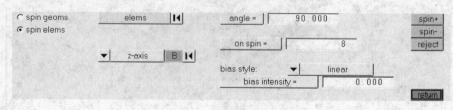

图 16-46 spin 命令参数设置

12)单元移动。点击页面菜单"Tool",在"Tool"页面菜单对应的面板中点击"organize"按钮,在弹出的子面板中选择"spin elements",再点击"elems"按钮,从弹出的选项中选择"by collector",从弹出的列表中选择"3D-1"、"solidmap"组,点击"dest component =",选择"3D-1"组,点击"move"按钮,点击"return"按钮,完成将模型中所有的单元移动至"3D-1"组中,如图 16-48 所示。此处是将"solidmap"组中的单元移至"3D-1"组中，使其具有"3D-1"组的单元属性。因为"solidmap"组是由 HyperMesh 中的 solidmap 命令自动生成的组，此组中单元无单元属性。有限元计算中，单元无属性将无法计算。

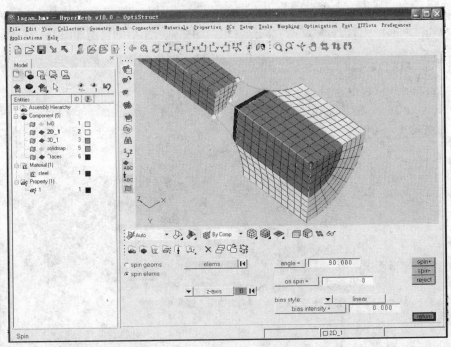

图 16-47　spin 命令生成的 3D 单元

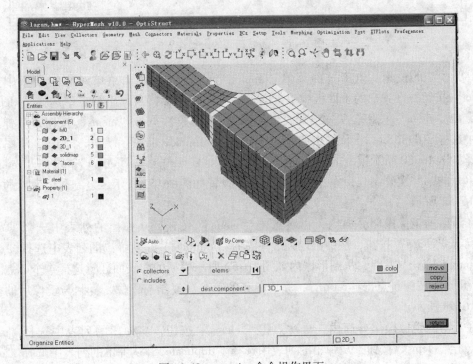

图 16-48　organize 命令操作界面

13）辅助单元及 component 的删除。点击页面菜单"Tool"，在"Tool"页面菜单对应的面板中点击"delete"按钮，在弹出的子面板中单击向下的三角形图标，从弹出列表中选择"comps"，然后点击"comps"，从弹出列表中选择"solidmap"、"2D-1"和"^facess"三个组，如图 16-49 所示，点击"select"，返回上一级界面，点击"delete entity"按钮，点击"return"按钮，删除所有的临时组，删除临时组后的模型如图 16-50 所示。

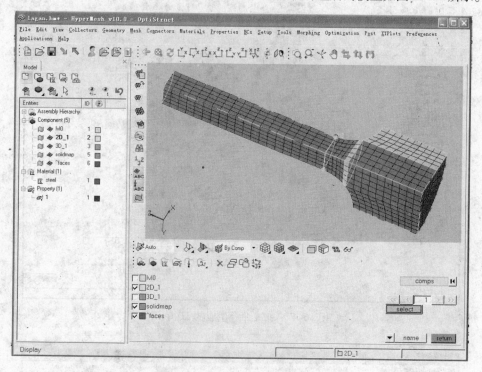

图 16-49　需要删除的组操作界面

14）模型的镜像。点击页面菜单"Tool"，在"Tool"页面菜单对应的面板中点击"reflect"按钮，在弹出的子面板中单击向下的三角形图标，从弹出列表中选择"elems"，然后点击"elems"按钮，从弹出列表中选择"all"，再次点击"elems"按钮，从弹出的列表中选择"duplicate"，从弹出的列表中选择"original comp"；点击"N1"，从图形区内选择如图 16-50 所示模型的上表面任意选择 4 个节点，点击"reflect"，点击"return"，完成单元的第一次复制与镜像，镜像命令参数设置如图 16-51 所示，复制与镜像后的模型如图 16-52 所示。

在当前的镜像操作界面内，再次点击"elems"按钮，从弹出的列表中选择"all"，再次点击"elems"按钮，从弹出的列表中选择"duplicate"，从弹出的列表中选择"original comp"；点击"N1"，从图形区内如图 16-52 所示模型的前表面任意选择 4 个节点，点击"reflect"按钮，点击"return"，完成单元的第二次复制与镜像，复制与镜像后的模型如图 16-53 所示。

在当前的镜像操作界面内，再次点击"elems"按钮，从弹出的列表中选择"all"，再次点击"elems"按钮，从弹出的列表中选择"duplicate"，从弹出的列表中选择"original comp"；点击"N1"，从图形区内如图 16-53 所示模型的左端面任意选择 4 个节点，点

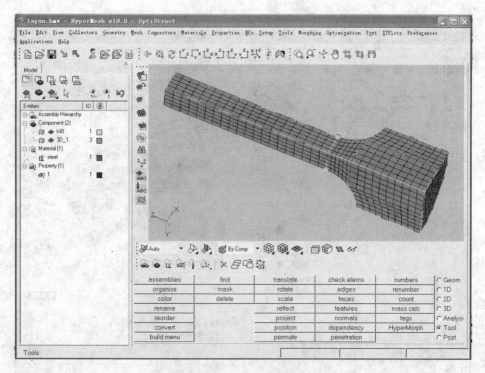

图 16-50　删除辅助单元后的模型

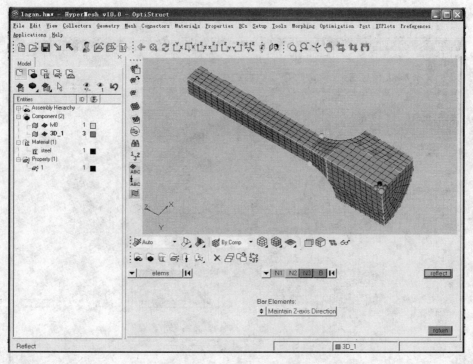

图 16-51　镜像命令操作界面

击 "reflect" 按钮，点击 "return"，完成单元的第三次复制与镜像，并终止镜像命令，复制与镜像后的模型如图 16-54 所示。

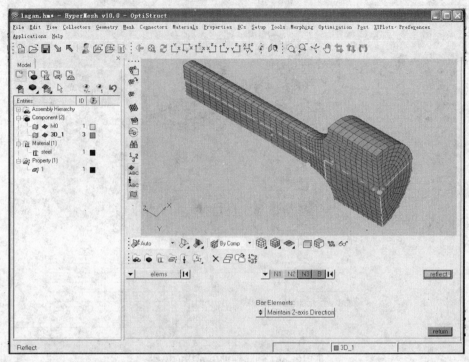

图 16-52 第一次镜像后的模型

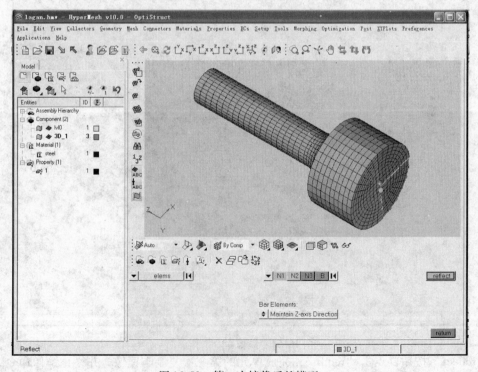

图 16-53 第二次镜像后的模型

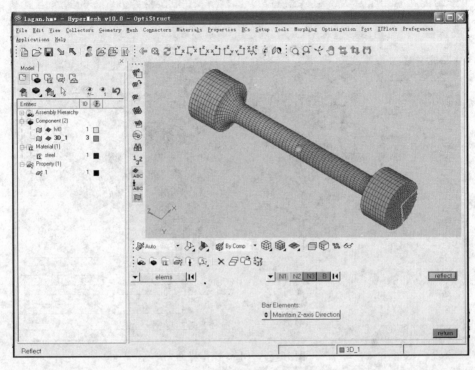

图 16-54  第三次镜像后的模型

15）删除临时节点。点击页面菜单"Geom"，在"Geom"页面菜单对应的面板中点击"temp nodes"按钮，在弹出的子面板中点击"clear all"按钮，点击"return"按钮，删除所有的临时节点。

16）节点合并。点击页面菜单"Tool"，在"Tool"页面菜单对应的面板中点击"edges"按钮，在弹出的子面板中单击向下的三角形图标，从弹出列表中选择"elems"，然后点击"elems"按钮，从弹出列表中选择"all"，在"tolerance"里面输入"1"，点击"preview equiv"按钮（查看在 tolerance=1 的公差范围内可能会合并的节点分布情况），然后点击"equivalence"按钮，点击"return"按钮，完成节点合并，操作界面如图 16-55 所示。

（7）载荷、约束的创建。点击工具栏中的"loadcollectors"工具按钮，在弹出的面板中选择"create"，"loadcol name ="中输入"spc"，点击"color"按钮，选取红色，点击"create"按钮，再次在"loadcol name"中输入"force"，点击"color"按钮，选择绿色，点击"create"按钮，再点击"return"按钮，完成"spc"和"force"两个载荷组的创建，输入如图 16-56 所示。

（8）添加约束和载荷。在键盘上按"G"键，在出现的全局设置面板中点击"loadcol ="，从弹出的面板中选中"spc"，如图 16-57 所示，从而将"spc"组设置成为当前载荷组。

点击页面菜单"Anslysis"，在"Anslysis"页面菜单对应的面板中点击"constraints"按钮，在弹出的子面板中选择"create"，点击向下的三角形按钮，从弹出的选项中选择"nodes"，在图形区选择中心对称面上的所有节点，利用鼠标右键点去"dof1"、"dof2"、

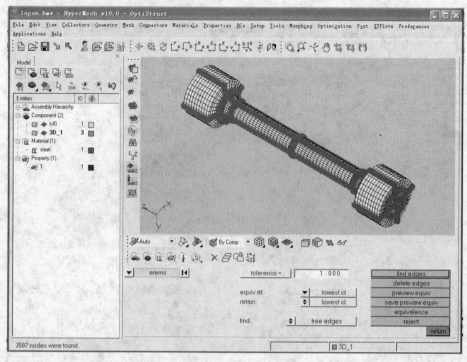

图 16-55 edges 操作界面

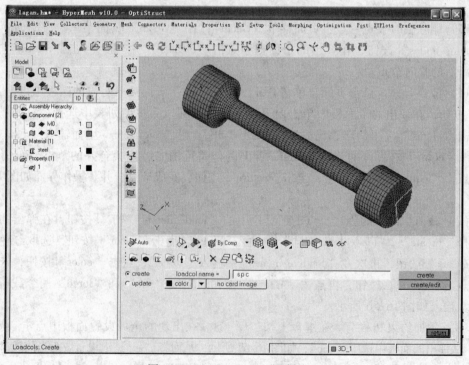

图 16-56 load collectors 创建界面

"dof4"、"dof5"、"dof6"前面的钩选项，只保留"dof3"（"dof1"~"dof6"分别代表全

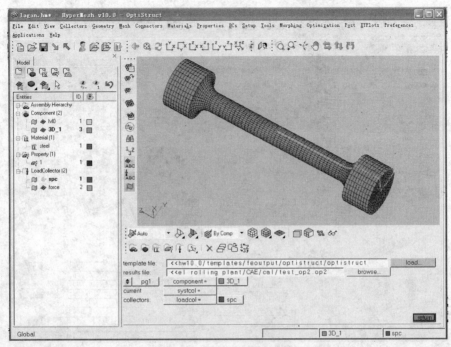

图 16-57 全局设置操作界面

局坐标系下沿着 $x$ 轴线方向的平移、$y$ 轴线方向的平移、$z$ 轴线方向的平移、沿 $x$ 轴线方向的转动、沿 $y$ 轴线方向的转动、沿 $z$ 轴线方向的转动，此处只选中 dof3 的含义是在此模型中按照全局坐标的定义，只需限制对称节点沿 $z$ 轴线方向的平移运动，即限制对称节点沿拉伸试件轴线方向的平移运动）前面施加钩选项，点击"create"按钮，点击"return"按钮，完成约束的施加。此处约束比第 14 章的约束要简单，是由于 optistruct 求解器能自动消除刚体位移，使得约束的施加得以简化。节点的选择及参数的设置如图 16-58 所示。

在键盘上按"G"键，在出现的全局设置面板中点击"loadcol ="，从弹出的面板中选中"force"，从而将 force 组设置成为当前载荷组。

点击页面菜单"Analysis"，在"Anslysis"页面菜单对应的面板中点击"forces"按钮，在弹出的子面板中选择"create"，点击向下的三角形按钮，从弹出的选项中选择"nodes"，在"magnitude ="中输入"−94"（左端面上节点总数为 273 个，每个节点上的力为 35000/273 = 94），点击"N1"前面向下的三角形按钮，从弹出的选项中选择"z-axis"，在图形区选中模型左端面上所有节点（此处可改变图形显示方向，使用框选进行快速选择，也可一一点取节点），然后点击"create"按钮，创建施加于左端面上的力，如图 16-59 所示。

选取该模型右端面上所有节点，修改"magnitude"内的值为"94"，点击"create"按钮，点击"return"按钮，完成右端面上力的施加，施加结果如图 16-60 所示。

此处要注意在"magnitude"内数值的正负号与全局坐标系中 $z$ 轴的方向，要确保最终加载至模型两个端面上的力为拉力。如果需要，可用键盘上的"Ctrl 键 + 鼠标左键"并移动鼠标的方式来调整模型在图形区内的摆放角度。

（9）载荷工况的创建。点击页面菜单"Analysis"，在"Analysis"页面菜单对应的面

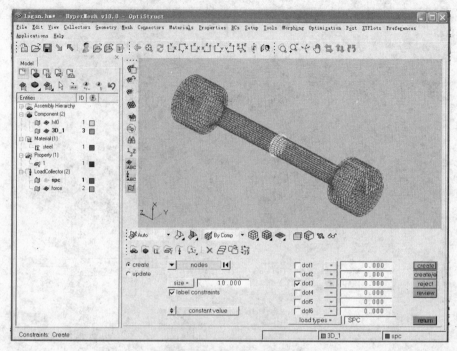

图 16-58 约束施加操作界面

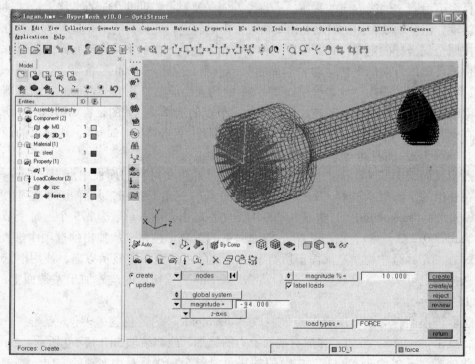

图 16-59 左端面力施加操作界面

板中点击"loadsteps"按钮,在弹出的子面板中在"name ="里面输入"case",在
"SPC"前面点钩,点击后面的"="号,从弹出的列表中选择"spc",在"LOAD"的

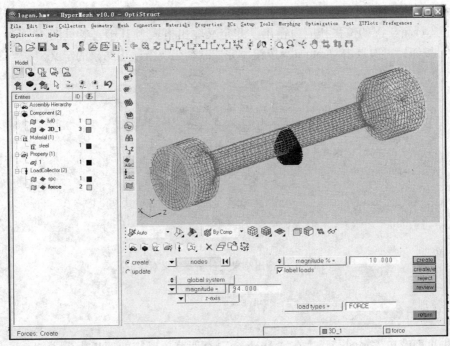

图 16-60　右端面力施加操作界面

前面点钩，点击后面的"＝"号，从弹出的列表中选择"force"。点击"type"后面的向下的三角形，从弹出的列表中选择"linear static"，最后点击"create"按钮，创建了一个工况，如图 16-61 所示。然后点击"edit"按钮，从弹出的子面板中拖动上下拖动条，钩选"Output"，选中"Output"中的"Displacement"和"Stress"，在上部设置框内点击"Displacement"提示项后面的"FORMAT"按钮，从弹出的选项中选择"H3D"；在上部

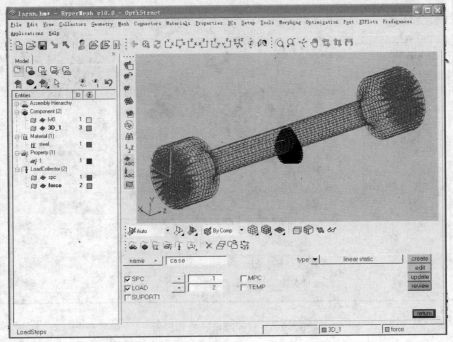

设置框内点击"Stress"提示项后面的"FORMAT"按钮，从弹出的选项中选择"H3D"（此处定义 case 工况的位移和应力输出，并定义输出格式为 H3D，参见图 16-62），点击"return"按钮，再次点击"return"按钮，完成载荷工况及输出结果的定义。

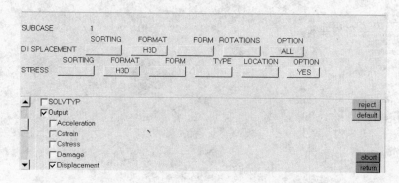

图 16-62 输出结果文件格式定义对话框

### 16.5.4 分析计算

点击页面菜单"Analysis"，在"Analysis"页面菜单对应的面板中点击"Opti Struct"按钮，在弹出的子面板中，"input file"取默认设置（可以修改，如果要修改点击"save as…"，修改文件位置以及文件名），直接点击"Opti Struct"按钮，进行计算，设置如图16-63 所示。

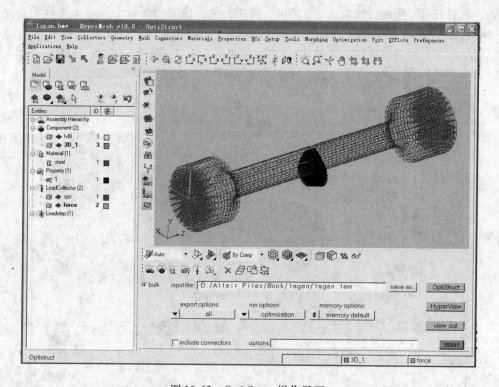

图 16-63 Opti Struct 操作界面

### 16.5.5    结果分析

当运算完毕后，直接在"Opti Struct"界面里面点击"HyperView"按钮就可以启动 HyperWorks 的后处理器 HyperView，进行结果的查看。

拉杆的 $z$ 方向变形分布如图 16-64 所示，拉杆结构的 $z$ 方向应力分布如图 16-65 所示。图中灰度的变化原为彩色，可与计算软件提供的色谱对照查看应力的数值。

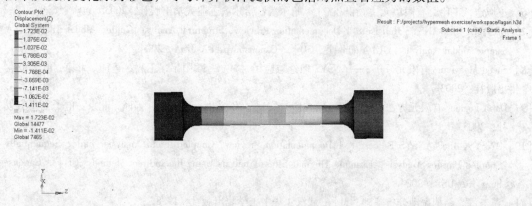

图 16-64    拉杆结构的 $z$ 方向变形分布

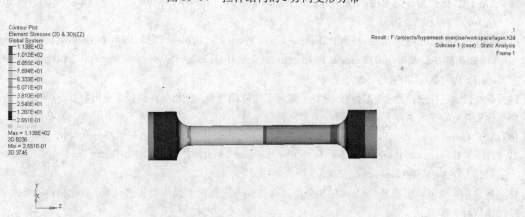

图 16-65    拉杆结构的 $z$ 方向应力分布

# 参 考 文 献

［1］谢贻权，何福保. 弹性和塑性力学中的有限单元法［M］. 北京：机械工业出版社，1981.

［2］黄义. 弹性力学基础及有限单元法［M］. 北京：冶金工业出版社，1983.

［3］李大潜，等. 有限元素法续讲［M］. 北京：科学出版社，1979.

［4］Timoshenko S P. Strength of Materials, 3$^{rd}$ed, Part Ⅱ. Van Nostrand［M］. New York, 1955.

［5］李润方，王建军. 结构分析程序 SAP 5 及其应用［M］. 重庆：重庆大学出版社，1992.

［6］王焕定，王伟. 有限单元法教程［M］. 哈尔滨：哈尔滨工业大学出版社，2003.

［7］ANSYS, Inc. ANSYS Release 8. 1 Documentation Preview, Structural Analysis Guide, Modal Analysis, A Sample Modal Analysis［GUI Method］［CD］. Canonsburg, PA-USA, 2004.

［8］Saeed Moaveni. 有限元分析——ANSYS 理论与应用［M］. 欧阳宇，王崧，等译. 北京：电子工业出版社，2003.

［9］Daryl Logan. 有限元方法基础教程（第三版）［M］. 伍义生，吴永礼，等译. 北京：电子工业出版社，2003.

［10］ANSYS, Inc. ANSYS Release 8. 1 Documentation Preview, Coupled-Field Analysis Guide, Sequentially Coupled Physics Analysis, Example Thermal-Stress Analysis Using the Indirect Method［CD］. Canonsburg, PA-USA, 2004.

［11］黄玉盈. 结构振动分析基础［M］. 武汉：华中工学院出版社，1988.

［12］ANSYS, Inc. ANSYS Release 8. 1 Documentation Preview. Theory Reference, Fluid Flow［CD］. Canonsburg, PA-USA, 2004.

［13］ANSYS, Inc. ANSYS Release 8. 1 Documentation Preview, Coupled-Field Analysis Guide, Sequentially Coupled Physics Analysis, Example Fluid-Structural Analysis using Physics Environments［CD］. Canonsburg, PA-USA, 2004.

［14］李红云，赵社戍，孙雁. ANSYS 10. 0 基础及工程应用［M］. 北京：机械工业出版社，2008.

［15］涂振飞. ANSYS 有限元分析工程应用实例教程［M］. 北京：中国建筑工业出版社，2010.

［16］MSC Corporation. Msc. Patran Msc. Nastran Preference Guide［M］. USA：MSC Corporation，2005.

［17］MSC Corporation. Basic Training in Finite Element Anslysis Using Msc/Patran and Msc/Nastran［M］. USA：MSC Corporation，2005.

［18］寇晓东，唐可，田彩军. Algor 结构分析高级教程——理论、操作与实例［M］. 北京：清华大学出版社，2007.

［19］于开平，周传月，谭惠丰，等. HyperMesh 从入门到精通［M］. 北京：科学出版社，2005.

［20］Altair Corporation. Altair Hyper Mesh Basic Tutorials［M］. USA：Altair Corporation，2010.

［21］Altair Corporation. Altair Hyper Mesh Advanced Tutorials［M］. USA：Altair Corporation，2010.

［22］Altair Corporation. Altair OptiStruct Tutorials［M］. USA：Altair Corporation，2010.

［23］Altair Corporation. Altair Hyper Mesh User's Guide［M］. USA：Altair Corporation，2010.

# 冶金工业出版社部分图书推荐